职业院校教师信息化教学能力提升培训丛书

U0742934

信息化教学设计

湖南省教育科学研究院·湖南省教育战略研究中心 编著

XINXIHUA

JIAOXUE SHEJI

中南大学出版社
www.csupress.com.cn
·长沙·

内容简介

　　本书介绍了信息化教学设计的基本概念及流程，阐述了基于各种教学环境下的信息化教学设计。本书采用立体化开发策略，扫描书中上的二维码即可观看相关的微课资源。本书作者均是中高职院校一线教学工作者，且均有参加省级及全国信息化教学比赛的经验，该书凝聚了作者们多年的教学经验。

　　本书可作为中、高职院校教师信息技术应用培训的教材，也可以作为广大教育工作者自主学习信息化教学设计的参考用书。

图书在版编目(CIP)数据

信息化教学设计／湖南省教育科学研究院·湖南省教育战略研究中心编著. —长沙：中南大学出版社，2020.3

ISBN 978 - 7 - 5487 - 3989 - 0

Ⅰ.①信… Ⅱ.①湖… ②湖… Ⅲ.①计算机辅助教学—教学设计 Ⅳ.①G434

中国版本图书馆 CIP 数据核字(2020)第 036765 号

信息化教学设计

湖南省教育科学研究院·湖南省教育战略研究中心　编著

□责任编辑　周兴武
□责任印制　周　颖
□出版发行　中南大学出版社
　　　　　　社址：长沙市麓山南路　　　　　邮编：410083
　　　　　　发行科电话：0731 - 88876770　　传真：0731 - 88710482
□印　　装　长沙雅鑫印务有限公司

□开　　本　787 mm×1092 mm 1/16　　□印张 15.75　　□字数 403 千字
□版　　次　2020 年 3 月第 1 版　　□2020 年 3 月第 1 次印刷
□书　　号　ISBN 978 - 7 - 5487 - 3989 - 0
□定　　价　40.00 元

职业院校教师信息化教学能力提升培训丛书
编 委 会

总序

Preface

我国教育信息化已进入 2.0 时代。随着信息技术与教育教学的深度融合，教学环境、教学资源、教学模式、教学管理发生了深刻的变化。教育信息化手段和方法的不断创新，特别是将数字媒体、互联网、大数据、人工智能等新一代信息技术融入教育教学工作的方方面面，打破了传统教学中时间与空间的限制，更加注重学习者的自主性、学习内容的丰富性和教学过程的高效性。如何推动职业院校教师充分利用信息化教学手段，推动教育教学改革，提高教育教学质量，已成为职业院校教师素质提升的重要课题。

面对日新月异的信息技术和信息技术与教育教学深度融合带来的教学模式的变化，作为职业教育的教师，在深入学习和研究本专业知识与技能、积累教学经验和实践经验的同时，还必须转变教学观念，掌握新型教学方法，具备信息查找能力、信息筛选能力、信息编辑能力、信息再造能力、信息运用能力，以及信息技术与教育教学结合的能力，努力提升自身的信息化教学素养、信息化教学技能、信息化教学设计和实施水平。为此，湖南省教育科学研究院组织教育教学和信息化技术专家，开展了"职业院校教师信息技术应用能力提升研究与实践"课题研究，历时三年，开发了一套基于 MOOC 平台的职业院校教师在线信息化教学能力培训系列课程和基于项目案例的线下实战训练课程，并在全省范围内开展信息化教学能力提升培训，取得了良好的效果。

通过多年的研究和实践，我们推出这套"职业院校教师信息化教学能力提升培训丛书"，丛书共分三册，即《信息化教学素养》《信息化教学技能》《信息化教学设计》，每册都配有大量的在线微课、练习和案例供读者学习和训练，并与线下"信息化教学实施"培训课程配套，形成适合职业院校教师的、集自学训练和课程实践于一体的信息化教学能力培训资源体系。其中，《信息化教学素养》从认知论角度，按教育信息化之教学素养知识逻辑设置章节，通过对信息化教学的认知、教学模式和方法的理解、教学手段和实效的认同性学习，提升教师的信息化教学意识和运用的自觉性。《信息化教学技能》从技术论角度，按教育信息化之教学技术能力逻辑设置章节，通过对信息化教学操作技能的学习和训练，提升教师的信息化教学工具的操作技能和运用能力。《信息化教学设计》从教学论角度，按教育信息化之教学设计方法逻辑设置章节，通过教育信息化课程案例的教学分析和课程重构设计的学习和训练，提升教师的信息化教学课程开发和设计能力。

"职业院校教师信息化教学能力提升培训丛书"的撰写，得到了湖南省教育厅、市州教(体)育局和部分职业院校及广大教师的大力支持，他们在丛书的编写过程中，提供了很多很好的案例、建议和指导，在此表示衷心的感谢。

我们由衷地希望本套丛书能够帮助广大职业院校教师提高教育信息化能力，提升课程信息化教学水平，提高课堂信息化教学质量，打造一大批职业教育"金课"，为新时代职业教育创新发展贡献微薄之力。

丛书编委会
2020 年 3 月

目 录

Contents

第1章

初识信息化教学设计

【教学情境】

信息技术与教育教学深度融合已渗透到教学的全过程，从多媒体教室到智慧教室，从线下教学到线上教学，从课程资源到实训指导，无论是教师的备课、课堂教学、课后辅导，还是学生的课前预习、课中互动、课后训练，再到教学管理者的课程管理、教学监管和质量评价，都充分体现了信息化手段的运用。作为当代职业教育的教师，只有充分认识和正确运用信息化教学设施，结合所授课程的特点与教学需求设计教学过程，才能满足教学的需要。

【解决方案】

基于信息化教学环境的教学过程，不仅需要针对课程内容做充分的教学设计，还要根据课程特点和教学环境条件的不同，进行信息化教学设计，以提高课堂教学效率。因此，我们可以通过"认识教学设计"任务的学习，进一步理解教学设计的要素、作用、流程和策略；通过"理解信息化教学设计"任务的学习，充分理解信息化教学设计的内涵、要点、原则和评价方法。

【能力目标】

知识目标：理解教学设计的概念、要素、作用与意义，了解信息化教学设计的内涵、要点、原则和方法。

技能目标：掌握教学设计的流程、策略，能运用信息化教学设计流程和方法分析课程教案评价课程教学中的信息化应用效果。

素养目标：具备信息化教学设计理念、价值观和自觉分析与运用信息化教学的意识。

1.1　认识教学设计

"凡事预则立，不预则废。"任何一件事情想要做好，都需要事先周密计划，教学更是如此。每一门课、每一个教学单元、每一节课，教师在进行教学之前，都需要对即将实施的教学活动进行周密思考和精心安排，制定出一个

什么是教学设计

教学工作的整体方案,这些工作便是教学设计。

1.1.1　教学设计的要素和作用

1. 教学设计的概念

教学设计是指依据教学理论、学习理论和传播理论,运用系统科学的方法,对教学目标、教学内容、教学环境、教学策略、教学评价等教学要素和教学环节进行分析、计划并做出具体安排的过程。其根本目的是获得解决教学问题的最优方法和策略,促进学生的学习和发展。

教学设计可以是针对一门课程,也可以是针对一个教学单元或一节课。通过教学设计,给出最佳有效教学方案,提高教师教学效率、学生学习效果,从而提高教学质量。

2. 教学设计的要素

一般认为,完整的教学设计包括前期分析、确定目标、制定策略、选择媒体或资源、试行方案、评价和修改等步骤。其中教学目标、教学对象、教学策略和教学评价是构成教学设计最基本的要素。

(1) 教学设计要以教学目标为核心。

在教学设计理论与方法中,设计的目的是为了优化实现预期的目标,因此教师在具体实施教学前必须明确"要到哪里去"的问题。师生的活动、教学资源和媒体的设计与选择、教学策略的确定及其应用,既要围绕实现教学目标来进行,又都要受到教学目标的制约。

(2) 教学设计要以教学对象为导向。

在教学设计中,学生处于学习的主体地位,教学目标的完成情况通过学生的学习效果及其行为和情感变化反映出来,学习最终是由学生自己完成的。所以教学设计必须从学生实际出发,从学生学习的需要出发,以学生为导向。教学设计要特别重视对学生的分析,在分析学生学习一般规律的基础上,了解学生的需求、接受能力、个别差异等,对学生学习的外部环境和刺激,内部学习过程发生和进行的智力与非智力因素加以统筹分析,以便有针对性地对学生进行因材施教,使每个学生都能在有利的环境中进行学习。

(3) 教学设计要以教学策略为重点。

教学策略是指在具体条件下,为实现预期目标所采用的途径和方法,也就是在明确"要到哪里去"后,解决"怎么到那里去"的问题。教学策略包括教学组织策略、教学内容传递策略和教学资源管理策略三类。教学组织形式、教学结构程序策划、教学媒体材料设计与开发等均属于教学策略的范畴。在教学设计视野中,教学策略是教学过程的综合解决方案,是保证教学目标实现的有效途径和方法,必须作为教学设计的重点。

(4) 教学设计要以反馈评价为调控基准。

反馈评价是系统科学的重要方法,一个系统只有不断地更新完善,才能保持持久的生命力。教学评价就是将学生的反应输出状态与预期目标相比较,看看"有没有到那里去",从中获得对教学方案修改的信息。它通过确立评价指标体系,收集大量真实的数据,利用科学方法进行量化处理,对设计方案的价值进行判断。这种调控可使教学设计方案更趋于完善。

在实际工作中,应从教学系统的整体功能出发,保证"目标、学生、策略、评价"教学设计四大基本要素的一致性,使其相辅相成,产生"1＋1＞2"的整体效应。

3. 教学设计的作用

教学设计是教学活动得以顺利进行的基本保证。好的教学设计可以为教学活动提供科学的行动纲领，使教师在教学工作中事半功倍，取得良好的教学效果。忽视教学设计，则不仅难以取得好的教学效果，而且容易使教学走弯路，影响教学任务的完成。教学设计的作用具体表现在以下几个方面。

（1）有利于教学工作的科学性。

传统教学以课堂为中心，以书本为中心，以教师为中心，教学上的许多决策都凭教师个人的经验和意向。有经验的教师凭借这条途径也能取得较好效果，这是具有教学艺术的表现。但运用这门艺术的教师毕竟有限，而且教学艺术很难传授。教学系统设计克服了这种局限，将教学活动的设想建立在系统方法的科学基础上，用可以复制的技术作为教学的手段。只要懂得相关的理论，掌握了科学的方法，一般教师都能实际操作。因此，学习和运用教学设计的原理是促使教学工作科学化的有效途径。

（2）有利于青年教师快速成长。

教学既是一门科学也是一门艺术。说它是一门科学，是因为教学是在科学理论的指导下进行，是能够通过建立在系统思想基础上的科学方法——教学设计使理论转化为实践。说教学是一门艺术，是因为教师可以凭借自己的经验和直觉选择合适的教学策略，通过自己的言传身教取得良好的教学效果，教师在教学中所展示的人格、语言魅力以及表现出来的对课堂的游刃有余都给人一种艺术般的享受。要掌握这门艺术固然需要天分，对于绝大多数教师尤其是青年教师来说，这却不是几年内所能达到的。

长期以来，青年教师的培养大多通过模仿和经验积累的方式进行。这种师父带徒弟的做法有其积极意义，但对于提高青年教师教学水平的效果却是缓慢的。因为这种"只可意会，不可言传"的艺术往往很难通过传授得到，教学基本技能不高的教师在教学中是很难有艺术可言的。教学设计可以有效克服这一局限，将教学活动建立在系统方法的科学基础之上，使教学手段、教学过程成为可复制、可传授的技术和程序。通过学习，教师可以迅速掌握教学的基本原理与方法，提高教学水平，并在实际运用中熟能生巧，最终成为一名教学专家。此外，现在的课堂更加关注学生主体性的发挥，关注现代教育技术的运用，这给青年教师和老教师都带来了新挑战。学习和运用教学设计的原理与技术，可以实现新理论、新方法的有效运用，也为师资队伍的培养提供了一条有效的途径。

（3）有利于科学思维习惯和能力的培养。

教学设计是系统解决教学问题的过程，它提出的一套确定、分析、解决教学问题的原理和方法也可用于其他领域和其他性质的问题情境中，具有一定的迁移性。例如，在教学内容或学习任务分析这个设计环节中，要求设计者将总的教学目标分解成单元教学目标和更具体的技能目标，建立一个教学目标群，然后根据每一个具体目标拟定策略。这与现代管理学中的目标管理的思路是相同的。因此，通过教学设计原理和方法的学习、运用，可以培养有关人员科学思维的习惯，提高他们科学分析问题、解决问题的能力。

（4）有利于优化课堂教学结构。

教学设计以形成最优化的教学方案、实现最优化的教学为根本目的。教学设计运用系统方法，对所涉及的要素着眼于整体，统筹思考整体与部分、部分与部分之间的关系，从而设计出解决问题的方案。教师的创造性可使方案系统的构成灵活而多变，同一个课题可以设计多个方案，从而在比较分析中鉴别优劣。对设计的方案可以通过评价进行修改，也可以通过教学过程的实施进行调整或优选。这样，便能保证优化实现教学目标的明确指向性、教学过程的科学有序性、课堂教学结构的合理化，从而提高教学的质量和效率。

总之，教学设计可以将教师教学工作的成效建立在规范化、程序化、技术化的科学基础上，它使教师在教学中目标更明确、程序更清晰、针对性更强、灵活性更大，能提高教师的教学素养，促进教师的专业化发展，最终有利于教学质量和学生素质的提高。

1.1.2　教学设计的一般流程

教师接受的教学任务都是一门完整的课程，教学设计的一般流程包括以下 8 个步骤，如图 1 - 1 所示。

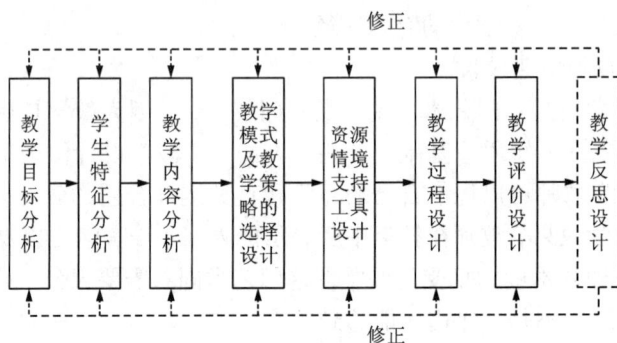

图 1 - 1　教学设计的一般流程

一是教学目标分析，确定教学的重点和难点，明确"教会什么，学到什么"。

二是学生特征分析，主要分析学生的学习基础和学习能力，从学生的学习需要出发，明确"谁来学"。

三是教学内容分析，根据教学目标选取相关知识和技能内容，明确"教什么，学什么"。

四是教学方法设计，根据教学内容和学习者的特征，进行教学模式及教学策略的选择和设计，明确"如何教，如何学"的问题。

五是教学资源设计，根据教学要求选择教学情境、支持工具和教学素材，必要时，还可能需要对教学资源进行设计和开发，明确"用什么来教"。

六是教学过程设计，根据教学内容和教学方法，设计教学流程，明确"按什么顺序教"。

七是教学评价设计，根据教学目的和要求，设计评价主体、评价指标和评价方法，明确"谁来评、评什么、怎么评"。

八是教学反思分析，根据课堂教学自我评价、学生评价和同行评价，反思"教得怎么样，学得怎么样"，通过综合分析和总结，改进和完善原有教学方案，并运用到下个班级或下次授课过程中，从而提高课堂教学水平。

1.1.3　教学设计的基本策略

教学策略是教学设计的中心环节，是实施教学活动的基本依据，是指在不同的教学条件下，为达到不同的教学结果所采用的手段和谋略，它具体体现在教与学的交互活动中。教学设计的基本策略包括以下两种类型。

1. 生成性教学策略

生成性教学策略强调以学生为中心，认为学生是认知的主体，是知识意义的主动建构者，教师是帮助者和促进者。生成性教学策略并不要求教师直接向学生传授和灌输知识，教师在教学中利用情境、协作、会话等学习环境要素充分发挥学生的主动性、积极性和创新精神，最终达到使学生有效地实现对当前所学知识的意义建构的目的。

（1）教学设计中运用生成性策略应遵循的原则。

一是强调以学生为中心。这是生成性教学策略的核心概念。因为从"以学生为中心"出发或从"以教师为中心"出发将得出两种全然不同的设计结果。

二是强调情境对意义生成的作用。即提供生动、丰富的教学情境，使学习者能利用自己原有认知结构中有关的经验去"同化"和"顺应"新知识，从而赋予新知识以某种意义。

三是强调"协作学习"的关键作用。通过协作学习，学习者的思想、智慧可以被整个学习者群体所共享，从而提高对当前所学知识的意义生成质量。

四是强调融合信息技术和数字资源。为了支持学习者主动探索和完成意义建构，在学习过程中要为学生提供各种信息资源，包括各种类型的教学媒体和教学资料，但媒体不再是帮助教师传授知识的手段而是主要用来作为学生主动学习、进行会话交流和协作式探索的认知工具。

（2）生成性教学策略运用的基本操作内容。

①教学目标分析。

通过对整门课程各教学单元进行目标分析，确定当前学习的"主题"。

②情境创设。

创设与主题相关的情境，情境应尽可能真实，提供有助于意义生成的实例，并把注意力集中于学习的主题。

③信息资源设计。

确定学习本主题的信息资源的种类，以及每种资源在学习本主题过程中所起的作用。对于应从何处获取有关的信息资源，如何去获取以及如何有效地利用这些资源等问题，教师应对确实存在困难的学生予以必要的帮助。

④学习过程设计。

根据所选择的不同的教学方法，对学生的学习过程进行设计，可采用指导生成型设计，或协作生成型设计，或独立生成型设计。但每一种设计都必须突出学生的自主学习，要提倡学生"自动、自助、自学"。

对于不同层次的问题，学习过程设计应有所不同。例如，生物学的学习一般有三种水平的问题：一是基础性问题。这是初等水平问题，多为陈述性知识，多用"同化"的学习方式。二是综合性问题。这是中等水平问题，一般属于程序性知识，要运用"同化"或"顺应"的学习方式，学习过程设计要有利于能力培养。三是创新性问题。这是高等水平的问题，多用"顺应"的学习方式，学习过程设计应有利于创新精神和实践能力的培养。

⑤协作学习环境设计。

在自主学习的基础上开展小组讨论、多向交流，以进一步挖掘主题的内涵，促进知识意义生成。协作学习环境设计应包括：创设能引起争论的初始问题；将讨论引向深层次并一步步生成后继问题；教师要考虑如何站在稍稍超前于学生智力发展的边界上，引导学生"学会做什么"，切忌直接告诉学生"应该做什么"，即不要代替学生思维。

⑥学习效果评价设计。

采用多元评价，评价内容主要围绕三个方面：自主学习能力；协作学习过程中的贡献；是否达到意义生成的要求。要尽可能设计出学生乐意参与，又能客观地、确切地反映每个学生学习效果的评价方法。

2. 替代性教学策略

替代性教学策略是指学生通过教师呈现材料来掌握现成知识的一种教学策略。这种策略倾向于学生当前所学的全部内容都是以确定的方式由教师传授给学生，学生无须进行任何独立发现，只需接受，即把教师呈现的材料，例如一个事实、一个概念、一个规则、一组联想、一种关系等加以组织、内化到原有的认知结构中，促进认知结构的重组、丰富和发展。

替代性教学的学习过程可以是有意义的、主动的，也可以是机械的、被动的。有效的替代性教学必须是有意义的、学生主动参与学习的策略。

（1）教学设计运用替代性策略应遵循的原则。

一是不断分化原则。不断分化就是指教师在教学中要根据人们认识新事物的自然顺序和认知结构的组织顺序，对知识进行由上位到下位，由一般到个别的纵向组织，类似于循序渐进。过去，教师往往忽视知识的组织和呈现应当依照抽象和概括性来进行，结果使学生不能用先前学习的知识来同化当前所要学习的知识，直接导致了机械学习和大量遗忘现象的产生。不断分化的原则，就是要求教师在呈现教学材料时，应首先介绍具有较高概括和包摄性的知识，然后再安排那些概括程度逐渐薄弱的知识。因为原先习得的包容范围较广的总体中掌握分化的方面较之从原先习得的分化的方面形成总体来得容易。个人的某一学科领域的知识在其头脑中的组织是由分层次的结构构成的，包括最广的观念处于这一结构的顶端并逐渐容纳范围较小的高度分化的命题、概念。通过不断分化的策略来呈现授课内容，这样学生学起来快，而且利于保持与迁移。

二是综合贯通原则。综合贯通就是从横的方面加强教材中概念、原理、课题乃至章节之间的联系，消除已有知识之间的矛盾与混乱，以促使学生的学习融会贯通。综合贯通的策略，就是要求教师帮助学生牢固掌握知识间的区别和联系，指出它们的异同，将前后出现的连续观念表面上或实质上不一致的地方融会贯通，使之成为完整的知识体系。过去教师在授课时，由于不注重知识的综合贯通，结果使学生不能区分表示相同意义的不同术语或者表示不同意义的相同术语间的区别和联系，造成认识上的混淆，使得学生难以理解许多有联系的内容之间的共同特征，先前学习所掌握的知识不能为后继学习提供基础，直接导致了知识的生吞活剥，食而不化。

（2）替代性教学策略运用的基本操作内容。

①呈现先行组织者。

在正式学习新知识前，可向学生介绍一种他们比较熟悉，同时又高度概括性地包含了正式学习材料中的关键内容。这些内容在抽象、概括和包摄性上普遍高于新知识，也与学生个人的参照系相联系。这些引进的内容，充当新旧知识联系的桥梁，即所谓的"组织者"。由于这些引进的内容是在呈现新的教学内容之前介绍的，目的在于帮助学生确定意义学习的心理趋向，故又称为"先行组织者"。先行组织者能根据先前的经验抽出已经形成的认知结构，有助于同当前的学习材料形成有机联系，能给学习材料提供适当的联结点，以便在学习初期易于同已有的认知结构相整合，使学生能借助组织者将学习的本质内容渗透到已有的认知结构中去，舍弃非本质的内容。

②呈现新的学习任务和材料。

新的学习任务和材料以讲授、讨论、实物、模型、挂图、计算机多媒体软件播放、布置作业等方式向学生呈现。这一阶段有两件比较重要的事情：一是必须充分考虑学生的态度、经验等变量，运用能激起学生动机、适合学生的过去经验和现有能力，并能使材料纳入学生认知结构的方法，以集中和维持学生学习的注意力；二是使学生明确了解材料的组织，形成整体的方向感。在呈现材料过程中，必须做到逻辑顺序明确可循，以便学生了解观念间的关联性。

③做到整合协调。

教师应设法在教学中把新信息纳入认知结构中去。具体的做法是：第一，在决定知识"登记"到已有的那些知识中去时，需要对新旧知识的"适合性"做出切实有效的判断。第二，当新旧知识在进行联系时存在分歧或发生矛盾，需要进行调节，重新理解或表达新知识。第三，新知识要转化到学生个人的参照系中来，即与学生个人的经验、背景、词汇、概念等联系，使旧知识成为可接受新知识的基础。第四，如果找不到作为调节新旧知识分歧或矛盾的基础，需要对更有概括、容纳性的概念进行再组织，从更高的层次进行新旧联系。第五，引导学生运用所学的知识来解决问题。

1.2　理解信息化教学设计

随着信息技术与通信技术的快速发展，"互联网＋"时代彻底改变了人们生活与学习的方式，人们之间的交流与学习变得越来越快速、高效，对教育教学也产生了巨大的冲击与震撼。课堂是教育教学的主战场，作为承担着教育、培养"下一代"神圣职责的教师，如何在教育信息化面前应对自如，如何通过提高自身的信息化水平来促进教学水平和教学能

什么是信息化教学设计

力？关键还是需要从每一堂课入手，将信息技术自然和谐地融入教学规划、教学实施和教学评价的全过程，使之更能切合课堂教学的实际与学生的需求，通过信息技术与课程的全面深层次整合实现教育的跨越式发展，为培养信息社会中的人才做出自己应有的贡献。

开展信息化教学的主要目的在于提高学生的学习兴趣、教师的教学效率和学生学习的成效，从而提高课程的教学质量、学生的知识技能水平和学业成就。

1.2.1　信息化教学设计的内涵

信息化教学设计就是运用系统方法以学为中心，充分利用现代信息技术和信息资源，科学地安排教学过程的各个环节和要素，以实现教学过程的优化。应用信息技术构建信息化环境、获取、利用信息资源，支持学生的自主探究学习，培养学生的信息素养，提高学生的学习兴趣，从而优化教学效果。

要开展信息化教学，首先就需要进行信息化的教学设计。信息化教学设计是在综合把握现代教育教学理念的基础上，充分利用现代信息技术和信息资源，科学安排教/学过程的各个环节和要素，为学习者提供良好的信息化学习条件，实现教学过程最优化的系统方法。

信息化教学设计是一个实用性概念，其核心是"信息化教学"的设计，而不是"信息化"的

教学设计。这里的"信息化"包含信息化教学环境的构建、信息化教学手段的选用和数字化教学资源的使用三个方面。

把现代信息社会与教学相关的信息元素（如技术、设备、媒体、资源等）归入教学设计中，实现信息元素与教学设计中各个要素的融合，通过"信息化"优化"教学设计"，达到全面提升教学效果的目标。信息化教学设计为建构学生的知识体系创设了有利的情境，使学生"学会学习"。

1.2.2　信息化教学设计的流程

信息化教学设计主要包括教学目标分析、学习者特征分析、教学内容分析、教学模式及教学策略的选择、信息化教学资源工具的选用、教学实施与组织、教学评价、教学反思等几个要点，可从旅游的角度来理解信息化教学设计的流程。

1.教学目标分析

教学目标就好比是旅游的目的地，一切的旅游准备工作都是围绕目的地而进行。同样，一切的教学活动都是围绕教学目标来进行和展开的。教学目标通常从知识目标、能力目标、情感目标三个维度进行描述，确定学生应该达到的水平，学会什么知识、掌握哪些技能、培养什么素质等。

教学重点与教学难点是教学目标的重要组成部分，两者即可以是并列关系，也可以是包含关系，教学活动的开展主要是围绕教学重点和教学难点来进行。

2.学习者特征分析

教学设计的最终目的是为了有效促进学习者的学习，而任何一个学习者都会把他原来所具有的知识、技能、态度带入新的学习过程，教学设计是否与学习者的特点相匹配，是决定教学设计成功与否的关键因素。

当我们确定了教学目标后则需要分析学习者的特征，不同的学习者有不同的学习特征，分析学习者特征的这一行为称为学习者特征分析。在信息化教学设计中，对学习者的特征分析主要从学生认知特征、学习风格和起点水平等方面出发。

（1）认识特征、学习风格和起点水平。

认知特征是指学习者获得知识和解决问题的能力随时间发生变化的过程和现象。

学习风格是指学习者持续一贯的带有个性特征的学习方式的倾向性，包括学习者在接受、加工信息方面的不同方式，对学习环境和学习条件的不同需求，以及在认识方式方面的差异等。

学习者起点水平的分析主要包括三个方面的内容：一是对预备技能的分析，了解学习者是否具有进行新的学习所必须掌握的知识与技能；二是对目标技能的分析，了解学习者是否已掌握教学目标中的部分内容；三是对学习态度的分析，可采用态度量表、观察和会谈的方式进行。

从旅游角度分析信息化教学设计流程

（2）智力因素与非智力因素。

我们也可以从智力因素和非智力因素两个方面来分析学习者的特征。智力因素包括学习者的知识基础、认知能力、认知结构变量等；非智力因素包括学习风格、动机水平、学习者的归因类型、学习者的焦虑水平、学习者文化、宗教背景等方面。对学习者进行学习特征的分析，即确定教学的起点，方便教师进行因材施教。

（3）信息技术环境下的学习者特征。

基于信息化教学环境学习者的信息素养将会成为制约学习效果提高的重要因素。

信息素养是指一个人运用信息技术的知识和技能解决生产和生活中实际问题的能力和对信息技术的意识、态度，以及对应该承担的社会责任的理解。信息素养是信息时代需要人们具备的一种基本能力。

3. 教学内容分析

教学内容是指为了实现教学目标，要求学习者系统学习的知识、技能和行为规范的总和。它一般可分为事实、概念、技能、原理和问题解决五大类。

在教学中，教学内容需要根据教学目标来确定。以教学目标为基础分析教学内容，旨在明确教学内容的范围、深度和揭示教学内容各组成部分的联系，以保证达到教学最优化的内容效度。通过对教学内容的分析，可以为后续的教学策略制定，以及为教学资源开发提供依据。

4. 教学策略的选择

教学策略是为完成特定的教学目标而采用的教学活动的程序、方法、形式和媒体等因素的总体考虑。它体现在教与学相互作用的具体活动中，也可以说是教学过程的综合方案。教学策略主要解决"如何进行教学"的问题，是教学过程设计的重点。教学策略的设计最能体现教育理念和教学设计创造性的环节。

信息化教学策略的选取

教学策略具有灵活性、指示性、多样性的特点。对教学来说，没有任何单一的策略能够适用于所有的情况。最好的教学策略应是在一定的情况下，实现教学目标的最有效的操作行动体系。在教学设计时，需要根据具体的教学情境选择适当的教学策略，并根据教学的实际情况灵活运用。常用的教学策略有自主学习策略、小组合作学习策略、探究学习策略、情境教学策略、启发式教学策略等。

（1）自主学习策略。

自主学习核心是发挥学生学习的主动性、积极性，充分体现学生的认知主体作用。它以"自主探索、自主发现"为主线，由"要我学"变为"我要学"。教师在设计、引导学生自主学时需要重视人的设计、目标明确、学习者的自我反馈，重视教师的指导。

（2）小组合作学习策略。

小组合作学习是以小组为单位，教师与学生之间、学生与学生之间在具体的信息化教学设计中，教师需要综合考虑教学目标、学习理论和教学理论、学习内容的客观要求、教学对象的特点、教师的素质条件以及教学条件的可能性等因素来选择和制定教学策略。

选择这些教学策略时，既要考虑老师如何教，还要考虑学生如何学。以自主学习策略为例，了解教学策略选取。

5. 教学资源的选用

根据任务和问题以及学生的学习水平，确定提供资源的方式和类型，提供给学生的教学资源应用是多样化、多媒体化、立体化。

信息化教学资源的遴选

信息化教学资源包括媒体素材、试题库、试卷、课件与网络课件、案例、文献资料、资源目录索引和网络课程等，其中媒体素材包括文本、图形/图像、音频、视频和动画。针对不同类型课程、不同教学内容都会选择不同类型的教学资源进行呈现。

图片资源是一种可视化的教学资源，可以让学生对一个物体有直观的认识，图片资源比较适用于对一项具体实物进行基本认知的教学；动画资源更加的生动、形象，能够以动态的方式进行呈现，动画资源一般适用于介绍一些事物的原理及变化过程；视频资源是一种能对人的听觉和视觉产生刺激的资源，一个精彩的视频放在一堂课的开头，可以有效提升学生的学习兴趣。

6. 教学环境的选择

信息化教学环境的选取

信息化教学环境就是在现代教育理论指导下，充分运用现代信息技术建立的能实现教学信息的获取途径和呈现方式多样化、有利于自主学习及协作学习的现代教学环境。信息化教学环境有利于学习者获取广泛的教学信息和相关资料。

信息化教学环境主要包括多媒体教学环境、网络教学环境、虚拟仿真教学环境、"现场实践"教学环境。

（1）多媒体教学环境。

以一台多媒体计算机为核心，配上视频投影仪、实物展示台、功放、音响、无线话筒等现代媒体，便构成了一个适合传统教学的演示型多媒体教学环境。

（2）网络教学环境。

网络教学环境是一个与普通局域网相对独立的教学网络，它以截取计算机视频信号进行屏幕广播为主要手段来达到教学相长的目的。

（3）虚拟仿真教学环境。

基于虚拟现实的仿真教学环境，是指将虚拟现实技术作为一种新的媒体表现形式引入教学软件中，对教学情境、教学实验、技能训练等进行虚拟，利用虚拟场景交互性、多感知性和可操作性等优势来表现教学内容，以充分调动学习者的主动性和创造性，解决教学中的重点、难点问题，促进学习者积极建构的新一代 CAI 教学软件；

（4）"现场实践"教学环境。

"现场实践"教学环境是无边界的开放式课堂，教学场地是各行各业的真实工作场地，基于该环境的教学可以更好地培养学生的实践操作能力。一些现场实践教学环境由于受到场地空间、安全要求、声音干扰等各方面条件的限制，开展教学效果并不佳，这时可以借助网络技术及信息化手段，将现场实践的工作场景实时传输到课堂，实施远程实时教学；也可以建立具有教室，实验、实训、实习等一体化配置的教学环境，实施理实一体化教学。

在信息化教学设计中还需结合课程特点，遵循有利于教学组织与实施的原则，并根据所在学校现有硬件条件进行综合考虑，选择合适的教学环境，实现教学的有效性。

7. 教学活动的组织与实施

信息化教学活动的组织与实施

教学活动组织与实施是指为实现教学目标，教师组织引导学生主动作用于教学内容，教师和学生之间开展的一系列有组织、有计划、相互作用的学习活动的总过程。

教学活动组织与实施是教学系统的各个要素以一定的教学程序联结起来，以确保教学活动的顺利开展，教学目标的圆满实现。

在不同的信息化教学环境中，教学活动的组织与实施有其不同的特征。

8. 教学活动的评价

学习评价是以教学目标为依据，按照科学的标准，运用一切有效的技术手段，对教学过程及结果进行测量，并给予价值判断的过程。

学习评价是对学生学业成绩的评价，对教师教学质量的评价和课程评价。教学评价是依据学习目标，对学习内容、学习进展情况、学习结果、学习效果进行价值判断、反思的活动。

信息化教学评价
的设计与实施

1.2.3 信息化教学设计的要点

信息化教学设计的要点，就是要求利用信息化工具或资源来提高学生的学习兴趣，突破教学重点，化解教学难点，提高教与学的效率，提高教学质量等问题而采取的办法和措施。

1. 工作任务情境化

在信息化教学设计中要遵循职业教育规律，对接职业岗位，选取学生容易理解的基于工作岗位的工作任务作为教学载体，将工作任务情境化，通过情境的创设，使学生经历与实际相类似的认知体验。在实际操作中应注重情境的转换，使学生的知识能够得以自然的迁移与深化。

2. 文字描述图表化

在信息化教学设计中，要尽量将文字描述换成简洁明了的图片或图表，图表中的文字只用来诠释或标注数据或出处，学生透过视觉化的符号或统计图表，能更快读取原始数据，提升学生对数据的理解能力，呈现上显得更加简洁明了，方便学生理解。

3. 工作原理动画化

在讲解工作原理时，可制作生动、形象的动画资源来进行展示讲解，能以动态的方式呈现事物的原理及变化过程，方便学生理解，突破教学重难点。

4. 操作步骤可视化

在讲解具体重、难点操作时，可设计制作可视化的微课视频资源进行辅助教学，方便学生课前课后进行观看操作。

5. 教学活动网络化

针对数字原住民的学生特点，在信息化教学设计中利用网络工具设计网络化的教学活动，设计体现师生互动、人机互动的教学活动，调动学生学习的主动性和积极性，体现出学生的主体地位，突出师生互动，极大地提高学生知识掌握、能力提高、情感感悟的效果。

6. 教学互动多样化

为了提高学生参与课堂活动的积极性和主动性，可设计丰富多样的教学互动，随时开展投票、头脑风暴、讨论、答疑、计时测试等教学互动活动，满足学生的体验和存在感，在丰富多样的活动中培养学生职业技能和素养。

7. 教学评价自动化

为节省教学评价统计工作量，提高评价的公平和公正性，可采用信息化教学工具来进行教学评价，让学生的成绩一目了然，对学生学习过程进行自动评价。

1.2.4 信息化教学设计的原则

在教学过程设计中应重视信息资源的利用和学生主观能动性的发挥，使教师的教和学生的学与信息化时代紧密结合,培养符合信息时代要求的学生。通过信息化教学设计,在教学过程中,把信息技术、信息资源和课程有机结合起来,促进教学最优化。信息化教学设计的核心是教学过程设计而非教学内容设计,基于现代信息技术的"信息化"是支撑。

在信息化教学设计中,要注意以下原则。

(1)以学生为中心,注重学生学习能力的培养。

在整个信息化教学过程中,要以学生为中心,教师作为学习的促进者,引导、监控和评价学生的学习过程,注重对学生学习能力的培养。

(2)充分利用各种信息资源来支持学习。

信息资源是学习资源的一个重要组成部分,它是数字化资源,是借助现代化信息技术传播的资源,常见的信息资源主要有图片、动画、视频。在信息化教学设计中要充分使用信息资源为教与学服务。

(3)以"任务驱动"和"问题解决"作为学习和研究活动的主线。

在信息化教学设计中,以驱动式学习任务为明线,将知识与技能、素质培养为暗线,培养学生解决问题的能力。

(4)强调个性化的学习和协作学习。

通过信息资源的使用,使课堂不局限在教室,可以是室外、校外的学习空间;使学习不局限在课堂,可以是课前、课后的时间。重视学生的个性化学习。

协作学习不仅是指学生之间、师生之间的协作,也包括教师之间的协作,如实施跨学校之间基于资源的学习等。

(5)强调针对学习过程和学习资源的评价。

在整个设计过程中,要注重对学习过程和学习资源的评价,有效利用各类信息化教学资源,用评价促进提高。

1.2.5　信息化教学设计的评价

在评价一个信息化教学设计的优劣时,可以从以下几个方面进行评定。

1. 信息化资源是否合理

在信息化教学设计中,选择的信息化教学资源是否能提高学生的学习兴趣,突破教学重点,化解教学难点。

2. 信息化教学是否高效

在信息化教学设计中能否应用信息技术手段,使教学的所有环节数字化,从而提高教学质量和效率,从而实现高效课堂。

3. 教学过程是否有效

设计的教学活动是否能激发学生的兴趣,符合学生的年龄特征,并有利于学生的学习以及高级思维能力的培养,是否有利于学生在信息处理能力方面的培养。

4. 信息化教学管理是否方便

在信息化教学设计中,通过采用灵活的信息化教学管理平台或工具,对学生的学习进度进行跟踪和学习成效评价,全方位地实现教学数据的统计与分析,减少教师统计工作量。

【案例展示】

表 1-1　"神奇的二维码"教学单元信息化教学设计

授课老师：　颜珍平　　课程名称：　物联网技术概论　　授课时数：　2　　累计课时：　36

授课班级	物联网 181		
授课时间	2018 年 10 月 26 日		
授课地点	第一实训楼 407		
教学单元名称	神奇的二维码		
所选教材	《物联网技术导论》"十二五"规划教材		
参考教材	职教 MOOC、名师空间课堂资源		

一、教学内容与目标

1. 教学内容

通过制作二维码任务，让学生了解二维码的概念、种类与特点，理解二维码的编码和译码原理，掌握二维码在智慧物流中的应用与作用，让学生体验制作二维码亲手的同时，能灵活运用二维码制作工具，进行个性化的设计，并将二维码应用到各种领域中，为后期物联网系统的开发与设计奠定基础

2. 教学目标

知识目标	◆ 了解二维码的基本概念、种类与特点； ◆ 理解二维码的编码和译码的工作原理； ◆ 掌握二维码在智慧物流中的应用； ◆ 掌握二维码的制作与技巧
技能目标	◆ 会选择二维码的制作工具； ◆ 会设置二维码的个性化美化模板； ◆ 会制作并生成二维码； ◆ 会将二维码应用到各种不同的领域； ◆ 能灵活处理操作过程中遇到的问题
态度目标	◆ 培养独立思考问题、解决问题、沟通交流的能力； ◆ 培养学生认真仔细的工作态度； ◆ 培养学生利用信息化资源进行自主学习的能力； ◆ 培养团队合作能力； ◆ 培养学生的创新创业能力

3. 教学重点

◆ 能正确区分主读类和被读类二维码
◆ 掌握个性二维码的制作

4. 教学难点

◆ 会分析智慧物流系统中二维码的应用
◆ 理解二维码的编码和译码的原理

续上表

二、学情分析

◆ 能熟练使用手机、平板进行信息交流和资源的搜索;

◆ 对实践内容兴趣浓厚,但厌恶纯理论学习;

◆ 喜欢老师即时肯定和表扬、喜欢迅速获取信息;

◆ 主动学习能力较差,课上自控能力较差;

◆ 学生已了解了物联网相关的概念,理解了物联网技术在生活和学习中的应用;

三、教学资源

序号	资源名称	作用
1	名师空间课堂资源	提供课程的所有教学资源,保证学生随时在线进行自主学习,进行师生在线交流、答疑解惑等教学活动,提供按需个性化学习资源与素材
2	蓝墨云班课资源	提供授课所需的教学资源,方便学生进行课前自主学习,可进行在线交流与讨论、答疑解惑等教学活动,其数据分析有利于实现教学诊断与分析,打造轻松愉悦的课堂氛围
3	"IOT 技术博览馆"微信公众号资源	推送、分享操作技巧等资源,有利于学生进行按需个性化、拓展提升学习,了解物联网专业前沿技术和发展
4	"神奇的二维码"微课、"二维码的制作"微视频	方便学生进行课前自主、按需个性化的学习
5	二维码的应用视频	以现实生活中二维码的应用案例引入新课
6	"二维码技术的应用"教学课件	以视频、文本、图片、图形、动画设置等有机组合方式吸引学生注意力
7	二维码应用教学案例	方便学生更好掌握二维码的制作与应用
8	二维码应用教学素材	案例教学素材,方便学生进行实践操作

四、教学方法与手段

序号	教学方法/教学手段	作用
1	多媒体实训室	完成理实一体化教学,进行讲解演示操作
2	蓝墨云班课移动 APP	课前在线自主学习、课堂活动的组织与管理
3	平板电脑	方便学生参与移动在线学习和智慧课堂活动
4	"IOT 技术博览馆"微信公众号	师生交互、在线答疑、拓展学习
5	职教新干线平台	引导学生在课前、课后进行在线学习和交流讨论,提升自主学习,实现学生按需个性化拓展学习
6	任务驱动、案例教学法	使学生在"做中学,学中做",激发学习兴趣
7	角色扮演法	培养学生职业能力和职业素质
8	头脑风暴教学法	通过交流讨论,集思广益,培养学生分析、解决问题的能力
9	分组讨论法	培养学生团队合作精神,分析问题、解决问题的能力
10	情境教学法	吸引学生对学习任务的兴趣、促进对二维码的应用

续上表

五、教学过程

1.教学结构流程的设计

采用蓝墨云班课，实施任务驱动的混合式教学策略，有效解决课堂教学痛点

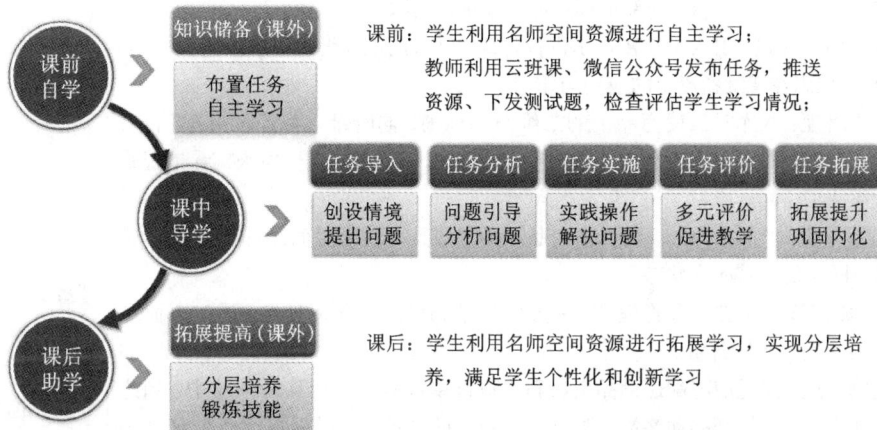

课前：学生利用名师空间资源进行自主学习；
教师利用云班课、微信公众号发布任务，推送资源、下发测试题，检查评估学生学习情况；

课后：学生利用名师空间资源进行拓展学习，实现分层培养，满足学生个性化和创新学习

以"有形的二维码"为载体，以"找码—析码—扫码—做码—评码"为任务引领贯穿整个教学过程

2.教学环节设计

教学环节	教学内容	教学方法	时间（分）
课前学习	教师利用蓝墨云班课、微信公众号发布任务，推送资源、下发测试题，检查学生学习情况； 学生利用蓝墨云班课、名师空间资源进行自主学习、交流讨论等课前自主学习活动	任务驱动教学	课前
课前活动	(1)各小组清点检查设备，开启平板和笔记本电脑，检查网络连接状态； (2)利用平板电脑登录蓝墨云班课平台进行签到，准备教学环境及教学素材； (3)分析课前学生自主学习平台数据进行学习评估，了解学生课前学习情况进行有针对性的教与学	任务讲授法	2
任务引入（找码）	播放"二维码的应用"视频（主人公在生活和工作中利用二维码的 8 个场景应用，包括扫码获取食品优惠券、扫码连接 Wi-Fi、扫码购物、扫码名片收集客户信息等），让学生感受二维码的应用，提高学习兴趣	情境教学法	5
任务分析（析码）	(1)你来说。 学生看完视频后，分小组讨论交流视频中有哪些二维码的应用，并登录蓝墨云班课完成头脑风暴活动，说一说"视频中有哪些二维码的应用？"根据学生完成情况点赞、加经验值； (2)我补充。 ◆ 什么是二维码（通过播放"什么是二维码"视频，进一步了解二维码，确定二维码的功能）。	任务驱动教学、角色扮演、分组讨论教学法、头脑风暴教学法	23

续上表

教学环节	教学内容	教学方法	时间（分）
任务分析（析码）	◆ 二维码的特点（通过与一维码的比较，总结确定二维码特点）。 信息容量大：最大可存储1850个字符； 可靠性高：误码率低，局部损坏照样可以正常读取 保密防伪性强：引入了加密技术进行防伪，以保证二维码的安全应用。 ◆ 二维码在智慧物流中的应用与作用。 入库管理：入库时识读商品上的二维条码标签，同时录入商品的存放信息，将商品的特性信息及存放信息一同存入数据库，存储时进行检查，看是否重复录入。 出库管理：产品出库时，要扫描商品上的二维码，对出库商品的信息进行确认，同时更改其库存状态。 仓库内部管理：在库存管理中，一方面二维码可用于存货盘点，另一方面二维码可用于出库备货。 货物配送：配送前将配送商品资料和客户订单资料下载到移动终端中，到达配送客户后，打开移动终端，调出客户相应的订单，然后根据订单情况挑选货物并验证其条码标签，确认配送完一个客户的货物后，移动终端会自动校验配送情况，并做出相应的提示。 ◆ 二维码的类别（根据业务形态的不同）。 主读类二维码：用户使用手机扫描识别二维码，获取二维码所存储的内容并触发相关应用。 被读类二维码：将二维码发送到用户手机上，用户带手机到现场，通过具有扫描功能的电子设备，对手机中二维码进行识别。 （3）你思考。 现实生活中有哪些二维码是主读类，哪些是被读类？ （4）你来讲。 利用蓝墨云班课平台摇一摇，随机选择两个同学来讲一讲有哪些二维码是主读类，哪些是被读类？	任务驱动教学、角色扮演、分组讨论教学法、头脑风暴教学法	23
任务实施（扫码）（做码）	（1）你来扫。 ◆ 大家扫一扫屏幕上的名片二维码，能看什么信息； ◆ 扫一扫实训室设备上的二维码，体验二维码应用的同时，也提前了解一下物联网设备； ◆ 扫描二维码为什么会打开链接的内容？它的原理又是什么呢？"码"上来了解，观看"二维码的原理"视频，理解二维码的原理； ◆ 扫码了解二维码的制作步骤： 第一步：准备制作个人名片二维码的相关素材，如个人照片； 第二步：选择在线制作二维码工具"草料二维码"，打开在线网址； 第三步：选择制作二维码的类型：名片二维码； 第四步：输入相关的个人信息、联系信息等内容； 第五步：生成二维码，选择二维码的样式并进行美化操作； 第六步：将美化后的二维码进行发布、分享	任务驱动教学	30

续上表

教学环节	教学内容	教学方法	时间（分）
任务实施（扫码）（做码）	（2）你来做。 根据老师的讲解，利用蓝墨云班课的微课视频和素材资源，制作个人名片二维码，上交移动平台	任务驱动教学	30
任务评价（评码）	（1）你来秀。 利用蓝墨云班课的"抢答"，选择最先抢答的同学上台，展示个人名片二维码、分享制作的过程。 （2）你来测。 通过蓝墨云班课下发测试任务，了解学生对二维码的应用与功能的掌握情况，巩固学生所学知识。 （3）你来评。 利用蓝墨云班课下发自评和互评活动，要求学生对照下发的评价标准，客观公正地对自我、小组成员进行综合性评价，找到差距，共同提高	任务驱动教学	20
任务拓展	要求学生搜索资料完成"二维码的创意与应用"，形成设计作品方案，完成后上交指蓝墨云班课平台，后续将利用微信公众平台，投票产生最佳的创意作品	任务驱动教学、角色扮演、分组讨论教学法	5 +课后
课堂小结	总结重难点内容：二维码在智慧物流中的应用、二维码的类别、二维码的编码和译码原理、个性二维码的制作；梳理教学中的注意事项	任务讲授法	5
课后活动	学生整理、整顿实训设备； 安排学生完成清扫、清洁实训室的卫生工作	学生自主完成	课后完成

续上表

六、教学评价

1.学习评价表

学生的学习评价主要由学习过程评价、自我评价、小组评价、教师评价等四个部分组成，由平台进行数据分析生成课程的过程性评价。

评价项目	评价标准				权重	备注
	优	良	及格	不及格		
平台评价	由平台自动生成，主要由课前对教学知识点的学习、课前任务完成情况、课前检测成绩、课中交流讨论的获赞、课堂表现的获赞情况构成				25	
小组评价	能积极参与小组交流讨论活动，服从小组长的安排，积极主动完成任务，能帮助小组其他成员	会参与小组交流讨论活动，服从小组长的安排	能按照小组长的安排完成任务	不听从小组长的安排，没有参与小组活动	20	
自我评价	会利用所学知识完成课堂任务，能积极参加课堂活动，会进行自主拓展学习	会利用所学知识完成课堂任务，能积极参加课堂活动	基本上完成课堂任务	操作任务完成有一定的困难	10	
教师评价	会灵活运用所学的二维码知识在规定的时间内完成任务，作品整体效果好，操作非常熟练，能积极参加小组活动和课堂活动	能在规定的时间内完成任务，作品整体效果较好，操作熟练，能参与小组活动和课堂活动	能在规定的时间内基本完成任务，作品整体一般，操作速度较慢，有时会参与小组活动和课堂活动	不能在规定的时间内完成任务，作品整体效果差，操作速度很慢，参与小组活动和课堂活动不主动、不积极	5	

2.教学反思

本次课利用"找码—析码—扫码—做码—评码"为教学主线开展教学实施，学生积极性和学习兴趣较高，基本达到教学目标，大部分学生理解了二维码在智慧物流中的应用与作用，会正确区分主读类和被读类二维码，但在做码过程中还缺乏创意设计，希望在以后的教学中继续加大学生创新思维能力的培养，课堂中加强对学生口头表达能力的训练

【拓展活动】

　　请根据所授课程，参考教材中提供的信息化教学设计案例，自行选择一个教学单元进行信息化教学设计。

【思考与探索】

　　1.请思考信息化教学设计有什么作用？

　　2.在现有的条件下，如何进行信息化设计？

　　3.作为新时代的教师，应从哪些方面提升自己的信息化教学设计能力？

4.请登录全国职业院校技能大赛教学能力比赛官网 http：//www.nvic.com.cn/，搜索与自己课程相关的、获奖的信息化教学设计作品进行鉴赏。

【本章小结】

本章主要阐述了教学设计的要素、作用及流程，详细介绍了信息化教学设计的内涵、要点、原则及评价方法，并用案例展示了一个教学单元完整的信息化教学设计文档。

教学设计是教师对即将实施的课堂教学之前，根据学生的实际情况和现实教学实践条件，对课堂教学活动进行一系列的周密思考和精心安排后，制定出一个教学工作的整体方案。在教学设计过程中教师会依据教学理论、学习理论和传播理论，运用系统科学的方法，对教学目标、教学内容、教学环境、教学策略、教学评价等教学要素和教学环节进行分析、计划并做出具体安排的过程。通过教学设计，其目的是给出最佳有效教学方案，提高教师教学效率、学生学习效果，从而提高教学质量。

随着信息技术与通信技术的快速发展，互联网＋时代彻底改变了人们生活与学习的方式，新形态下教师要提高学生的学习兴趣、教师的教学效率和学生学习的成效，就要充分利用信息化工具和手段自然和谐地融入教学规划、教学实施和教学评价的全过程，使之更能切合课堂教学的实际与学生的需求，通过信息技术与课程的全面深层次整合实现教育的跨越式发展，为培养信息社会中的人才做出自己应有的贡献。

信息化教学设计则是运用系统方法，以学生为中心，充分利用现代信息技术和信息资源，科学地安排教学过程的各个环节和要素，以实现教学过程的优化。应用信息技术构建信息化环境，获取、利用信息资源，支持学生的自主探究学习，培养学生的信息素养，提高学生的学习兴趣，从而优化教学效果。

要提高课堂教学效果，实现有效和高效课堂，教师就应在综合把握现代教育教学理念的基础上，充分利用现代信息技术和信息资源，科学安排教/学过程的各个环节和要素，为学习者提供良好的信息化学习条件，实现教学过程最优化。

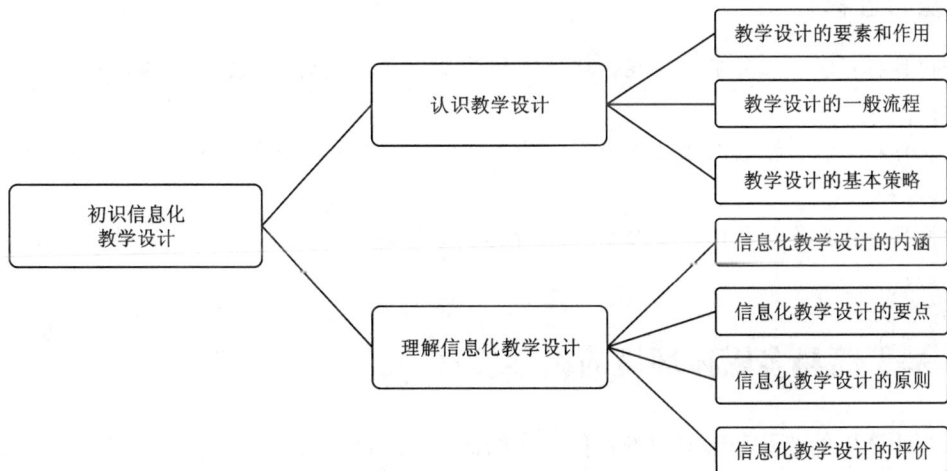

图1-2 初识信息化设计内容模块图

第 2 章

基于多媒体环境的教学设计

【教学情境】

多媒体教室是在传统教室的基础上加装了多媒体计算机和配套显示设备后所形成的教学环境，也是目前大多学校最普遍、最实用的一种教学环境。与传统教学环境不同，使用多媒体教学环境教学需要事先收集整理数字化教学资源，设计和制作多媒体教学课件；在教学过程中需要通过操作多媒体教学设备，才能更好地展现教学内容，使教与学相得益彰。

【解决方案】

多媒体教学设备种类繁多，根据设备功能与选型配置的不同，多媒体环境可以细分为简易多媒体环境、交互式多媒体环境、网络多媒体环境三种。教师需要根据课程特点和所选用的多媒体教学设备条件，通过采取合适的教学策略和制作适合的课程教学资源，增强教育内容的吸引力和教学过程的感染力，从而提高课程的教学效率和效果。

【能力目标】

知识目标：理解三种不同多媒体环境下的信息化教学设计要点，熟悉课程信息化教学设计流程；

技能目标：能够根据课程教学内容和特点，利用多媒体环境进行教学过程设计和教学组织实施；

素质目标：具备信息化教学分析与设计意识，增强"以学生为主体"的教学组织与实施理念。

2.1　基于简易多媒体环境的教学设计

随着计算机的普及和国家对教育信息化的提倡，信息技术与基础学科的整合浪潮在我国逐渐兴起。传统的教学媒体，如黑板、教科书等承载信息的种类和能力十分有限，远远满足不了现代教学的需要。在这样的情况下，多媒体教室应运而生，为传统的课堂教学开辟了一个新的教学阵地。

2.1.1　设计基础

在没有网络的简易多媒体教室环境中，借助 PPT 课件可以将各种文字、图形、图表、声音等多媒体信息展示出来。与教材不同，它可以将许多抽象的东西形象化、平面的东西立体化，因此，它不能是知识的简单罗列。

1. 教学环境分析

利用多媒体教室进行课堂教学，打破了传统教学的局限性，为教师提供了一个灵活自如的多媒体教学环境，为学生提供了一个舒适轻松的学习环境，给教学带来了新的活力。

借助多媒体课件开展计算机辅助教学是简易多媒体教室最主要的教学功能。通过发挥多媒体设备可以同时呈现文字、图片、声音、动画、视频等多种媒体信息的特点，将教学内容以图文并茂的形式呈现给学生，使教学更加生动、形象。

图 2－1　图片展示

利用视频展示台，可以将书本图文、立体实物、胶片媒体等通过投影屏幕展示给学生，进行实物投影教学。

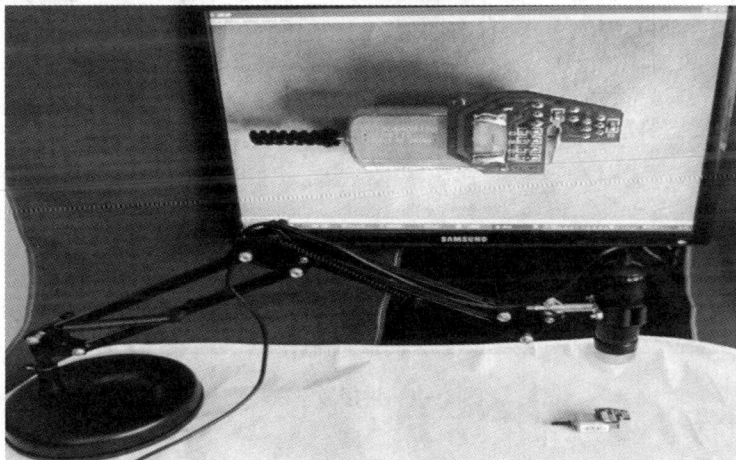

图 2－2　视频展示台

　　在多媒体教室中，教师可以利用 VCD/DVD 机等设备，播放与教学内容有关的音像资料，通过投影屏幕展示给学生。

图 2-3　视频展示

　　利用话筒、功率放大器及音箱，能使教室内任意处听清楚教师讲课和媒体播放声音，可以保证教学信息的传递效果，支持教学规模的扩大，有助于提高教学效率。

　　2. 教学方法选择

　　（1）讲授法。

　　以教师讲、学生听为主的讲授教学法，也称接受式教学，是课堂教学中使用最广泛的一种教学方法，是广大教师所熟悉和惯用的一种教学模式，也是简易多媒体环境下主要的课堂教学方式。由于信息技术的广泛参与和作用发挥，这种方式得到进一步的改进和提高。

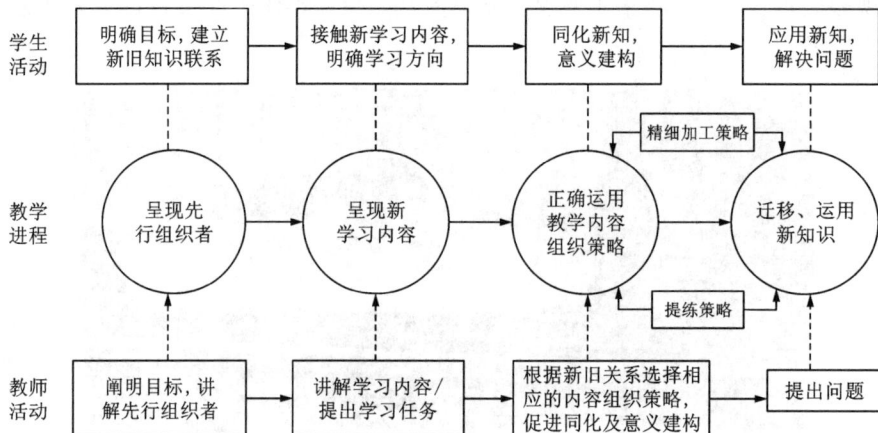

图 2-4　讲授教学法

现代教学系统一般包括教师、学生、教学内容和教学媒体四个要素。与"粉笔＋黑板"的普通课堂教学相比，简易多媒体环境中的教学在教学组织形式及教学信息的传递机制方面并没有本质改变，仍然是课堂集体讲授型教学。信息技术主要是作为知识演示工具发挥作用，是辅助教师突破重点难点的形象化教学工具，是教学内容的来源和途径之一，也是辅助学生理解和建构知识的重要手段。

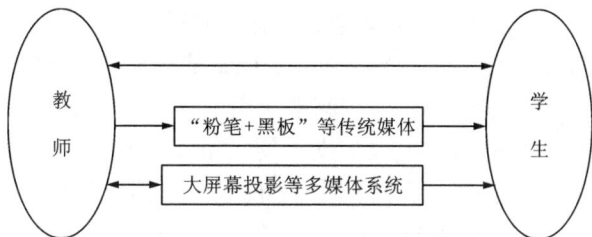

图2-5 多媒体教室环境中的教学组织形式

（2）情境教学法。

情境教学法是指在教学过程中，教师有目的地引入或创设具有一定情绪色彩的、以形象为主体的生动具体的场景，以引起学生一定的态度体验，从而帮助学生理解教材，并使学生的心理机能得到发展的教学方法。情境教学法的核心在于激发学生的情感。

第一，运用多媒体技术创设情境，激发兴趣。认识本身就是要认真去研究、敏锐地捕捉，使用多媒体，我们就会拥有多种激发学习兴趣的手段和方法。

第二，运用多媒体教学使情境凸显，突破教学重难点。利用现代信息技术教学，能创设逼真的教学环境，展现动静结合的教学图像，为学生发挥想象进行创造性的思维奠定了基础。利用现代技术进行教学，通过形象、生动的画面，悦耳动听的声音，将知识一目了然地展现在学生面前。充分调动学生的学习积极性，激发学生的求知欲望，带动学生积极思维，使学生的学习变得轻松、愉快。

第三，运用多媒体促进思维发展，启发学生想象力。多媒体利用视、听、说向学生提供声、像、图、文等综合信息，通过有声的画面，再现生动的形象，在一定程度上突破了时间和空间的限制，扩大直观视野，充实直观内容，强化直观效果，丰富感知材料，很轻易地把学生引入学习的情境，为培养学生的想象力提供了一个理想环境。

第四，运用多媒体，培养学生的创造力。教学要培养学生的创造力，使用多媒体是一个很好的培养途径。多媒体计算机的运用，将文字、图像、声音等信息有机地组合在了一起，充分调动了学生的多种感官，激发起他们浓厚的学习兴趣，同时也增多了课堂信息传递的通道，提高了单位时间内传递信息的容量，增大了课堂的信息容量，拓宽了学生的知识面，为他们发挥学习的主动性、积极性和创造精神提供了良好的环境。

2.1.2 设计思路

1.设计要点

简易多媒体环境下的课堂教学设计仍然要遵循一般教学系统设计的

基于简易多媒体环境
的教学设计

过程和要求，在此前提下，为了实现更好的教学效果、效率和效益，还需要注意以下几个方面。

（1）学习者特征对于多媒体的适应性要求。

不同层次的学生的认知结构有很大的差别，在设计多媒体教学时，必须与学习者特征相适应，才能收到良好的预期效果。包括学习者的受教育水平、动机水平、原有知识结构和掌握计算机的水平等。

中职学生大都基础较差，没有学习兴趣，没有明确的学习目标，缺乏自觉学习的习惯、信心、耐力和能力。到职高后，教学内容更抽象，课堂信息量大、跨度大，日积月累学习中的问题越积越多，成功的体验越来越少，学习兴趣逐渐减弱。"说靠嘴头，写靠粉笔头"这种单一呆板的形式更是容易抑制中职学生大脑皮层的兴奋，使中职学生的大脑疲劳，注意力分散，利用多媒体技术集文字、图像、声音、动画、视频于一体，用图文并茂、声像俱全、动静结合的表现手段向中职学生展示教学内容，形象直观，能有效利用情境演示激发中职学生学习兴趣，开发中职生的潜能。

高职学生较中职学生来说，思想日趋成熟，经过高中阶段的学习，学习习惯也较为稳定，喜欢形象直观的事物，思维活跃，喜欢动手操作，但理论基础较差，缺乏学习兴趣和学习积极性，尤其厌烦枯燥的理论知识，对自己的学习能力缺乏自信，空间思维能力较差，缺乏分析问题、解决问题的能力，并且学习时情绪化较强，喜欢动态展示，不喜欢静态研究。根据他们的具体特点，多媒体教学更有利于调动他们的学习积极性。

不管在哪个阶段，都应着重引导学生学习抽象概念，能够运用语言符号去揭示事物的内在规律，逐步发展学生的逻辑思维能力。这时尽管形象化教学仍然不可缺少，但是只能作为一种帮助理解抽象概念的辅助手段，否则将会喧宾夺主，达不到教学目标的要求。

（2）设计适合开展的教与学活动。

教学活动是课堂教学过程的基本组成单位，由一个个相互联系、前后衔接的环节所构成。

教与学的活动方式是否适合有效，直接决定了课堂教学的最终效果。归纳起来，适合在多媒体教室中开展的教与学活动主要有以下几类。

第一，教师讲解，学生接受。教师讲解或呈现教学内容，学生通过信息加工掌握知识。

第二，教师演示，学生观察。教师演示实物或者实物变化过程，学生通过观察建立直接经验，并归纳总结。

第三，教师提问，学生作答。教师根据教学内容提出问题，学生通过思考回答问题。

第四，教师引导，学生探究。教师不直接告诉学生要学习的知识，而是先提出问题，然后引导学生对具体例证进行观察、分析、抽象和概括，学生通过探索获得知识。

第五，教师示范，学生模仿。教师对动作或问题解决过程做出示范，学生通过模仿掌握技能。

第六，教师置境，学生体验。教师创设真实的情境，学生通过完成任务，从参与性的活动中获得情感体验，形成相关的态度与价值观。

2.设计原则

多媒体技术自引入课堂，就以其优越的教学功能吸引了广大教师的注意，更是在公开课、优评课上成为不可缺少的亮点之一。但在教学实践中，也出现了一些教师盲目追求高技术，多媒体课件中动画图片满天飞、用"电灌"代替"人灌"、忽视师生认知交互等问题。

（1）教学手段服务于教学目的——多媒体教学的发展性原则。

要摆正教学手段与教学目的的关系。教学的最终目的是使学生获得最大限度的发展，多媒体是为了更好地实现教学目的而采用的辅助性教学手段，不能"为技术而技术"。

（2）多媒体画面语言要规范——多媒体教学的科学性原则。

多媒体课件需要借助一定的艺术形式来表现，但不能单纯"为艺术而艺术"，停留于表面文章，甚至为追求美观而违背客观事实，产生歧义甚至误导。科学性是多媒体课件的首要前提，要求画面语言描述准确严谨，对现象的模拟、再现要客观真实。

（3）现代与传统教学手段结合——多媒体教学的互补性原则。

多媒体固然有传统媒体所无法比拟的优越性，但也只是实施教学的手段之一，并不是唯一甚至万能的。其他常规媒体的许多特色功能也不容忽视，如挂图的静态展示功能、教学模型的空间结构功能以及板书的适用性与针对性等。教师应根据教学需要选择合适的辅助教学方式，让多媒体与其他常规媒体有机结合，不要一味地追赶时髦，把"先进的"等同于"最好的"。

（4）立足现实合理选择媒体——多媒体教学的经济性原则。

任何一种教学媒体都是有一定成本的，价格昂贵、构造复杂的媒体不等于教学效果好，有了电脑并不意味着要扔掉书本。重要的是立足现实，根据现有的教学条件，因地制宜，充分发挥现有资源的作用。立足现实还包括要充分利用简单易得的现成教学资源，或根据教学需要对已有资源进行重新加工集成，避免低水平重复开发，以便将更多的精力放在优化教学设计上。

（5）多媒体利用要适时、适度——多媒体教学的必要性原则。

虽然提倡在教学过程中综合利用多媒体手段，但并非等同于媒体使用得越多越好。过于频繁、交替地使用多媒体，或者使用的课件花哨不实，不仅会喧宾夺主，也容易造成学生的视觉疲劳，成为干扰主体学习的冗余刺激。

3. 设计注意事项

（1）实现教学目标方面。

检查教学任务是否完成，教学目标是否达到，媒体的使用是否对学生的发展有所促进。

（2）在学生活动开展方面。

学生是否有参与活动的机会，学生是否围绕老师利用多媒体环境提的问题展开思考、讨论，是否将自己整理的信息进行合理地交流、表述。

（3）在多媒体使用时机方面。

无意注意是否转为有意注意，感性知识是否转向理性知识升华，是否有由静到动的状态转换。

（4）多媒体使用有效性方面。

是否有效帮助了教师的教，是否促进了学生的学。

（5）媒体的使用方式。

媒体使用是否和教与学始终保持同步进行，媒体使用配合是否流畅，教师—媒体—学生在空间的关系是否连接。

（6）媒体使用"度"的方面。

是否只为节约时间使用；是否是为了不想板书使用；单纯用语言能描述清楚的是否还要使用媒体教学。

在学生缺乏生活感知，缺乏直观经验积累的基础上使用媒体，可以起到一个纽带作用，帮助学生建立知识的表象，降低知识的难度，减少他们的认知负荷。

2.1.3　设计案例

1. 案例引入

有着相当长教龄的老林老师是一名语文老师，尽管教学丰富经验，可近年来越发觉得学生不好教，一支粉笔洋洋洒洒写满黑板，但底下却甚少有人回应他。特别是在讲到一些诗词时，他讲得眉飞色舞，学生们却无法体会诗词中那深远的意境，提不起兴趣。我们先来看看他在传统教室上过的一次《雨巷》的教学设计。

教学设计案例

本次课标题：雨巷				
训练任务	诗歌朗诵、意象分析			
教学目标	知识 （1）通过反复朗读，加深对诗歌内容的把握 （2）通过分析意象，强化对作者爱情观的理解	技能 通过诵读、欣赏增强对诗歌的分析能力		态度 培养学生严谨的工作态度
教学重点	诵读、意象分析、感情把握	教学难点	分析诗歌的意象以及其象征意义	
教学资源与工具	教材			
教学步骤	教学设计			时间（分钟）
一、导入新课	文学作品中的美所呈现出的形式是多样的，不只是让人愉悦的东西才美，那哀婉、凄美、伤感，能够深深打动人心的东西同样具有美的力量。今天，我们就来欣赏《雨巷》，从中体会诗歌给我们带来的美感			5
二、诵读、整体感知	（1）集体朗读，初步感知诗歌的感情基调。 （2）请一学生单独朗读。 学生朗读，师生点评。 边读边思考：这首诗中，诗人用了哪些词语着意表现诗歌的这种凄美、感伤的基调？			20
三、作者简介、创作背景	戴望舒介绍 《雨巷》写作年代及背景介绍			10

续上表

教学步骤	教学设计	时间（分钟）
四、内容理解、意象和象征	研讨： (1)《雨巷》是在这样的背景下创作的，原来诗人有着这样的情感和经历。因而，他会在诗歌里选取一些形象来传达自己的思想感情。这些凝聚着诗人情感的形象，我们称之为意象。下面我再请一位同学朗读这首诗，其他的同学找一找这首诗中作者描绘了哪些意象？ (2)丁香花、丁香一样的姑娘、油纸伞、雨巷等意象分析。 (3)作者想要表达的主题到底是什么？	35
五、拓展	诗歌的鉴赏就是欣赏者通过艺术想象进行再创造的过程。下面请同学们诵读舒婷的《致橡树》，要求弄懂橡树和木棉两个意象的含义	15
六、作业	结合诗歌，写一段文字。你可以假设自己是诗人，也可以假设自己是那位丁香一般的姑娘，也可以假设自己是雨巷中的一块青砖。总之体裁不限，大家可以充分发挥自己的想象力	5
七、课后小结	《雨巷》一诗中意象的概念十分重要。对诗的含义的理解，可能各不相同。通过朗读，可以让学生自己找到一种适合自己的解读，但是由于学生阅历、学识等方面的限制，他们对诗歌的把握有一定的难度，效果也不太尽如人意	

2.案例分析

富于音乐性是《雨巷》非常突出的艺术特色，诗中运用了复沓、叠句、重唱等手法，造成了回环往复的旋律和婉转悦耳的乐感。老林老师的这次课主要采用的朗读法也许可以让学生了解到诗词的音乐性，可是由于诗歌的写作年代与学生的生活有一定的距离，对于油纸伞、丁香、姑娘等隐喻性很强的意象，会因阅读个体的生活经历和知识结构等诸多因素限制，光靠朗读法无法使学生正确地解读诗歌的内容、恰当地把握诗歌的情感。借助多媒体环境，就可以创设一定的情境，引导学生对"雨巷"进行立体式的解读，让学生在不同的"诗歌语境"中，体验诗的情感和意境。

（1）信息化教学策略的选取。

与传统教室不同，多媒体教室的优势在于可以借助各种视频、音频、图片等信息化资料为学生营造一个学习情境，让学生能有更直观的感受。

在《雨巷》信息化教学设计中，可借助纯音乐、《雨巷》配乐朗诵视频、改编版流行歌曲《雨巷》等音视频，采用情境教学法和"歌词化教学法"，即创设一定的情境，引导学生对"雨巷"进行立体式地解读；同时基于诗与歌的天然关系，借鉴歌词的审美接受方式，引导学生由歌进入诗的艺术世界。由于《雨巷》本身就是一首入了乐的现代诗，《经典咏流传》的成功，也证明了"和诗以歌"这种形式是受人欢迎的，因此只要抓住了学生对歌的亲和力这个特点，就可以重塑学生对诗的兴趣。

（2）信息化教学情境的创设。

建构主义认为学习总是与一定的社会文化背景（即情境）相联系。情境就其广义来理解，是指作用于学习主体，产生一定的情感反应的客观环境；从狭义来认识，则是指在课堂教学环境中，作用于学生而引起积极学习情感反应的教学过程。根据建构主义理论，学习者在实际情境下进行学习，可以使他们利用自己原有认知结构中的有关经验去同化当前学到的新知识。如果原有的知识不能"同化"新知识，则要引起"顺应"，即对原有的认知结构进行改造和重组。通过"同化"和"顺应"，达到了对新知识的意义建构。建构主义注重情境，认为个体、认知和意义都是在相关情境中交互、交流（即协作）完成的，不同的情境能够给各种特殊的学习者不同的活动效果。也就是说，学习者在不同的情境中会有不同的行为，并且认为创设情境是学习者实现意义建构的必要前提。

创设情境是教学设计最重要的内容之一，要求我们将传统的教学设计，改变为设计情境化的学习环境，针对特定的学习目标，将学习内容安排在情境化的真实的学习活动中，让学生通过参与真实的问题求解等实践活动而获得更有效的学习。在信息化教学设计中创设情境，简单地说就是基于特定的教学目标，将学习的内容安排在信息技术和信息资源所支持的比较真实或接近真实的活动，支持学校的学科教学活动。

由于信息化教学设计紧密结合着各种信息技术和信息资源，使得教学情境的创设显得更为实际、简便和高效。在教学中创设情境，自古有之，但多以语言、动作、图片和简单的实物来烘托气氛，不能提供实际情境所具有的生动性、丰富性，难以提取长时记忆中的有关学习内容，使得同化和顺应发生困难。而信息化教学设计能够提供文本、图形图像、音频、动画、视频等多种媒体，能够创设生动、直观、形象的学习情境，使教学直观化、模型化、动态化。非线性的超文本和超媒体链接更符合人类的思维方式，能够表现思维的复杂性，提供丰富的信息源帮助学生分析问题解决问题，引起学生持续探索的兴趣，从多角度对问题进行解释，完成知识的意义建构。在信息化教学设计中创设情境，能在教学中拨动学生的心弦，激起兴趣，激发联想，唤醒长时记忆中的有关知识、表象或经验，完成知识的"同化"和"顺应"。

3. 案例实现

《雨巷》信息化教学设计

授课地点		多媒体教室
授课内容		雨巷
授课对象		商务英语专业一年级
教学目标	技能目标	培养学生在商务语境中跨文化的语言和交际能力
	知识目标	挖掘和把握诗歌主要意象的象征意义，品味诗歌中所包含的思想感情
	态度目标	感受诗歌的形式美、意境美和旋律美，受到美的熏陶和感染，加强学生对中国传统文化的喜爱
教学重点		感受诗歌的音乐美；掌握诗歌鉴赏的方法
教学难点		分析诗歌的意象以及其象征意义
训练项目		诗歌朗诵、意象分析、赏析写作

续上表

课堂考核评价方法	通过朗读、复述来检验学生"听和读"； 通过回答问题、交流、评论来检验学生"说"； 通过写作赏析来检验学生"写"
教学资源	《雨巷》朗诵视频、《雨巷》歌曲 MTV、《油纸伞制造过程》视频、《小城雨巷》舞蹈视频、PPT 课件、《雨巷》乔榛的朗诵音频
作业	将改编后的舞蹈版和歌曲版的《雨巷》与原诗进行对比，写一篇赏析
教学体会或小结	

《雨巷》教学方案

时间分配	教学步骤	教学内容	教师活动	学生活动	信息化资源
5～8分钟	新课导入	将专业与教学内容相结合，创设工作情境，导入新课。	【提问】：同学们，如果以后工作中，你们公司跟外国客人成功地商洽好一笔业务后，老板要你负责客人的旅游行程安排时，你将如何做呢？ 【引导】：设计旅游路线：走进雨巷—彷徨雨巷—感悟雨巷—走出雨巷	设想未来商务接待工作情境； 思考导游路线如何设置	商务英语工作情境图片
15～18分钟	（一）走进雨巷煽情激趣	阅读诗歌，通过看和听等方式来感知诗歌文本，并进行朗读训练。 诗歌的音乐美就是来自于复沓叠句等多种艺术手法的运用	播放制作精美、配有画面和音乐的《雨巷》诗歌朗诵视频。 【讲授明确】： 1. 复沓句式的妙用 2. 词的重叠运用 3. 押韵的位置错综变化，展示英文版《雨巷》。	谈谈他们眼中的雨巷是怎么样的，为整体感知作品打下基础；并带着自己所体会到的感情将这首诗朗读一遍。在中英文比较中感受诗歌的音乐性	《雨巷》朗诵视频；英文版《雨巷》
15～17分钟	（二）彷徨雨巷吟唱顿悟	通过音乐来进一步体味诗歌的含义，用唱的方式记住诗歌的同时体验音乐和诗歌的双重美感，领会到这首诗的音乐美	组织学生倾听由歌手江涛演唱的在原诗基础上改编的歌曲《雨巷》，并提出开放性的思考题：改编后的歌曲跟原诗有什么差异？	感受音乐是如何拓展、衬托诗歌意境空间的，以及体会歌词又是如何配合音乐的	《雨巷》歌曲 MTV

续上表

时间分配	教学步骤	教学内容	教师活动	学生活动	信息化资源
30～35分钟	（三）感悟雨巷 合作探究	分析诗歌意象，通过合作交流分析，加深对诗歌的理解，把握诗的中心形象的象征意义	【启发】诗歌中包含着怎样的情感和情绪？这种情感和情绪是从哪里来的？ 【引导】分析诗歌意象：油纸伞、雨巷、我、丁香、姑娘……由意象体验意境。 分析诗中的"我"，诗中的"我"与作者在情感上是相同的，通过讨论"我"的形象、"我"为什么喜欢逢着一个忧愁的姑娘而不是欢快的姑娘等问题来把握作者情感。 【讲授】同时穿插介绍诗人的写作背景，"现代派"诗歌的特点及象征主义的创作手法，来补充学生的需要	【思考】在上一环节的基础上，充分发挥想象力，展示表达能力、理解能力，大胆揣测诗人创作情况及情感，引导其积极思维。 【讨论】围绕"《雨巷》到底是进步青年在失望中渴求新的希望的心境的反映，还是就是一首单纯的爱恋诗？"	《油纸伞制造过程》视频；各类意象图片，如丁香花、雨巷等
12～15分钟	（四）走出雨巷 拓展延伸	《雨巷》是一首美丽的忧伤，对当代中国艺术界有着很大的影响，多次被舞蹈界、戏剧界改编。通过不同形式的《雨巷》，加深诗歌的印象和理解	组织学生观看视频舞蹈《小城雨巷》	在领略了音乐之美、情感之美和意境之美后，观看舞蹈版《雨巷》，即席发表看法，自由评论	《小城雨巷》舞蹈视频
5分钟	小结	《雨巷》在断句中将纷繁的思绪连在一起，形成渴望、孤独、惆怅的诗境，同时象征着不确定性，给了我们最大的拓展空间。 商务英语专业的学生，更应多了解我们中国的文化，才能更好地将中国优秀文化传播出去，更好地完成自己的工作			
	课后作业	要求学生将改编后的舞蹈版和歌曲版的《雨巷》与原诗进行对比，写一篇赏析			

在《雨巷》的信息化教学设计中，我们打破"先介绍作者、背景，再了解作品"的传统教法，创设了一个带领外国商务客人走访雨巷的情境，设计了"走进雨巷 煽情激趣——彷徨雨巷 吟唱顿悟——感悟雨巷 合作探究——走出雨巷 拓展延伸"这样一条旅游路线来作为四个层层递进的教学环节。

在"走进雨巷 煽情激趣"环节：先要求学生闭上眼睛，欣赏纯音乐《雨巷》，欣赏时一定要带着想象，提前进入雨巷的学习氛围。用音乐营造一种与诗歌一致的气氛，可以拉近学生和文本的距离，调动学生的积极情感，为学生把握诗歌情感奠定了基础，同时带着想象去听一首曲子，也可以锻炼他们的想象力。

在"彷徨雨巷 吟唱顿悟"环节：播放制作精美、配有画面和音乐的《雨巷》诗歌朗诵视频，让画面将人带进江南那条"悠长又寂寥的"雨巷。利用朗诵伴奏视频，让学生进行朗读练习。

在"感悟雨巷 合作探究"环节：从诗歌意象入手，通过设置问题性情境，让学生进行合作探究来加深对诗歌的理解，更好地把握诗的中心形象的象征意义。

在分析"油纸伞"这一意象时，我们可以利用视频——《油纸伞的制作过程》引导学生体会油纸伞的复古、怀旧、神秘、迷蒙的特点，同时也可以领略到中国传统艺术的魅力；在分析"雨巷"这一意象时，可以利用图片展示来让学生体会雨巷悠长、寂寥的特点；在分析"丁香花"这一意象时，可以通过展示古诗和图片引导学生体会它美丽、高洁、愁怨的特点。

图 2-6　诗歌中的意象

在"走出雨巷 拓展延伸"环节：为了使学生的感情得到升华，与诗歌达到共鸣，在领略了《雨巷》的音乐之美、情感之美和意境之美后，利用多媒体，播放舞蹈版《雨巷》，看完后让学生写一篇赏析，从而加深学生对诗歌语言的感受。

4. 拓展案例

案例一：2015 年全国信息化教学大赛一等奖作品《色彩知觉与感觉》赏析

导入：利用多媒体向学生进行音诗画的引导，将古诗中的色彩描写引入到专业教学中，更直观具体。

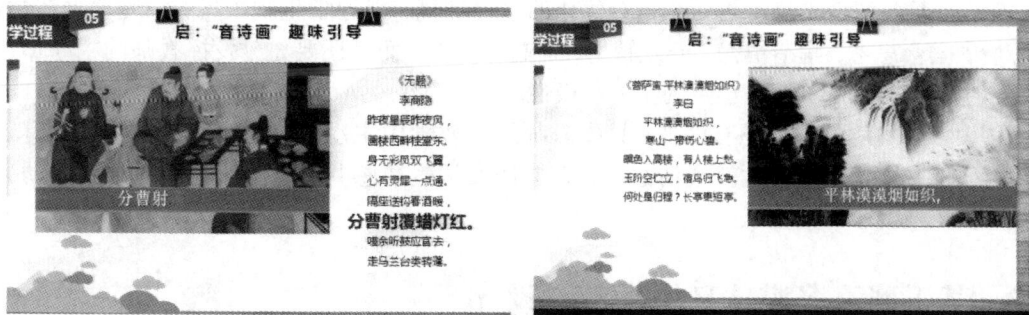

图 2-7　色彩知觉与感觉

案例二：数学课利用多媒体将学生置身于问题情境中，激发他们对问题、现象的好奇心，从而形成探究意识。

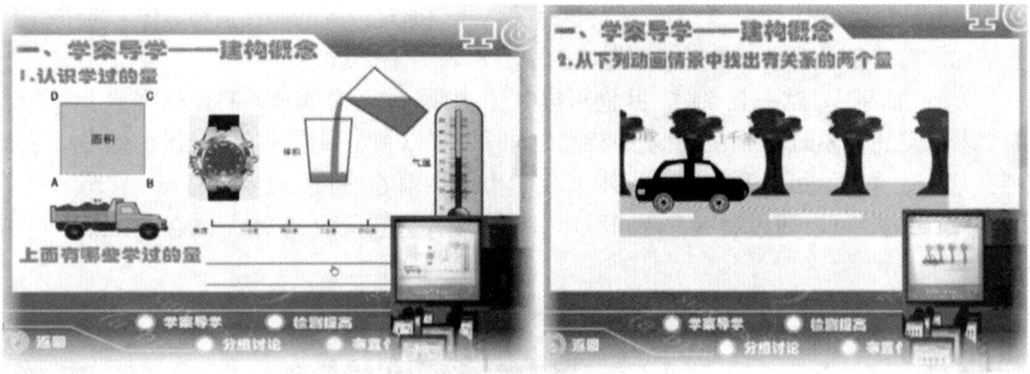

图2-8 问题情境教学

2.1.4 设计总结

教学中，运用多种教学媒体的演示、操作、实验等方法再现教学内容情境或结合教学内容创设情境，让学生入情入境，借景悟理，主动学习。现代电教手段能打破时空限制，对创设一定的情境起着不可低估的作用。教学中，生动形象的画面配以美好和谐的音乐，化抽象的文字为可观的图像，以直观的形象触发学生的联想和想象，以生动的情境引发学生心灵的感知、情感的共鸣，创造出最佳的情境，让学生在愉悦的感受中接受知识，从而达到对课文的深层理解与感悟，使学生变"要我学"为"我要学"。

创设教学情境的注意点：

第一，教学情境必须针对教学目标、教学内容，即须为有针对性的创设。创设的教学情境必须与主题有关，达到教学内容与教学情境和谐统一；而且情境必须具有趣味性，这样才能引起学生的共鸣，产生探究的兴趣，调动学生为解决问题而形成一个合适的思维意向。

第二，教学情境的创设要与学生的智力和知识水平相适应。

第三，创设问题情境的关键是选准新知识的切入点。设计的教学情境要有梯度，要承前启后，有连续性，能引起学生的注意和良好的情感体验。

第四，教学情境不仅要为学生营造优化的学习环境，引导学生积极探究，使学生在愉快的心境中学会思考，陶冶情操，开发智力，提高创造力；而且还要充分发挥教师的主导作用，激发学生的学习兴趣，调动学生的学习积极性。

创设教学情境的方法还有许多，只要教师能在教学中主动、适宜地创设一些灵活有趣、得体有效的教学情境，课堂就会活起来，就能诱发学生情感共鸣，调动学生的学习内动力，让学生真正成为学习的主人。

2.2 基于网络多媒体环境的教学设计

改造简易的多媒体环境，建立网络多媒体环境，已成为当前各级各类学校的热点之一。

那么如何在网络多媒体环境中运用现代教学理论、现代学习理论及教学设计理论进行教与学？网络多媒体环境比简易多媒体环境多了什么优势呢？能达到我们想象中的教学效果吗？

网络多媒体环境最大的优点在于提供了全新交互式的学习环境。不仅能实现学生与机器之间的交互，还能实现学生与学生之间、学生与教师之间的多向交流。利用网络多媒体环境可优化课堂教学结构。

基于网络多媒体环境
的教学设计

2.2.1　设计基础

在网络多媒体环境中，可以实现多媒体教室的所有功能，如进行讲授式授课、为学生提供具有多媒体特征的教学内容等。此外，借助网络的连通功能和资源共享功能，可以为学生提供更好的合作与交流途径，从而为实现自主学习、合作学习、探究学习构建良好的支撑环境。

在网络多媒体环境中，技术作为构建知识的工具，用于交流和合作、媒体组成、课程的仿真和建模。知识的获取由教师的传授变为学生在教师指导下的意义建构，学生的学习活动更活跃，互动变得更普遍、更明确。希望学生在探究问题的时候，不是仅仅简单地给出答案，不是将数学、科学、语言课和社会学看成是独立的学科，而是看成扩展他们事业、深化理解的望远镜。

1. 教学环境分析

网络多媒体环境是建立在局域网基础上的一种多媒体学习环境，最典型的网络多媒体环境是网络多媒体教室。与多媒体教室相比，网络多媒体教室的最大区别是学生和教室一样都拥有一台计算机。网络多媒体教室，充分运用当今最新的计算机网络技术和多媒体技术，将单调、乏味的课堂知识形象地体现在声音、图像、影视、动画中；通过计算机网络技术的运用，使得真正基于交流、讨论的这种全新的教学方法成为可能，极大地增强了学生的教学参与意识，进一步提高了学校的教学质量。可以说计算机网络多媒体教室的产生无异于教育界的一场革命。

网络多媒体教室适应了多媒体时代教学的要求，它可以提供多种网络化的教学环境，帮助教师有效应用多媒体教材，进行多元化教学，以及多形式、方便快捷的教学活动。

教师可以将教师机或学生机上的教学信息同步播放到全体学生机或部分学生机上。该功能可用于教师教学内容的演示或学生操作练习中的示范。

（1）电子举手。

学生可通过学生机向教师机发出信号，进行提问。

（2）个别辅导答疑。

指教师可以通过教师机控制并查看任一学生机屏幕，并对学生进行辅导答疑。

（3）小组讨论。

教师可以划定任一部分学生为一组，可以自由讨论某一话题而不影响其他组。

（4）语音对话。

教师和学生可以通过麦克风、耳机进行双向对讲、分组对话讨论等。

（5）监控管理。

就是可以通过教师机看到教室中任一学生机的当前操作，检查学生的学习情况，并可以随时开启/关闭学生机或学生机某一工作程序。

（6）屏幕录制与回放。

教师或学生可以自主录制讲课时屏幕演示的内容，并根据需要随时进行回放，方便学生学习。

（7）自主练习和网络共享。

学生可以自由操作计算机，并利用网络开展自主学习。还可以将练习结果提交或共享，以便最大限度地利用教学资源。

2.教学方法选择

基于网络多媒体环境的教学模式和各种教学活动，是在建构主义学习理论指导下，在以计算机技术和网络技术为主组成的教学环境中开展的，加强了学生自主学习能力、协作学习能力和信息素养能力的培养，将教学过程变成了师生交往、互动的舞台，变成了引导学生探索知识，培养能力的场所。基于网络多媒体环境的教学策略、师生角色和学习方式均与传统教室中有所不同，并且由于网络多媒体环境所提供的网络环境，能够独立操作的计算机等，都为探究教学模式的应用提供了极大的便利，不仅能够调动学生学习的积极性、主动性，也使得探究过程变得更为有趣和生动。

网络多媒体环境最大的优点在于提供了全新交互式的学习环境。不仅能实现学生与机器之间的交互，还能实现学生与学生之间、学生与教师之间的多向交流。利用网络型多媒体教室环境可优化课堂教学结构。在以往的课堂教学中，通常是讲练分离，这对一些操作性、实践性很强的课程的学习是非常不利的，如果能讲解演示、练习操作、辅导小结相结合则较为合理，且更能体现以教师为主导、学生为主体的教学原则。

（1）基于网络多媒体环境的探究型教学。

探究型教学打破了原有的由教师主导的教学模式，教学策略由传授变为建构，教学过程是在教师的启发诱导下，以学生独立自主和合作讨论为前提，以现行教材为基本探究内容，以学生周围世界和生活实际为参照对象，为学生提供充分自由表达、质疑、探讨问题的机会；学生通过个人、小组、集体等多种多样的解难释疑尝试活动，将自己所学知识应用于解决实际问题的一种教学形式。这样的教学方式有利于学生掌握科学方法，理解科学的本质，能极大地提高学生探究事物的能力，使学生变成更好的调查研究者。

探究型教学模式的教学过程：

①确定探究目标。

确定探究目标是教师进行探究教学设计首要考虑的问题。探究目标的确定要立足于对教学内容、教学环境、学生已有知识结构等因素的系统分析之上，不能任意决定。一般来说，重点内容要进行探究，但并非所有的内容都适合于探究，教师要做好选择。还要看这一部分内容可以培养学生哪些探究能力，以及这些探究能力对学生发展的意义。学生的学习准备和学习特点也是确定探究目标的一个重要依据。另外，在确定探究目标时，还要考虑充分利用多教学环境的特点，以求取最好的教学效果。

②创设问题情境，提出问题。

这一过程实质上是激发学生的学习兴趣，启发学生思维的过程，同时又是让学生明确学习目标，奠定解决问题的方向过程。教师要把探究目标用合适的方式告诉学生，使他们心中有数，以适合的方式围绕目标开展学习活动。教师所提出的问题难易要适度，太容易的则使学生失去兴趣，损害学生的积极性；太难则造成学生负担过重，产生过多的挫折，失去了进一步探究的信心。问题情境一定要有条理、简洁、清晰，问题呈现的方式要新颖，以增加问题的新奇度，激发学生的兴趣。

③分析问题。

这一过程是整个探究型教学的关键步骤，对是否能达到探究目标起着至关重要的作用。探究型教学重过程、轻结果，强调学生在整个学习活动中的主体作用，着重培养学生的学习能力、实践能力和创新能力，这些能力的培养主要通过这一过程来实现。

④解决问题，得出结论。

在教师的组织下，学生经过探索，基本形成了自己的知识建构，得出了问题的解决方案。但由于不同的人看到的事物方面不同，每个学习者都以自己的方式建构对于事物的理解和思考，教师要注意安排学生进行小组间或个人之间的交流，通过交流，发现彼此间的差异，检查各自的探究过程，然后得出最后的结论。

⑤反思评价。

教师和学生要对学生的探究过程和得出的结论进行评价，教师要组织、指导好评价活动。教师可以根据学生的探究能力提出不同的要求，在以后的教学中进行个别化辅导。教师要对学生的行为表现予以公正评价。教师要逐步引导学生进行反思、自评，让学生能发现自己的不足，以便在以后的学习中有目的地进行自我完善，逐步树立起科学态度和科学精神。

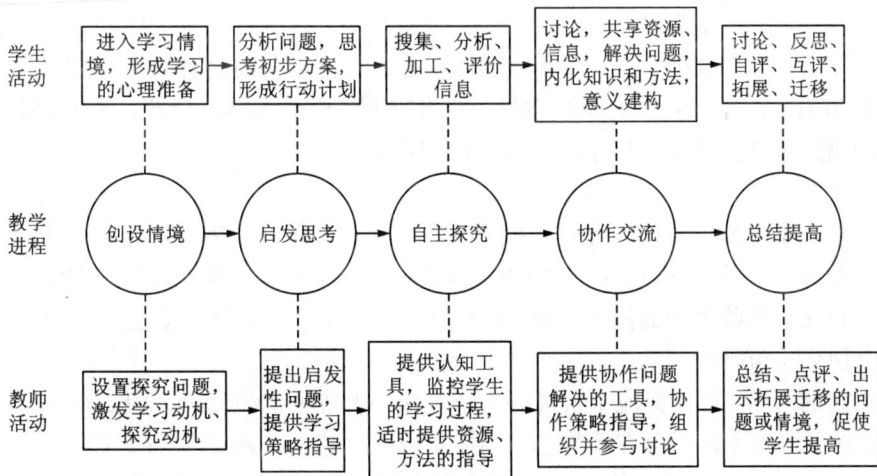

图 2-9　探究型教学

2.2.2　设计思路

1.设计要点

网络多媒体环境下的探究型教学设计，在常规教学设计基础上，主要包括设计学习任务、设计网络学习环境、组织与安排学习活动以及设计学习评价方案等四个方面内容。

（1）设计学习任务。

在基于网络多媒体环境的探究型教学中，主要以任务为驱动，通过学生自主、合作、探究地完成学习任务，获得任务中隐含的知识，提高探究的能力，并形成正确的情感态度和价值观。学习任务的具体表现形式可以是解决问题、设计项目方案等多种形式。

①学习任务的来源。

学习任务的来源主要有两种：一是来源于对已有教材或课程的重新开发。二是来源于真实的生活。

②确定学习目标。

教师以课程标准为依据，通过分析与学习任务相关的学习内容，确定学生通过完成该任务后应该掌握的知识、技能以及情感、态度、价值观的变化。学习目标的表述不是基于知识点，而是基于整个学习单元，具有整体性的特点，并要注意目标的层次和弹性空间。

③设计学习任务的注意事项。

学习任务最好与学生的生活相关联，并用学生易于理解的语言表述出来，便于激发学生的探究动机。学习任务应该具有开放性和层次性，使学生能够根据自己的兴趣和能力进行选择。学习任务要与学习目标有很好的关联，学生必须通过所学到的知识与技能才能完成任务。学习任务要有一定的难度，须符合"最近发展区"，需要学生通过努力探究甚至是合作交流才能更好完成。

（2）设计网络学习环境。

探究型教学中，学习活动的顺利开展需要合适的网络学习环境作为支撑。设计网络学习环境主要包含组织与提供学习资源、设计学习工具和选择协作交流平台三个部分。

①组织与提供学习资源。

收集学习资源目的要明确，与学习目标相吻合，学习资源的内容应丰富多样，有利于扩大学生的知识面，支持学生的拓展性学习，按照知识结构组织学习资源，便于学生浏览，对学生进行搜索工具选择策略和使用技巧等方面的指导。

②设计学习工具。

学习工具是指能为学生的学习过程提供支撑与帮助，促进学生获取知识，辅助高级思维活动的各种中介。按照对学习支持作用的不同，学习工具可以分为效能工具和认知工具两大类。技术不只作为教师手中的演示工具，还应该成为学生手中的学习效能工具和认知工具。

③选择协作交流平台。

按照用途的不同，协作交流平台可分为学生作品上传平台和交流平台。在多媒体网络教室中，学生除了可以通过语言方式与小组内成员或教师进行问题的探讨、交流，还可以通过"网络电子教室"软件的特殊功能，在需要时与同学或教师进行"悄悄"的对话。教师则可以利用"网络电子教室"软件的监控功能，随时了解学生的学习进展情况，并对需要帮助的学生提供个别化指导。

此外，教师也可以组织学生通过电子邮件、邮件列表、聊天室、BBS、电子会议系统、班级博客等多种方式进行意见交换，思考解决问题的方法和策略，从而提高交流的广度和深度。

（3）组织与安排学习活动。

虽然网络环境下的探究型教学具有较大的灵活性和不确定性，但是合理的规划依然是保证按时完成教学任务，并优质达成学习目标的关键。为了有效开展教学，教师需要根据实际情况，对整个学习内容及其进度做出规划。其时间跨度可以大到几周、几天，也可以具体到一节课的几分钟。

对于自主探究的学习活动，教师需要预设好组织和指导策略，尽量使课堂在"放"的同时也能根据需要随时"收"回来，避免出现网络环境下的"放羊"现象、学生"网络迷航"现象等。

对于需要合作开展的探究性活动，教师需要特别关注合作学习小组的结构设计和活动设计。如处理好合作小组结构中的地位、角色、规范和权威四要素的关系；尽量将小组规模控制在 4～6 人之间，并注意以"组内异质、组间同质"原则进行分组指导；关注合作学习的活动方案设计和活动指导策略等，使学习者能够积极参与合作学习并取得更好的合作效果。

（4）设计学习评价方案。

①评价学习过程。

教师可以通过观察或者开发智能型网络学习平台，跟踪记录每个学生参与学习的情况。如根据网络发帖的次数、提问和回复的质量等，评价学生参与学习的态度和合作、探究的能力。此外，教师也可以通过建立"电子档案袋"的方式对学生进行评价。

②评价学习结果。

对于产生"作品"的信息化学习，教师可以通过提供作品"范例"和"评价量规"的方式，促使学生有效学习。

在网络多媒体环境中，教师也可以考虑借助计算机辅助测验的方式，提高形成性评价的效率和效果。

2. 设计原则

在网络多媒体环境开展教学活动时，由于教学环境发生了很大的变化，在进行教学设计时，分析教学环境的特点可知，需要遵循的教学设计原则有以下几点：

（1）主体性原则。

教学中尊重和发展学生的主体意识和主动精神，始终把学生视作学习的主人，变"要我学"为"我要学""我爱学""我善学"。强调教师指导的转化作用，充分利用网络多媒体环境便于学生自主学习的特点，突出学生在教育教学过程中的主体地位和能动作用。

（2）创新性原则。

强调发展学生的想象力，对于"偏才""怪才"营造宽松的教育环境，给予相应的特殊政策，提高学生的求知欲和创造能力。

（3）发展性原则。

根据现代教育理论，教学任务不再是单纯传授知识，而是完成教育、教学和发展这三个方面的任务。在新世纪的学习化社会中，唯有具备终身学习能力和自主发展能力的人，才能适应社会并创造未来。探究型教学模式以促进学生各方面的发展，特别是思维能力的发展为出发点，不仅让学生"学会"，而且要让学生"会学"；不仅仅给出学生知识，还给出学生打开知识宝库的钥匙，使学生学会学习，学会发展。

（4）能力培养原则。

培养学生收集、处理、发布信息的能力；培养学生社会实践和积极动手的能力；培养学生获取新知识的能力；提高学生的语言表达能力；培养学生的创新思维的能力；培养学生团结协作的能力。

（5）合作性原则。

合作意识与合作能力要在学习中培养。建立学习合作小组，创设合作式学习的情境，切实为学生养成合作意识与发展协作能力搭建舞台，给学生提供互相交流、共同切磋的机会。

（6）开放性原则。

在开放的学习环境中，学习者的学习过程是经过了教师的良好设计，体现了一定的教学策略。在某种程度上，它受制于教师的引导，这样也就避免了在网络多媒体环境学习时，过分偏离于教学目标的失控状态，提高了学习的效率。学习以积极的态度，在一个开放的学习环境中，去进行一种主动的、多元的学习。

在教育理论的指导下，结合探究教学模式的一般过程和网络多媒体环境的特点，并遵照其教学设计原则，可以构建出应用于网络多媒体环境中的探究教学模式。它是在网络多媒体环境下开展的，在教师的指导下，学生积极主动地进行探究实质，把握知识要点，以学生自主探究为主线的探究型教学模式。

具体做法是：在教师的指导下，充分利用网络多媒体环境的功能和课程的有机整合，让学生自己观察、思考、上网查询来发现知识；通过网络多媒体环境提供的各项技术，创造性的应用各种工具加以设计、制作作品，展示探究的结果，构建相应的认知结构。

2.2.3 设计案例

1. 案例引入

小林老师是应用文写作教师，每次上课她都先详细地跟学生讲解文体的相关知识，展示案例，可每次一到学生写作，学生总是半天写不出一个字，而且最后交的作业质量也不高。她很着急，不知道怎么提高学生的写作兴趣和写作质量。我们先来看看她的一次《广告策划书》设计方案。

教学设计案例

课题：广告策划书	
课业内容	知识目标：掌握广告的定义、特点，广告策划的作用、原则，熟悉策划的程序和基本内容，熟悉广告策划书的格式和内容。 能力目标：具备对策划书优劣的分析能力，模拟创作简单广告策划书的能力
教学重难点	重点：广告的基本知识；广告策划书的分析和书写 难点：广告策划的内容和程序、广告策划书的分析和书写
教学步骤	教学设计
案例导入	提问：平时购物，一般通过什么途径来熟悉产品？ （学生讨论——引出"广告"） 让学生聊聊自己熟悉的几个广告。 （播放可口可乐系列广告的视频。） 可口可乐的成功主要依赖它的营销策略和广告创意。让学生看完广告视频后总结该系列广告的策划思路大概是怎样的。由此引出本次课的内容——广告策划书
写作知识讲解	1. 教师讲解广告的含义及特点，并播放正反面的广告案例进行分析； 2. 讲解广告策划的相关知识：策划的定义和作用；策划的程序和内容

续上表

教学步骤	教学设计
写作实施	1.教师讲解广告策划书的基本格式，展示范文，引导学生进行分析。 2.播放某产品的新品发布会视频，要求学生根据范文和教师所讲为该产品写作一份广告策划书
作业	课后继续完成一份完整的广告策划书
课后小结	为了提高学生的写作兴趣，播放了大量的广告视频，学生开始兴趣挺高，但是写作的时候仍然写不出来，需要改进

2.案例分析

传统写作教学模式的优势在于能充分发挥教师的主导作用，通过教师—学生的直接对话，教师可以密切关注到学生的学习情绪，适时地调整教学节奏，学生在教师的安排下按部就班地完成教学内容。学生能在短时间内接收到大量信息，可以培养学生的抽象思维。这种模式对教师的要求比较高，需要教师有很强的魅力，能长时间地吸引学生的注意力，且讲解生动形象，不然学生在被动接受知识时很难长时间地专注下去，加上职业院校的学生的写作基础差，对应用文写作提不起兴趣，常常到最后玩手机、打瞌睡现象严重，从而真正成了教师为主体的一言堂。

传统的应用文写作课常常是按照文体常识介绍—文体概念及种类—文体格式与写法—讲解例文—学生写作这样的模式进行。这种以教师讲、学生听为主的传统讲授型教学，也称接受式教学，写作教师在教学过程中往往惯用这种教学方法。在这种教学模式中，教师是教学的主体，学生通过教师所呈现的材料来完成知识的学习，教师则利用教材、"粉笔＋黑板"等工具来辅助教学，即使有多媒体，也只是简单地展示知识内容，并不是真正意义上的信息化教学。

（1）教学设计分析。

①教学活动以学生为主。

信息化教学模式强调改变传统的"以教师为主"，要求以"学生为主"，突出教学活动中学生的主动性，变单纯的接受式学习为体验式、探究式学习，培养学生自己动手解决问题，在建构中完成知识的获得。广告策划书写作课中，教师根据学生的个性化需求，通过小组任务的设置来引导学生主动参与课堂活动，在小组合作的过程中去发挥个人的主观能动性和创造性。教师的教学方式因为有了网络多媒体教室强大功能的支持而更为方便、多样，学生学习也不再依赖于教师的教授与课本的学习，而是利用信息技术平台和数字化资源，通过对资源的收集、探究、发现、创造、展示等方式进行自主学习，从而增强了学生学习的信心，有利于学生保持学习的兴趣。更能全面、有效地调动学生学习的主动性和积极性，促进学生学习动机的形成，有效地提高了学习效率。

②教学情境更生动形象。

在以往的广告策划书写作课，学生常常因"巧妇难为无米之炊"而头疼，教材上一般的写作素材无法引起他们的共鸣，没有写作的欲望。多媒体技术的出现为教学手段改进提供了新的机会，尤其是在倡导探究型教学的今天，更将成为该教学方法的一个有力工具。网络多媒体教室为学生提供了这样的技术支持，同时探究型教学活动本身所具有的特点，在网络多媒体教室中实施探究型教学时有效地影响和提高了学生的学习兴趣，激发了学生的内在学习动力，充分调动了学生学习的积极性，为指导学生开展具有一定深度、广度的学习、勇于探索科学知识提供了必要条件，利用电脑，学生查找资源更方便，更容易获得写作时需要的素材。

③考核评价更加科学。

传统的写作教学更注重终极评价，课堂上教师大部分的时间都在讲解写作知识，而将写作放在了课后，对于学生是否掌握只能凭作业和最后的考试教师通常能够掌握，至于学生的作业是抄袭还是原创则很少能了解。在信息化教学模式下，学生在课内完成写作，教师有机会了解学生的写作情况，从而能及时给予指导和帮助，也更能客观地从学生的写作态度等方面进行综合评价。

3. 案例实现

"广告策划书"信息化教学设计

设计摘要				
教学题目	广告策划书			
课程	应用文写作	学时安排　4 课时	专业	市场营销
所选教材	《应用写作》张建主编 普通高等教育"十一五"国家级规划教材			

一、学习目标与内容

1. 学习目标

知识目标：(1)掌握广告的基本知识；
　　　　　(2)了解广告策划书的书写内容和格式；
　　　　　(3)明确广告策划的内容和程序。

技能目标：(1)培养学生的语言文字表达能力；
　　　　　(2)能结合营销知识，并合理利用网络等各种资源进行广告策划书的撰写。

态度目标：(1)培养学生的组织能力、沟通能力、动手能力；
　　　　　(2)培养学生的团队协作、敬业奉献、抗挫折能力；
　　　　　(3)培养学生严谨的职业态度

2. 学习重点及难点

教学重点：(1)了解广告的基本知识；
　　　　　(2)明确广告策划书的程序；

教学难点：整合营销观念，针对具体实例制定一套完整的广告策划书

二、学习环境选择与学习资源设计

1. 学习环境选择

(1)多媒体机房	(2)因特网	(3)其他

2. 学习资源类型

(1)课件	(2)微课视频	(3)专题学习网站
(4)多媒体资源库	(5)案例库	(6)网络课程

续上表

二、学习环境选择与学习资源设计		
（7）其他		

3.学习资源内容简要说明（说明名称、网址、主要内容）

（1）参考教材：李薇，《财经应用文写作》，高等教育出版社，2014 年 8 月。

（2）世界大学城空间课程资：

应用文写作课程资源 http：//www.worlduc.com/SpaceShow/Index.aspx？uid＝183938

市场营销策划课程资源 http：//www.worlduc.com/SpaceShow/Index.aspx？uid＝183908

营销天下专业特色主题空间 http：//www.worlduc.com/SpaceShow/Index.aspx？uid＝183562

（3）营销策划资源专业参考网站：

中国营销策划网：http：//www.yxch.com.cn

中国市场营销网：http：//www.ecm.com.cn

全球品牌网：http：//www.globrand.com

三、学习活动组织

教学步骤		教师活动	学生活动	信息技术使用
课堂学习	导入（10分钟）	（1）首先播放可口可乐系列广告，通过视频创设情境，带领学生进入广告的世界。（2）接着展示策划文本案例，检查学生课前自学情况，重点要求学生掌握广告策划书的格式	观看广告视频，利用专业知识对广告策划思路进行讨论	可口可乐系列广告视频、教学课件
	小组探讨（30分钟）	（1）教师利用教师机给学生发布学习任务单——按照分组，给每个小组提供一个广告策划的选题。要求各小组按照专业广告策划团队进行分工，分担策划经理、市场调研人员、策划人员、创意人员等角色。（2）教师根据学生的学习情况和比较集中的问题，对重难点进行全班反馈和点拨	（1）学生借助资源自主学习，了解广告策划书的结构和内容，各小组按照分工进行资料搜集。（2）在探讨过程中遇到问题可以利用电子举手功能向教师发出请求帮助的信号，也可以把自己遇到的问题上传至网络留言板中	营销策划资源专业参考网站：世界大学城空间：应用文写作课程资源 http：//www.worlduc.com/SpaceShow/Index.aspx？uid＝183938市场营销策划课程资源 http：//www.worlduc.com/SpaceShow/Index.aspx？uid＝183908营销天下专业特色主题空间 http：//www.worlduc.com/SpaceShow/Index.aspx？uid＝183562
	写作实施（100分钟）	（1）指导学生写作。（2）初稿回收后，教师提出修改意见。（3）指导互评	（1）各组长根据小组成员资料整理的情况，组织完成策划书的写作。（2）广告策划书初稿完成后发送给教师，得到反馈后团队进行修改。（3）定稿后，策划团队将自己的成果在世界大学城空间进行发布，并要求各小组间进行互评	互联网、电子邮箱、世界大学城空间

续上表

三、学习活动组织

教学步骤		教师活动	学生活动	信息技术使用
课堂学习	任务拓展（40分钟）	（1）要求各小组根据自己的广告策划书进行展示和讲解。 （2）教师对每组的成果进行点评，对各小组在写作过程中容易犯的毛病进行重点提醒，巩固所学内容	（1）汇报策划书内容。 （2）对成果进行评比，通过投票评选出最佳活动策划奖、最佳人气奖、最佳团队奖等奖项	多媒体
教学小结与体会		本次内容的学习运用信息技术，通过适当的创设情境，调动学生的学习兴趣，使学生的探究活动贯穿始终。 预计达到如下教学效果：学生通过参与教学过程，体验广告的作用，激发学生的学习热情；学会广告策划书的写作，为以后就业打好基础；自主探究与合作的能力有所提高		

2.2.4　设计总结

网络多媒体环境为实施探究型教学模式提供了充分的技术支持，能够显著提升学生的学习兴趣、自主探究学习的能力，培养和提高了学生的创造力和想象力，还有效地提升了学生的其他综合能力。在设计时要注意以下几点：

第一，探究问题设置要精心。

在网络多媒体环境实施探究型教学模式首要的环节就是确定探究问题的设置，即确定探究目标。为了准确客观地确定出探究目标，在此之前，教师一定要对自己的信息技术水平作出公正的评价，对于不熟悉的知识和技能，通过培训或与他人合作交流来学习掌握。对学生进行调查，了解学生信息技术的水平，以便于在确定探究教学目标时能够使学生用已有的知识和技能最终完成探究结果并展示作品。

总之，探究的目标要方便教师操作，且学生通过一定程度的自主探究和交流协作就能够完成。

第二，教师角色要转换。

在网络多媒体环境中，教师和学生的地位与传统教学相比将发生很大改观，学生将成为信息加工的主体，成为意义的主动建构者；教师将从传统的知识传授者与灌输者的角色转变为学习者的辅导、帮助、促进者，学习资源的设计、提供者，学生实现学习目标的学习过程督导者，群体的协作者，学生的学术顾问等角色，而且是终身学习理念的追随者。

虽然在网络多媒体环境下教师的地位和角色发生了转变，由教师中心转变为学生中心，教师的作用变为以辅导、辅助为主，但这并不意味着教师角色不重要了，教师在教学中的作用降低了。相反，为了促进学生对所学知识的意义建构，为了辅助完成网络多媒体环境中以学生为中心的探究学习，同时能满足不同学生不同的学习帮助需要，要求教师课下所做的工作更多，对教师能力的要求更高。教师不仅要精通教学内容，更要熟悉所有学生，掌握不同学生的认知规律，充分利用各种学习资源对学生的学习给予宏观的引导与具体的帮助。因此，教师的新角色较之以往传统的知识讲演者的角色从深层次的作用上看更为重要。

第三，学生实践要放手。

在网络多媒体环境中的探究教学，教师的讲授被弱化，学生自主探究学习和学生之间的合作被加强，这两点鲜明地展示了一个以建构主义为主导的教室。

老师和学生一样面临着如何使用各种技术的问题。作为教学经验丰富的教师，他们熟悉课程、课堂管理以及学习方法，但教师所了解的计算机、网络等技术知识并不比学生多，经过一段时间的适应后，一些学生会逐步成为计算机应用、软件、硬件或网络方面的专家。一些学生掌握的技术或许比老师多，也超过了其他同学，学生的角色也由此发生了一些变化。学生之间的交流协作变得更为自然和频繁，并且自发地形成了网络多媒体环境里的学生专家，学生辅导员。

教师要适应这一变化，要鼓励学生大胆实践，并善于利用学生自发的互助活动，采取聘请"学生辅导员"等方式，鼓励最先完成练习或最先掌握技术的同学负责向其他同学演示或辅导，从而使学习的效率得到提升，也让老师的辅导工作大量减轻，同时激发了学生探究学习的热情。

第四，组织和管理课堂要合理。

在研究与课堂教学相关的问题时，课堂的组织和管理是无法避免的。分析调查数据可知，当在老师的有效监督下开展探究教学时，学生能够克制网络诱惑不去查询与学习无关的知识的比例非常高。因此，教师对课堂的组织和管理对网络多媒体环境中探究型教学模式得以顺利实施起着至关重要的作用。

在网络多媒体环境中开展探究教学工作的教师，尽管是很有经验的，但是这种经验在管理基于网络多媒体环境的课堂时并不一定能获得期望的教学效果，甚至可能根本不起作用。因此，教师需要在实践中总结适合网络多媒体环境的新经验。在一个充斥着技术的课堂，教师要逐步学会使用技术来组织课堂教学和管理课堂，要善于利用学生对技术的兴趣，让学生在教室的指导下自主管理课堂，学会利用环境的特点，合理利用资源，从而达到有效管理课堂的目的。

2.3 基于交互式多媒体环境的教学设计

技术的发展不断为课堂教学注入新的活力，在多媒体教学环境的基础上增加了交互式电子白板、触控一体机等，构成了资源丰富的交互式多媒体环境，不仅能够实现简易多媒体环境的教学功能，其交互性的特点为教学创造出了更为丰富的可能性。

基于交互式多媒体环境的教学设计

充分利用交互式多媒体环境的通用功能和强大的交互性，促进人机交互、师生交互、生生交互、人与环境交互，从而提高学生的学习兴趣，增强课堂教学的多样性，实现环境与教学实践的融合并推动创新。

2.3.1 设计基础

随着计算机技术的发展，计算机功能越来越强大，灵活性增强，使得人们对计算机辅助教学产生了极大的兴趣。建构主义理论的出现，为学习者建构有意义的学习环境成为人们关注的新视角。这些因素使得交互式多媒体环境成为人们关注的焦点。

1. 教学环境分析

(1)交互式多媒体。

何为交互式多媒体？交互式多媒体(interactive multimedia)是在传统媒体的基础上加入了交互功能,通过交互行为并以多种感官来呈现信息,学习者不仅可以看到、听到、触摸到、感觉到、闻到,甚至还可以与之相互交流。

(2)交互式多媒体环境。

交互式多媒体环境是以多媒体技术为核心,采用多种信息传输手段,比如文本、静态图形、动画、视频、音频等,充分调动学习者多种感官,通过学习者之间、学习者与学习环境之间的交互,使他们在观察、理解、认识的基础上获取知识,从而掌握事物的本质,是进行自主探索、形象化理解各种知识与技能的有效的认知工具。交互式多媒体环境主要以交互式电子白板或者交互式一体机为主要构成,它以计算机技术为基础,将传统的黑板和现代多媒体技术有效融合在一起,具有使用方便、功能多样等优点,集触摸互动、即时信息共享和团队协作功能等于一体,目前正广泛应用于各类学校教育,成为信息化教育教学改革的新热点。

(3)行业标准的确立。

随着交互式电子白板或液晶显示一体机、交互式智能平板等在课堂的应用日益普及,教育部颁布的《交互式电子白板》《交互式电子白板教学功能》等一系列行业标准的确立,为当下多元参与的教育信息化领域,进一步明确了功能定位、权利责任,也指向了教育管理信息化和教育治理现代化的更好的未来。

2. 教学模式选择

有些研究者认为不同媒体的交互性能不同,媒体的交互功能直接决定远程教育中交互的质量。而有些研究者认为,高质量的交互与使用的媒体没有直接的关系,教学设计和教学实施比媒体的特性更重要。在交互式多媒体环境的教学中,教师可以运用多种有效合理的教学方法,如案例教学、项目教学、教师引导等,重点是要突出教师的主导性,要充分发挥教师对学生学习的引导作用,例如通过各种交互活动引导,随时关注学生的学习状态和进程。

案例教学:案例教学法起源于1920年代,由美国哈佛商学院(Harvard Business School)所倡导,是一种以案例为基础的教学法(case-based teaching),案例本质上是提出一种教育的两难情境,没有特定的解决之道。教师在教学中扮演着设计者和激励者的角色,鼓励学生积极参与讨论、独立思考,引导学生变注重知识为注重能力,重视教师与学生的双向交流,对教师也提出了更高的要求。

项目教学:项目教学法是一种在教师指导下的、以学生为中心的教学模式。在这种模式中,学生是信息加工的主体,而不是外部刺激的被动接受者和被灌输的对象;教师是学生学习过程中的帮助者和促进者,而不是知识的传授者和灌输者。在教学设计时,要考虑如何体现学生在学习过程中的主体作用。如何充分利用情境、协作、会话等学习环境要素,充分发挥学生的主动性、积极性和创新精神,激发学生的学习兴趣和学习动机;如何创设符合教学内容的情境,提示新旧知识之间联系的线索,组织协作学习,提出适当的问题以引起学生的思考和讨论;如何在讨论中把问题一步步引向深入,启发学生自己发现规律、自己纠正错误的认识等。项目教学法突出的特征是"以项目为主线、教师为主导、学生为主体",改变了以往"教师讲,学生听"被动的教学模式,创造了学生主动参与、自主协作、探索创新的新型教学模式。

以"任务驱动、项目导向"为主要形式,在教学过程中充分发挥学生的主体作用和教师的主导作用,注重对学生分析问题,解决问题能力的培养,从完成某一方面的"任务"着手,通过引导学生完成"任务",从而实现教学目标。从学生接受知识的过程看,知识来源于实践,在实践中得到感性认识,经过反复实践才能上升到理性认识,并回到实践中去。"任务"贯穿始终,让学生在讨论任务、分析任务、操作完成任务的过程中顺利建构起知识结构。因材施教,突出培养学生的实践能力和创新能力。

2.3.2 设计思路

1. 设计要点

(1)情境创设。

学习总是与一定的社会文化背景即"情境"相联系,在实际情境下或通过交互式多媒体创设的接近实际的情境下进行学习,可以利用生动、直观的形象有效地激发联想,使学习者利用自己原有认知结构中的有关知识与经验同化当前学习到的新知识,赋予新知识以某种意义。

(2)信息资源设计。

确定学习本项目所需信息资源的种类和每种资源在学习本项目过程中所起的作用。对于应从何处获取有关的信息资源、如何去获取以及如何有效地利用这些资源等问题,如果学生确实有困难,教师应及时给以帮助。

(3)自主学习设计。

自主学习设计是整个以学为中心的教学设计的核心内容。在交互式多媒体环境中,可以根据不同的教学方法对学生的自主学习作不同的设计。

支架式教学:需围绕事先确定的学习主题建立一个相关的概念框架。框架的建立应遵循维果斯基的"最近发展区"理论,通过概念框架把学生的智力发展从一个水平引导到另一个更高的水平。

抛锚式教学:需根据事先确定的学习主题在相关的实际情境中去选定某个典型的真实事件或真实问题。然后围绕该问题展开进一步的学习,即对给定问题进行假设,通过查询各种信息资料和逻辑推理对假设进行论证,根据论证的结果制定解决问题的行动计划,实施该计划并根据实施过程中的反馈,补充和完善原有认识。

随机进入教学:需创设能从不同侧面、不同角度表现学习主题的多种情境,以便供学生在自主探索的过程中随意进入任一种情境去学习。

(4)协作学习环境设计。

设计协作学习环境的目的是为了在个人自主学习的基础上,通过小组讨论、协商,以进一步完善和深化对主题的意义建构。整个协作学习过程均由教师组织引导,讨论的问题皆由教师提出。

教师在讨论过程中应认真、专注地倾听每位学生的发言,仔细观察每位学生的反应,以便根据该生的反应及时对其提出问题进行正确的引导;要善于发现每位学生发言中的积极因素,并及时给以肯定和鼓励;要善于发现每位学生通过发言暴露出来的、关于某个概念(或认识)的模糊或不准之处,并及时用学生乐于接受的方式予以指出;当讨论开始偏离教学内容或纠缠于枝节问题时,要及时加以正确的引导;在讨论的末尾,由教师引导学生自己对整个协作学习过程做出小结。

(5)学习效果评价设计。

包括教师对个人的评价和学生本人的自我评价、学生之间的评价。

评价内容主要有三个方面：自主学习能力、协作学习过程中做出的贡献、是否达到意义建构的要求。应设计出使学生不感到任何压力、乐意去进行，又能客观地、确切地反映出每个学生学习效果的评价方法。

(6)强化练习设计。

根据小组评价和自我评价的结果，应为学生设计出一套可供选择并有一定针对性的补充学习材料和强化练习。这类材料和练习应经过精心的挑选，即既要反映基本概念、基本原理又要能适应不同学生的要求，以便通过强化练习纠正原有的错误理解或片面认识，最终达到符合要求的意义建构。

(7)总结反思提升。

通过对教学设计中教学理念、教学策略、教学方法、教学活动、教学评价等各方面整合，总结自己的特点和优点，反思教学活动中的不足和缺点，分析提升的方面，为自己，为他人提供进步的可能和帮助，也为职业技术教育探索改革前行之路。

2.设计原则

当前，信息技术教学应用面临的最大的挑战是当学生或者教师面对计算机屏幕时，如何加强对话和交流的效力。作为一种有亲和力的现代媒体，交互式多媒体环境可以改良以"投影仪＋大屏幕"为特点的多媒体教学系统，并在本质上支持"交互式"课堂的设计与实施。

一般认为，信息化教学背景下基于交互式多媒体环境的教学设计，其核心有三点。一是借助于媒体而发生的"人机交互的教学设计"，主要利用交互式多媒体代替传统的黑板，运用书画、记忆存储等功能进行课堂组织的教学设计。二是"师生交互、生生交互的教学设计"，依据学习者个性特点及专业特色，将学科教学小软件与交互智能平板的应用完美地结合。三是注重"人与环境交互的教学设计"，信息技术环境中的学习者，通过与界面交互而引发与学习内容的互动，提高有意义学习的效率和质量，最终实现人的全面发展，建构人类教育共同体。

(1)人机交互的教学设计。

随着信息技术的广泛应用，交互式多媒体比较常见的是人机交互。比如，人们借助电脑，通过键盘、显示器、鼠标、数据手套、摄像头、麦克风等外围输入设备，与相应的软件配合，就可以实现人机交互的功能。人机交互技术也在不断发展，从早期的交互式命令行，发展为基于窗口、菜单、图标、指针的可视化图形界面，向着多通道、多感官自然式交互的方向发展。大多数教师在刚接触到交互式多媒体环境时，关注点在于交互式多媒体环境集"触摸屏＋传统黑板＋计算机＋投影仪"于一体的基本功能，在教学过程中，利用的是交互式多媒体可以人机交互、立即反馈的特点，这是其他媒体所没有的。

(2)师生交互、生生交互的教学设计。

大家知道，在传统的教学过程中一切都是由教师来决定。从教学内容、教学策略、教学方法、教学步骤甚至学生做的练习都是教师事先安排好的，学生只能被动地参与这个过程，处于被灌输的状态。而在交互式多媒体环境中，学生则可以按照自己的学习基础、学习兴趣来选择自己所要学习的内容，选择适合自己水平的练习。如果教学软件使用恰当，学生在这样的交互式环境中有了主动参与的可能。按认知学习理论的观点，人的认识不是外界刺激直接给予的，而是外界刺激与人的内部心理过程相互作用产生的，必须发挥学生的主动性、积极性，才能获得有效的认知。这种主动参与性就为学生的主动性、积极性的发挥创造了很好的条件。

（3）人与环境交互的教学设计。

在交互式多媒体环境中，一方面可以保持师生之间的有效交流，另一方面可以延续多媒体课堂中丰富媒体信息对于学习效果的影响，更重要的是，可以通过增加学生与大环境之间的有效互动，学生与界面交互引发与学习内容的互动，解决关于确定学生主体地位的核心问题。教师可以从认知策略、组织策略等角度切入具体的教学设计，提高有意义学习的效率和质量，让学生切实感触到自身及身边的发展成就，最终实现人的全面发展的理念，建构人类教育共同体。

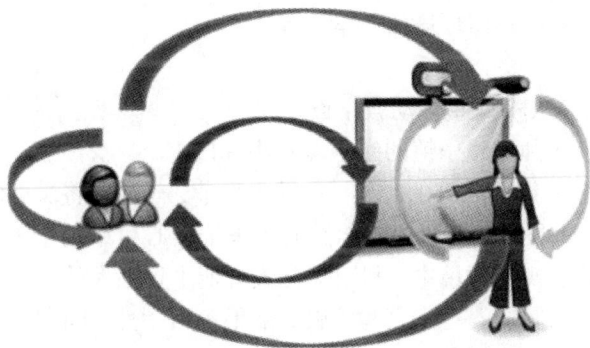

图 2 - 10　教师、学生、交互式多媒体环境的关系

3. 设计注意事项

虽然教育信息化最初以技术手段的面貌出现，但技术本身不是目的，而要坚持教育信息化为教育改革发展服务。作为一种具有革新意义的新媒体，交互式多媒体环境中的教学需要关注以下几个方面的问题。

（1）强调学习支持的重要性。

解释性知识与体验在教育中有很重要的作用。但是，与传统教学不同的是，交互式多媒体环境强调体验，而解释性知识作为一种教学支撑，对学习者在交互式多媒体环境中的学习是非常重要的。

（2）强调学习内容与课程内容的匹配性。

目前，一些交互式多媒体环境（如教育游戏）的设计、开发者并不是一线教师，很多学习内容与课程教学之间存在不匹配。这使得学习者在利用交互式多媒体环境进行学习时，与课堂教学脱节，容易造成所涉及知识或技能太浅而纯粹"玩"，或所涉及的知识或技能过深而不愿学习的局面。

（3）强调教学设计的合理性。

教学设计决定了学习者的学习。因此，在使用交互式多媒体环境进行教学时，应根据教学内容，充分利用交互式多媒体的特点和教学优势，合理运用教学设计知识，转变交互式多媒体环境支持的课堂教学模式、方法和策略，才能实现优质、鲜活、高效的课堂教学效果。

2.3.3　设计案例

1. 案例引入

入职已经两年的小王老师最近一直在困惑，利用多媒体教学确实有助于改善教学效果，可是理想很丰满，现实很骨感，总感觉受到环境的束缚，课堂上不能灵活自如地发挥，学生也容易注意力分散，教学互动总是达不到理想的效果。在和同行聊天的过程中发现还不止她一个人有这样的困惑，有的老师觉得自己就像是机器的奴隶，在课堂上的作用就是点击鼠标。

那么，有没有一种能集黑板和多媒体之所长，既能方便引入和呈现数字化信息资源又能根据需要随时增减调整内容，既能充分发挥教师的主导作用和个人魅力，又能增加师生参与和互动的新环境为课堂插上信息化翅膀，形成有效互动，构建高效课堂呢？今天我们就一起来探讨一下"基于交互式多媒体环境的教学设计"。

2. 案例分析

案例1：《政治理论概述》课堂互动教学设计。

我们先来看一段李老师津津乐道的一个课堂小片段：

讲授《政治理论概述》课业内容的时候，在导入环节，李老师将满屏的年度新闻热词通过PPT课件展示在交互式智能平板上，让同学们上台来选出心目中的十大关键词，并在所选词汇上做标记。在交互式多媒体环境中，利用交互式智能平板强大的"书画功能"，用手指或者电子笔可直接在平板上书写"正"字，书写流畅，结果一目了然，同学们能清楚地看出哪些是最受关注的新闻热词。利用"记忆存储功能"，老师还可以保存该班级学生的投票情况。李老师设计的这个教学活动，让学生与平板上的教学内容互动得十分顺利，学生兴趣浓厚，积极性高涨。

李老师回忆这一片段时说道："同样的教学活动，如果放在普通多媒体教室，播放PPT课件时，学生可以点击鼠标右键调出指针选项中的荧光笔开始做标记，可是过程复杂、操作也不灵活，不利于互动。而如果放在普通黑板上，书写工作量太多，也限制了后续教学活动的开展。交互式智能平板一来，这些问题就迎刃而解啦！"

用交互式多媒体代替传统的黑板，教师不用受键盘、鼠标的束缚，就能充分发挥教师的主导作用，避免了对学生的注意力的干扰，还能进行人机交互，这就是交互式多媒体环境最直观的作用之一。可以在课堂教学中使用交互式多媒体来增加学生在学习过程中的参与度，学生可以走到交互式智能平板前，用电子笔在板面上随意地书写和标注，它是学生展示个人成果并与其他同学进行讨论的有效工具。

交互式多媒体环境还进一步把电视机所具有的视听合一功能与计算机的交互功能结合在一起，产生出一种新的图文并茂的、丰富多彩的可以立即反馈的人机交互方式。这样的交互方式对于教学过程具有重要意义，它能够有效地激发学生的学习兴趣，使学生产生强烈的学习欲望，从而形成学习动机。交互性这一特点使得多媒体计算机不仅是教学的手段方法，而且成为改变传统教学模式乃至教学思想的一个重要因素。

接下来我们就通过"活塞连杆组的结构与拆装"这一案例，来看看曹老师是如何应用教学软件在交互式多媒体环境下进行教学设计的。

案例 2："活塞连杆组的结构与拆装"交互教学设计。

该案例的设计者曹蕊、王吉欣、沈云鹤团队来自上海市公用事业学校，授课对象是该校现代交通运营与管理系汽车运用与维修专业的学生。该案例获得了教育部主办的 2015 年全国职业院校信息化教学大赛中职组信息化课堂教学比赛一等奖。

首先，曹老师布置了微课预习和练习的内容，让同学们在课前完成。为了检验预习效果，在课中学习展开环节中，曹老师将仿真教学软件与交互智能平板的应用完美地结合。同学们上台在交互智能平板上演示拆卸和安装的具体过程。图片的拖放功能及动画让同学们体会到各种工具的作用及使用步骤，让同学们亲自动手参与操作，能增强体验感并理解规律，加深对知识的理解。

图 2-11　教学过程一

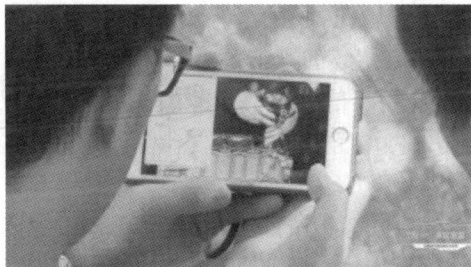

图 2-12　教学过程二

探索新知的时候，曹老师利用交互智能平板的演示、放大、缩小、拖放功能等，直观、形象地把每个部件的特点体现出来，清楚地让同学们了解到发动机工作的整个过程，巩固加深了同学们对活塞连杆组的零部件构成部分的认知和理解。

通过在交互智能平板上反复操作，同学们充分理解了各个零部件的作用，并体会到学习的成功和快乐。同学们动手操练完成之后，4S 店的李师傅对于同学们的理论水平、操作和动手能力给予了高度的评价，这都得益于同学们在交互式多媒体环境中的高效学习。

案例分析：

曹老师主讲的"活塞连杆组的结构与拆装"一课中，应用教学软件在交互式多媒体环境下进行教学设计。我们可以看到，集传统黑板、计算机、投影仪等多种功能于一体的新一代交互式智能平板成了本节课的主要教学媒体。根据学科专业特点，曹老师运用仿真教学软件与交互智能平板完美地结合，充分体现了交互式多媒体环境在专业课教学上的优越性，带来一种全新的体验。在教学过程中，老师大胆放手，让学生成为课堂的主角，学生在交互智能平板上动手实践操作，演示活塞连杆组的拆卸和安装的具体过程。交互式平板的拖放功能及动画激发了学习兴趣，学生能够在拖放时经历学习过程，在操作中展示思维创造。学生在学习过程中，既强化了实践能力，又很好地理解了拆装过程中用到的各种工具的作用及使用步骤。"师生交互"和"生生交互"的教学设计，极大地提高了学生的自主性和积极性，信息技术与学科教学整合，有效地解决了教学重点和难点。整节课下来，同学们在轻松愉悦地互动中有效地掌握了知识点，提升了课堂效率。

设计理论依据：

基于交互式多媒体环境的教学设计有着两大互动理论作为支撑，分别是互动理论和三元交互论。

（1）互动理论。

互动理论于20世纪30年代问世，源于米德的"符号互动论"，其后得到赫伯特·布鲁默等的进一步完善与发展。该理论认为，人类社会是由具有自我的个人组成的，互动是个人、他人和群体之间意义理解和角色扮演的持续过程，只有持续的参与观察——检验方法才适合于互动分析。该理论的核心观念是"互动"，被大量应用于信息化教学中，强调信息化课堂上的师生互动，为阐明师生互动在信息化课堂的重要性做出了理论支持。

（2）三元交互论。

三元交互论兴起于20世纪60年代，主要代表人物是美国的新行为主义心理学家阿尔伯特·班杜拉。该理论将学习视为一种社会性极强的行为，主要由三元交互决定论、观察学习说和社会认知说三个部分构成。该交互学习理论，从教学互动的角度探索交互式多媒体教学的优势。所谓"三元交互"是指个人、行为和环境三个决定因素间不断地相互作用。班杜拉提出了相互作用的三种模式：第一，环境是决定行为的潜在因素；第二，人和环境交互决定行为；第三，行为是三者交互的相互作用。环境、人和行为的相互关系和作用，是一种交互决定的过程。在行为内部，人的因素和环境影响是以彼此相连的决定因素产生作用的。这个过程是三者交互的相交作用，不是两者的连接或两者之间双向的相互作用。在教学实践中，这注重环境的创设，主张利用计算机多媒体辅助教学，为学习者提供真实的输入输出的机会，从而使他们通过人际互动、师生互动、生生互动的形式进行交流和运用。

3. 案例实现

案例3："正四面体立体造型设计"教学设计方案

该案例的设计者杨雪梅、郑向虹、王庚团队来自石家庄市职业技术教育中心，授课对象是该校平面设计专业二年级学生，具备一定的美术基础，熟悉设计软件。该案例获得了教育部主办的2016年全国职业院校信息化教学大赛中职组信息化课堂教学比赛一等奖。

图 2 – 13　"正四面体立体造型设计"教学

课前准备：

学生登录教学资源平台，阅读任务书，学习微课，利用网络检索收集素材运用信息技术，自主研讨课前任务。

图 2 – 14　"正四面体立体造型设计"课前准备

教学过程：

教学环节	教学内容与教师活动	学生活动	信息技术的应用及设计意图
课程导入创设情境	1. 课件展示，引出学习内容"正四面体立体造型设计"。 2. 学习新课前，我们先看一段视频，大家一定要注意观察视频中出现的产品的面的形状有什么特征。 课件视频：蛋糕的立体包装盒。 3. 从视频中你们发现这些产品的面的形状有什么特征吗？ 4. 三角形给人结实、稳定的视觉效果，因此在设计中被广泛地应用。	1. 观看视频，进入学习情境。 2. 认真观察并思考。	1. 利用聚光灯、视频功能提高学生的注意力。 2. 视频导入，创设和谐愉悦的氛围，激发学生的学习兴趣，并为下一个环节做好铺垫。

续上表

教学环节	教学内容与教师活动	学生活动	信息技术的应用及设计意图
视频情境任务 基于真实工作 场景布置任务	1. 今天，我们也接到了一个用三角形的面进行设计的任务。让我们先视频连线四面体商贸公司的王经理，听一听他对设计的要求。 2. 视频连线王经理：同学们你们好！我们公司主要经营家居日化产品，现在需要一些美观、实用，符合公司特色的设计，主要有糖果、香水、茶叶的包装盒，以及装饰灯，希望你们能设计一些造型方案和模型，供我们公司参考选择。要求是以四面体为基本造型来体现我们公司的特色。 3. 大家听清楚王经理的要求了吗？哪位同学可以总结一下呢？ 4. 对，应该是在正四面体的基础上做造型设计。	1. 仔细观看视频连线，聆听商贸公司王经理的设计要求。 2. 生1：王经理要求我们做出四种产品的包装模型。分别是香水、灯饰、茶叶还有糖果包装模型。要求在正四面形的基础上做设计。	通过交互式电子白板呈现视频连线，营造真实工作任务场景
学生分组 领取学习 任务单	1. 共有四项任务，课前已经把任务分配给各个小组，茶叶组、香水组、灯饰组和糖果组。 强调设计的具体要求。 2. 教师提问：你们准备怎么制作这个模型呢？ 引出"如何设计和制作正四面体"就是本节课的主要内容。 3. 通过四个层层递进的学习任务，来完成产品模型的制作。 任务一：用直尺圆规绘制正三角形； 任务二：设计展开图； 任务三：学习正四面体立体造型方法； 任务四：设计制作符合要求的产品。	1. 学生分组，并领取各自的小组任务。 2. 学生回顾要求，加深认识。 3. 生2：我们准备先做一个正四面体，然后对它进行装饰，使它制作成符合产品特征的样子。 明确任务。	1. 利用多媒体交互课件展示"四面体商贸公司"产品设计说明，让学生进一步明确设计要求。 2. 拖动功能，展示四个不同的学习任务。

续上表

教学环节	教学内容与教师活动	学生活动	信息技术的应用及设计意图
任务准备 新知讲授	1. 我们先来了解正四面体的结构特征。 2. 展示正四面体的透视图、播放全角度演示动画。	1. 观看透视图及演示动画，总结和归纳出正四面体的结构特征。 2. 生 3：正四面体有四个面，六条棱，而且每个面都是正三角形。	利用交互式电子白板的演示及视频播放功能，让学生直观地了解正四面体的结构特征。
实施 任务一	1. 课前我在教学资源平台上上传了两个微课视频，教了大家两种绘制正三角形的方法。 微课 1：已知边长绘制； 微课 2：已知圆中绘制。 2. 课前学习任务中要求你们自学微课，从学习进度条来看，自主学习情况很好。 你们真的学会绘制正三角形了吗？哪个小组愿意上来展示一下？	1. 课前自主学习微课，课堂交流展示。 2. 小组代表分别上台展示绘制正三角形，并讲解绘制方法。	利用交互式白板环境查看课前微课学习进度，便于发现和检测学习情况，即时调整教学策略。
实施 任务二	1. 通过正四面体的透视图来研究正四面体的展开图如何绘制，从提交的作业来看，有一个小组的研究成果非常精彩，下面有请他们上台展示。 2. 教师点评： 讲解精彩，思路清晰，他们这种善于利用信息技术的能力非常值得学习。 有了这个展开图，我们就可以制作模型了。	1. 自主研讨成果展示，多学科间融会贯通。 2. 上台讲解展开图设计思路： 生 4：经过小组讨论研究，我们认为切开三条侧棱就能展平四面体，利用专业课所学的三维软件动画做了一个展平动画，又用所学的 Ps 软件做了一个粘合边，最终形成了模型效果图。	1. 作业收集，进行评价和展示。 2. 学生在电子白板上触屏播放自制的动画，直观形象地表达了设计思路，利用拖拽功能展示自主研讨成果，充分体现了以学生为中心，台下学生注意力集中。 3. 动手实践，绘制展开图。

续上表

教学环节	教学内容与教师活动	学生活动	信息技术的应用及设计意图
实施 任务三	1.刚才大家已经绘制完成了展开图，有了展开图以后，只要把它裁剪下来，进行折叠、黏合，就能做成一个基础的正四面体。但我们学习设计的目的是为了能够创造新形态，下面我们将学习立体造型的方法。 2.微课学习：多面体造型设计—四面体造型。 3.哪个小组可以总结一下立体造型的方法有哪些？ 4.教师总结。理解了造型方法后还要能够灵活地运用。 5.请根据各自的产品特点，采用合适的造型方法，用提供给你们的小模型来创造一个三维模拟造型。 6.大家做的模型使用的造型方法都不错，我们可以学习和借鉴优秀的案例，打开设计思路。请把课前搜集的和四面体相关的设计图片上传到微信群。	1.登录教学资源平台，快速浏览微课，回顾微课中的知识点，加以总结。 2.小组自主学习，讨论。 微课答疑，师生互动的个性化沟通。 3.生5：看完微课我们知道了立体造型的方法可以分为两种，造型位置和造型技法…… 4.分组完成立体造型设计，并上传至资源平台。 5.小组代表上台展示和讲解自己的造型设计。 6.微信学习群实时交流学习信息。 7.上台交流学习优秀设计案例，谈收获。	1.微课学习提高自主学习能力。 2.在白板上展示微课视频，有即视感。 3.与教学资源平台结合，体现交互式多媒体环境的多样性、可塑性。 4.通过三维模拟技术，支持投入型学习。 5.利用白板的拖动功能让大家清楚地看到立体造型设计效果。
实施 任务四	1.在设计案例里，共享了一些相关的设计素材，可供设计参考。 2.下面开始进行模型制作。 3.辅导过程提供个性化指导。	1.讨论设计方案，小组分工合作。 2.绘制展开图。 3.制作产品模型。 4.展示学习成果。 5.在白板上展示操作。 6.实物展示，小组互评。	1.资源平台实现学习资源共建共享。 2.拖动设计素材，直观展示。 3.灵活运用信息技术，展示学习成果。

续上表

教学环节	教学内容与教师活动	学生活动	信息技术的应用及设计意图
在线评价 企业反馈	1. 上传学生作品实物图,在白板上打开二维码。 2. 大家的作品已经传给了王经理,他通过微信视频也观看了大家的讲解过程,下面来听听王经理对于作品的评价。 王经理:大家设计思路开阔,设计新颖独特,符合我们公司的形象要求,有些作品的应用性非常强,比如香水盒设计、三角形巧克力包装,解决了巧克力受到挤压变形的难题,这些设计方案我会提交给总公司做进一步深化设计。 3. 王经理对你们的作品给予了肯定,希望你们能再接再厉,设计出更好的作品!	1. 扫描二维码在线提交评价内容。 2. 在线投票。	利用拖动功能呈现实时评论内容、投票结果柱状图,直观地显示投票结果,评价过程直观真实。
总结归纳 拓展延伸	1. 今天这节课我们学习了哪些内容呢? 2. 本节课学习了绘制正三角形和展开图的方法,掌握了立体造型的技能,学会了制作产品模型,根据这些内容,给大家布置一个课后拓展任务。 3. 思考绘制。	1. 回顾反思。 2. 梳理知识。 3. 加深体验。	网络互动讨论区,实现无间断互助学习。

案例分析:

杨雪梅老师主讲的"正四面体立体造型设计"一课是平面设计专业基础课程《立体构成》的中的重要内容。教师充分利用了交互式多媒体环境,将图片、文字、声音、视频融为一体,教学方法灵活多样,突破了单一、狭隘的专业界限,与真实工作环境中企业对于人才的需求相结合;教学活动设计围绕绘制正三角形、设计展开图、立体造型方法和制作产品模型这四个任务来开展,循序渐进、由浅入深,使学生积极地参与到教学过程中。

充分挖掘了交互式多媒体环境的教学策略,以学生为主体,突破了传统教学的弊端,促进了空间思维的拓展。立体造型设计这一内容对于学生的空间思维的认知和拓展有一定要求,教师运用了交互式多媒体环境中的电子白板来呈现课件内容,展示正四面体的透视图、播放全角度演示动画等,白板上的按键可以轻松地实现计算机键盘的部分功能,用手指就可以代替鼠标操作,拖动、展开都很方便,增强了学生的关注度,加强了集体共同参与的学习过程,学生在无意识中与老师和同学以及学习环境有了交流与沟通,学习效果也随之提高。

不仅让学生轻松愉快地掌握了知识点，还提高了他们的自主学习能力，有效解决了教学重难点。整节课注重在实践中拓展，让学生动手操作，动手绘制、白板演示，灵活运用信息技术，展示学习成果，把课堂交给学生，让学生真正体验到学习的成功和快乐。

2.3.4　设计总结

交互式多媒体的强大教学功能为改进教学，以及信息技术与日常课程的深度融合提供了技术实现的可能性。然而，任何有效的教学都需要精心设计，最终决定教学效果的是人们使用媒体与技术的方式，而不是媒体与技术本身。因此，在设计基于交互式多媒体环境的教学时，我们注意到的是教师、学生和课堂都在发生转变。教师从"知识的传播者"转变为"情境的设计者"，从注重"教材体系"转变为"教学体系"，以问题为导向，结合工作岗位实际需求，充分利用信息化手段，实现课堂的互动翻转。学生由个人"单兵作战"转向团队"合作学习"。在合作中，学生更懂得如何认真倾听、深度思考、自由评论。只有课堂改变了，学生才会改变。教师鼓励并尊重学生表达真实的看法和观点，让学生会学、善学、乐学。转变后的课堂更加以学生为中心，学生在知识的整合、分析与运用方面可以投入更多的时间和精力。相较传统教学模式，交互式多媒体环境中课堂的"交互"得到了极大的提升，在为师生实现便捷教学的同时，也提高了学生的学习效率和积极性，真正实现了教学相长。

🔍【思考与探索】

1.哪些教学内容适合在简易多媒体环境中完成？
2.在多媒体教室环境中如何更好地实现学生的自主合作学习？

✊【本章小结】

多媒体教室环境是当下使用最普及的一种环境，它对技术手段要求相对较低，更适用于日常教学。本章主要介绍了在多媒体教室环境下如何进行信息化教学设计，分别从简易多媒体环境、网络多媒体环境和交互式多媒体环境三种形式来介绍。

在没有网络的简易多媒体教室环境中，通过发挥多媒体设备可以同时呈现文字、图片、声音、动画、视频等多种媒体信息的特点，将教学内容以图文并茂的形式呈现给学生，使教学更加生动、形象。在教学方法的选择上，多采用讲授法和情境教学法，信息技术主要是作为知识演示工具发挥作用，是辅助教师突破重点难点的形象化教学工具，是教学内容的来源和

基于多媒体环境的
信息化教学设计概述

途径之一，也是辅助学生理解和建构知识的重要手段。

在网络多媒体环境下，充分运用当今最新的计算机网络技术和多媒体技术，可以将单调、乏味的课堂知识形象地体现在声音、图像、影视、动画中，通过计算机网络技术的运用，使得真正基于交流、讨论的这种全新的教学方法成为可能，极大地增强了学生的教学参与意识。通过学生自主、合作、探究，从而完成学习任务，获得任务中隐含的知识，提高探究的能力，并形成正确的情感态度和价值观。

在交互式电子白板或者交互式一体机教室环境下，传统的黑板和现代多媒体技术有效融合，集触摸互动、即时信息共享和团队协作功能等于一体，更有利于教师运用多种有效合理的教学方法，如案例教学、项目教学、教师引导等，充分发挥教师对学生学习的引导作用，从而更好地随时关注学生的学习状态和进程。

　　教师结合自己的专业、教学内容，合理选择教学环境，可以更好地促成教学目标的达成。

　　多媒体作为传播工具能够帮助教师更好地完成教学过程，但是任何教育媒体都只能作为知识的载体，而知识的传承却只能由人来完成，处于主导地位的应该仍是教师。教师的人生观、世界观、价值观会对学生造成影响；同时，由于教师表达方式的不同，对学生造成的影响也不同。因此，充分发挥教师在整个教学中的能动作用是多媒体辅助教学的核心思想。多媒体辅助教学的生命力在于能延伸教师的表达能力，充分发挥教师的作用，只有更好地发挥教师在教学中的主导作用，才是多媒体辅助教育的发展方向。

第3章

基于互联网环境的教学设计

【教学情境】

"互联网＋"教育不是一个单纯的教育技术变革，也不是对传统教育的颠覆，而是构建连接教育过去、现在和未来的桥梁。现代教育需要通过互联网技术获得"互联网＋"的能力，形成新的"信息能源"，从而推动整个教育行业的快速整合，使得教育更加开放，教师和学生之间联系更加紧密，更易于提供个性化的教学。这也为终身学习型社会奠定坚实基础。

【解决方案】

根据教学过程中网络使用的程度，可以把基于互联网环境的教学分为线上线下一体化教学、基于移动互联网环境的教学和完全网络化的在线教学。

基于互联网环境的教学是以学生为中心开展教学，教师扮演着协作者的角色，引导和监控学生的学习过程。教师需要对网络学习资源进行梳理加工，同时也需要给予学生个性化的学习指导。

【能力目标】

知识目标：理解基于移动互联网环境的教学设计的理论，理解基于线上线下一体化环境的教学设计和完全网络化教学设计的内涵和特点，掌握三种不同网络教学情境下的教学设计的基本要素和设计方法。

技能目标：能根据课程教学内容，设计基于线上线下一体化环境、基于移动互联网环境和完全网络化教学环境下的教学设计与实施方案；具备自觉运用互联网组织课堂教学的基本技能；具备运用互联网开展教学互动和教学过程管理与控制的能力。

素质目标：具备针对教学内容选择信息化教学环境与教学方法的意识，具备运用互联网组织教学活动和增强师生交流的自觉性，具备利用互联网络指导和帮助学生成长的服务意识。

3.1 基于线上线下一体化环境的教学设计

基于线上线下一体化环境的教学设计，其魅力不仅在于网络有着丰富的资源，还在于网络强大的交互功能，为教学实施提供了平台，课堂在时空上得到了延伸和扩展。

如何利用网络平台进行基于线上线下一体化环境的教学设计？我们以一位老师的传统教学到翻转课堂教学的转变为例，详解基于线上线下一体化环境的教学设计的理念、实施与效果。

3.1.1 设计基础

1. 情境导入

周老师是一位思政课教师，这一周的教学内容是"社会主义改造理论"。由于本次学习内容有较强的年代感，如何才能拉近与学生的距离，在点燃学习热情的同时更好地掌握重难点呢？

周老师一开始是这样进行教学设计的：首先，提出问题——如果你是民族资本家，你愿意将自己一手创办的企业交给国家吗？其次，播放视频"民族资本家庆祝社会主义改造胜利完成"，引发学生求知欲。然后，周老师精心选择了三个案例，重点讲述社会主义改造中和平赎买政策实施的过程和意义。最后，周老师总结了社会主义改造的经验和失误，本次课结束。

新颖的课堂导入迅速提起了学生的学习兴趣，可是接下来的时间老师发现，除了讲述和播放案例的时候抬头率有所提升，其他时间学生课堂参与度并不高。课后周老师进行了总结：这是一次典型的教师主导型授课，教学内容缺少新意，教学效果一般。

周老师想到了前不久在网络上看到的基于线上线下一体化环境的"混合式教学"和"翻转课堂"的介绍，他决定利用本次课尝试教学改革。

表 3-1 "对民族资本主义工商业的社会主义改造"教学设计 V1.0

教学内容	对民族资本主义工商业的社会主义改造		专业	公共课
授课对象	高职一年级		课时	1 课时
教学目标	知识目标：要求掌握对民族资本主义工商业的社会主义改造的具体内容和方法。 能力目标：正确评价社会主义改造。 素质目标：对党和国家政策的高度认同感			
教学重点	对民族资本主义工商业的社会主义改造的具体内容和方法			
教学难点	社会主义改造的经验教训			
教学步骤	教学内容		教学资源	时间分配
课前预习	《毛泽东思想和中国特色社会主义理论体系概论》第三章第二节			课前
导入新课	设问：如果你是民族资本家，你愿意将自己一手创办的企业交给国家进行社会主义改造吗？		视频：民族资本家庆祝社会主义改造	5 分钟

续上表

教学步骤	教学内容	教学资源	时间分配
任务一 是什么	和平赎买的含义		5 分钟
任务二 为什么	和平赎买政策为什么能够成功实施？	案例：和平赎买与民族资产阶级的社会心态	10 分钟
任务三 怎么做	和平赎买政策的实施过程	案例："红色资本家"荣毅仁	10 分钟
任务四 社会主义 改造经验	1. 社会主义改造的历史经验； 2. 社会主义改造的失误偏差	案例：公私合营前后的北京同仁堂	10 分钟
总结	我国的社会主义改造的基本完成是一个历史胜利，不能因为改造过程中出现的一些失误就否定社会主义改造的历史意义		5 分钟

2. 教学环境分析

（1）混合式学习。

传统的面对面教学可以使教师及时了解学习者的学习情况和理解程度，合理安排教学方法和教学进度。传统的网络教学重视将课堂教学内容和教学方式复制到网络平台，依靠视频方式进行讲解，但没有进行教学内容的碎片化设计和重构，无法利用网络技术实现协作式和个性教学，存在众多影响教学质量的问题。

翻转课堂解读

而基于线上线下一体化的教学综合了两者的优势，把面对面的课堂教学和基于网络的在线学习两种学习模式整合，在线学习可以充分考虑学习者的学习风格和学习习惯，让学习者自主安排学习时间和地点，甚至可以自主选择学习资源等辅助材料，充分体现了学习的个性化，达到降低成本、提高效益的目的。

基于线上线下一体化的教学是传统教学模式的延伸与发展，教学活动的中心依然是师生之间面对面交流，线上教学是教学活动的积极补充，是一种"混合式教学模式"。所谓混合式学习是要把传统学习方式的优势和网络化学习的优势结合起来，既要发挥教师引导、启发、监控教学过程的主导作用，又要充分体现学生作为学习过程主体的主动性、积极性与创造性。更深入的理解就是发挥"以学生为主体，以教师为主导"的模式，教师和学生的角色发生变化，教师可以起到引导、支持、监督、控制的作用，学生可以充分利用教师创建的环境，自由、自主地开展学习。

其中最典型的做法是基于线上线下一体化环境的"翻转课堂"。它能充分发挥在线学习和面对面教学的优势，同时通过"混合"促进传统教学模式的变革。

（2）翻转课堂。

基于线上线下一体化环境的"翻转课堂"对多数老师来讲既熟悉又陌生。熟悉的是这个词如今出现的频率很高，陌生的是何为真正意义上的翻转课堂、什么样的主题适合翻转、如何达到预期教学效果等，这些问题都在不断探索中。

"翻转课堂"的实践者之一，美国教师亚伦·萨姆斯观察到，学生并不需要老师在房间里给他们讲授和传递信息，他们可以自己学习知识。真正需要教师帮助的是他们做功课遇到问题卡住的时候，可是这时教师往往并不在现场。互联网催生"翻转课堂"教学模式。"翻转课堂"是对基于印刷术的传统课堂教学结构与教学流程的彻底颠覆，由此引发教师角色、课程模式、管理模式等一系列变革。

翻转课堂译自"flipped classroom"或"inverted classroom"，也可译为"颠倒课堂"，打破了传统的教学模式，是把传统教学模式的教学结构翻转过来的一种教学形态，是指重新调整课堂内外的时间，将学习的决定权从教师转移给学生。在翻转课堂式教学模式下，学生在家完成知识的学习，而课堂变成了老师学生之间和学生与学生之间互动的场所，包括答疑解惑、知识的运用等，从而达到更好的教育效果。

教师不再占用课堂的时间来讲授信息，这些信息需要学生在课后完成自主学习，他们可以看微课讲座、听播客、阅读功能增强的电子书，还能在网络上与别的同学讨论，能在任何时候去查阅需要的材料。教师也能有更多的时间与每个人交流。利用课堂内的宝贵时间，学生能够更专注于主动的基于项目的学习，从而获得更深层次的知识理解以及学习能力的提升。在课后，学生自主规划学习内容、学习节奏、风格和呈现知识的方式，教师则通过线上线下的指导来满足学生的需要和促成他们的个性化学习，其目标是为了让学生通过实践获得更真实的学习。

随着基于线上线下一体化环境的"翻转课堂"理念的传播，我们在中国也看到了许多可借鉴的案例。

案例 1：重庆聚奎中学翻转课堂教学设计。

2011 年 9 月，聚奎中学的基于线上线下一体化环境的"翻转课堂"正式实施。"翻转课堂"发起人之一的张渝江老师介绍：在实际教学中，教师通过电脑制作导学案、创建教学视频等，随后将学习资源上传到"校园云"服务平台；学生们用自己手中的平板电脑下载教师的教学视频和导学案，开始课前学习；并可通过电脑网络登陆平台完成预习自测题，组内互助解决个人独立学习时产生的学习问题，组内不能解决的学习问题由组长记录后交给课代表，课代表整理好后上传至服务器；教师再了解学生预习、学习情况，以此调整课堂教学进度和制订有针对性的课堂教学计划。而在这一过程中，传统的"灌输式"教学模式被彻底"翻转"，完成了由"教师灌输—学生接受"向"学生自主学习—发现问题—教师引导解决问题"的转化。

3. 理论基础

（1）布鲁姆的掌握学习理论。

掌握学习理论是指只要学生所需的各种学习条件具备，任何学生都可以完全掌握教学过程中要求他们掌握的全部学习内容。如果按规律有条不紊地进行教学，如果在学生面临学习困难的时候和地方给予帮助，如果为学生提供了足够的时间以便掌握，如果对掌握规定了明确的标准，那么事实上所有学生都能够学得很好，大多数学生在学习能力、学习速度和进步的学习动机方面会变得十分相似。

（2）学习金字塔理论。

美国缅因州贝瑟尔国家培训实验室通过研究，提出了学习金字塔理论。他们认为，阅读这种学习方式比听讲的学习方式能记住更多的东西。课堂中采用的不同的学习方法可以导致不同的学习效果；我们的课堂教学应该要根据不同教学内容的具体形式采用不同的学习方式;仅仅靠教师在讲台上讲解和学生在教室里听的这种方式效果最差,反而应该鼓励学生多动手实践和亲身体验,让学生实实在在参加到小组学习活动中,这才是一种有效的学习方式。

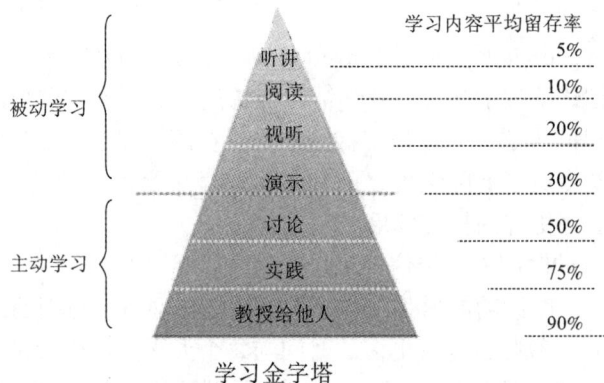

图 3-1 "学习金字塔"理论

(3)建构主义理论。

建构主义理论在学习观上认为,"学习不是一种刺激—反应现象,它需要自我调节,以及通过反思和抽象建立概念结构"。学习是学习者主动的意义建构的过程而不是教师"灌输式"的过程。同时在建构主义理论下,知识具有建构性、社会性、情境性、复杂性和默会性。建构主义理论在教学观上认为,教师不应该无视学生已有的知识经验。在课堂教学中,教师应该充分发挥学生的积极性与主动性,以学生自己主动的、互动的方式学习新知识。

(4)人本主义学习理论。

人本主义学习理论以人本主义心理学的基本理论为基础,强调学生个体的尊严和价值,强调"无条件积极关注"在个体成长过程中的重要作用,认为教学的目标就是要实现学生的整体发展,教学过程就是要促进学生的个性发展的过程,教育不是抹灭学生的本性,而是要培养学生学习的积极性与主动性。

4.教学特点分析

(1)教学环节的颠覆。

先知识传授、后知识内化是传统教学过程的两个重要环节,知识传授环节是在课堂中依靠教师传授知识来完成,知识内化环节是在课堂外依靠学生通过作业、操作或者实践来完成。而基于线上线下一体化环境的翻转课堂完全颠覆了这两个环节:知识传授环节在课堂外完成,学生在上课前完成对课程内容的自主学习;而知识内化环节是在课堂内进行学生的作业答疑、小组的协作探究以及师生之间的深入交流,由老师的帮助与同学的协同完成。

(2)教学角色的颠覆。

在传统课堂中,教师是知识的传播者,学生是知识的接受者。基于线上线下一体化环境的翻转课堂中,教师和学生的教学角色也发生颠覆,教师从讲台上的"演员"转变为教学活动中的"导演",学生则由原来讲台下的"观众"转变为教学活动中的"演员"。教师在安排好教学整体进度的情况下,让学生根据自己的实际情况安排课程进度。翻转课堂可以真正实现以学生为中心的自主化、个性化学习，让学生在教学过程中有更多的自由。

（3）教学资源的颠覆。

教学资源须经过教师的二次加工，结合学生的特点，进行科学合理的开发。基于线上线下一体化环境的翻转课堂的教学资源主要是简短的教学视频——"微课"。教学视频通常是为特定的知识点制作，长度为 10 分钟左右。通过媒体播放器播放、暂停、回放教学视频，可以方便学生在自主学习过程中记录学习笔记和反思学习内容。在课堂外观看教学视频不仅使学习变得轻松，还便于一段时间后用于复习和巩固学习内容。遇到问题时，学生可以使用互联网与教师或同学实时交互来寻求帮助。

（4）教学环境的颠覆。

教学环境从课堂内走向了课堂外，将课堂内与课堂外通过网络空间整合成了功能齐全的教学环境—学习管理系统（learning management system，LMS）。LMS 可以帮助教师有效地组织和介绍教学资源、动态记录学生学习进程，及时了解学生学习现状。LMS 可以引导教师做出更多有针对性的教学资源，将课堂互动转变到网络空间中交流，有助于建立学习社区、协作完成学习任务。

翻转课堂是基于线上线下一体化环境的教学模式，它分为课前任务布置、课中重难点探讨、课后拓展提升三个环节。接下来我们通过两个实例来学习翻转课堂是怎样布置课前任务和组织课堂教学的。

3.1.2　设计思路

1．线上自主学习任务的布置

案例 2：

授课主题：高中数学"平面及其基本性质"

授课教师：上海市建平中学青，姚雪

高中数学老师姚老师选择了"平面及其基本性质"这一内容进行基于线上线下一体化环境的翻转课堂实践。她在网上找到一个专门讲平面性质的微课视频，完全可以直接使用。为了激发学生兴趣，姚老师决定再录一个讲授几何与生活的视频。她把这两个视频连带着自主学习任务单发给了学生。

学习任务单的具体内容是：①认真观看这两个视频。②看完第一个视频，回答平面基础知识的几个问题；看完第二个视频，从自家装修中找到包含了平面及其基本性质的地方。

上课时姚老师发现，学生透露出对几何的强烈兴趣。她还从学生的自主学习单中选出 9 个最有代表性的错误，用作课堂教学的示例素材，成功地完成了本次课教学。

表 3-2　"平面及其基本性质"学习任务单

一、学习指南
认真观看这两个视频，先学习"平面及其基本性质的基础知识"，再学习"几何的趣味"。学习视频的时候有不懂的地方可以随时暂停、反复观看，直到你认为自己全部理解了视频的内容

续上表

二、学习任务

1.看完第一个视频，回答这几个简单的问题：

①什么叫点动成线和线动成面？

②平面的三个基本公理是什么？画三个图展示出来。

③三条直线相交于一点，能确定几个平面？可能有几种情况？

2.完第二个视频，回答这几个简单的问题：

①你学过的诗歌里面有哪几句包含了平面及其基本性质？

②你觉得你们家的装修中哪里包含了平面及其基本性质？

③附加题：你在生活中，还有什么有趣的东西和有趣的故事能与平面及其基本性质有关？分享给我们可以加分哟！

三、困惑与建议

从以上案例可以看出，基于线上线下一体化环境的翻转课堂课前任务有以下几个要点：

第一，要锁定明确的教学目标。

明确的教学目标可以使学生在课前自习时注意力更集中，更有学习的自动力。

第二，要有明确的"学习任务单"。

所谓"学习任务单"，是教师设计的用以帮助学生在课前明确自主学习的内容、目标和方法，并提供相应的学习资源，以表单为呈现方式的学习路径文件包。设计好"学习任务单"能让学生根据个人需要有一个自定进度的学习，即让每个学生按照自己的步骤学习，取得自主学习实效。

学习任务单的设计应包含学习指南、学习任务、问题设计、建构性学习资源、学习测试、学习档案和学习反思等项内容。一个好的学习任务单，是以培养创新型人才为根本目标，以任务驱动、问题导向为基本方式，注重发展学生高级思维能力，是成功开展基于线上线下一体化环境的"翻转课堂"的有效方式，是发展自主学习能力的有效支架。

第三，课前任务的完成情况要成为课上教学的依据。

基于线上线下一体化环境的"翻转课堂"模式下的教学，必须呈现如何解决好"课前导学"与"课堂指教"的结合问题。课中全部采用学生"学习任务单"中的典型错误案例，指导学生掌握方法，解决常见的问题。因为案例来自于学生的"真"问题，所以课堂共鸣效果好，师生有"真"互动，类型化问题得以当堂解决。把学生课前学习的困惑、问题、典型错误，以原生态截图的方式呈现在课堂，将学生存在的问题转化成为课堂教学的资源，是一种把"课前导学"呈现在当堂教学的巧妙方式。

表 3 – 3 课前"自主学习任务单"设计模板

一、学习指南
1. 课题名称 　　提示：用"版本＋年级＋学科名＋内容名"表示
2. 达成目标 　　提示：用"通过观看教学视频(或阅读教材、或分析相关学习资源等)和完成'自主学习任务单'给出的任务＋谓语＋宾语"表达
3. 学习方法建议 　　提示：注意，有就写，没有就不写，不要"喧宾"夺了"任务"之"主"
4. 课堂学习形式预告 　　提示：简要说明课堂教学组织形式，也可用流程图代替。其目的是使学生明确自主学习知识与课堂内化知识的关系
二、学习任务
通过观看教学视频自学(或阅读教材，或分析提供的学习资源)，完成下列学习任务：(提示：含必要的提示等帮助性信息)
三、困惑与建议
(提示：此项由学生自主学习之后填写)

2. 线下课内学习活动的组织

案例 3：

授课主题：中学物理课"磁体与磁场"

授课教师：苏州阳山实验学校，唐建华

教学过程：本节课按照自主学习效果检测—课堂拓展实验探究—优秀小组展示—随堂作业测评的步骤展开。唐老师在课堂一开始便进行了自主学习检测。课堂检测既要能检查自主学习的成效，也要让学生体验到学习的成就感。因此检测难度不要超过课前学习任务单中的难度。接下来让学生对学习中有难度或有其他探究价值的内容开展协作探究活动。教师引导学生观察磁性写字板，提出关于磁体和磁场的各种问题，并通过动手实践——验证。然后请小组代表上台展示本组协作学习成果，以及存在的困惑等。最后又进行了课堂进阶练习，较之于课堂检测，逐步增加作业难度，以达到巩固知识的目标。

图3-2　自主学习效果检测

图3-3　课堂拓展实验探究

教学评价：唐老师根据学科特点以及学生现有学具，作了课前探究和课堂探究的区分，使学生在家里就已经完成简单的探究，在课堂上，有足够的时间协作探究难度高的探究活动，弥补了传统教学之不足，大大提高了学习效率。在这样的课堂中，形成性评价伴随整个学习过程，学生的智慧被激发出来，课堂呈现出了不一样的生命力。

基于线上线下一体化环境的翻转课堂"四步法"。

唐老师的翻转课堂在学生完成自主学习的基础上，把课堂教学活动规划为课堂检测、进阶作业、协作探究、展示质疑等四个环环相扣的环节，这也是"基于线上线下一体化环境的翻转课堂课内活动四步法"。

第一步，课堂检测。指进入课堂教学活动，首先检测学生自主学习成效。检测的难度与自主学习任务单和教学视频相当，主要目的是帮助学生体验学习成就感，从而为接下来的进阶作业挑战做好心理准备，而不是常规的查漏补缺。

通过课堂检测，既可以让学生体会到学习所带来的成就感，又可以查漏补缺，还可以帮助学生巩固已有的学习成果。但是，课堂检测不能支持学习深度的拓展，所以，有必要通过进阶作业得到新的提升。

第二步，进阶作业。指在完成自主学习任务单和课堂检测的基础上，让学生当堂完成课堂作业，作业的难度应该体现"最近发展区"的思想，较之于课堂检测，逐步增加作业难度。学生完成进阶作业，可能会碰到困难，但是没有关系，接下来的协作探究会帮助学生解决这些困难。进阶作业有助于学生向学习深度拓展，分析并解决比较复杂的问题的能力将得到发展。

第三步，协作探究。指进阶作业之后的教学环节，旨在让学生对学习中有难度或有其他探究价值的内容以及理化生实验项目开展协作探究活动。通过同学之间的信息分享与思想碰撞，从而形成有发现、有拓展、有深度的学习。协作探究之后，进阶作业阶段的困难可能已经解决，即使还有没解决的，那也没有关系，还有展示质疑帮助学生完成学习任务。协作学习是创新的好形式，可以帮助学生分享信息，借鉴成果，碰撞思想，迸发智慧创新。同时又是帮助学生发展语言表达能力和社交能力的好方法。

第四步，展示质疑。指各小组推荐成员展示本组协作学习成果，包括取得成果的方法，以及存在的困惑等，其他学生对展示提出质疑或讨论。展示质疑，有助于发展学生逻辑思维和口头表达的能力，对于其勇气和自信心是一个很好的培养方法。更为重要的是，能够帮助学生发展发现问题的能力，能够发现问题，才会有解决问题的冲动，从而为创新创造条件。通过展示质疑，之前存在的困难可能已经被解决，也有可能仍然存在。教师发现问题之后，可以采取问题引导的方法帮助学生自己发现矛盾，解决问题，同时进一步收获学习成就感。

从这一案例可以看出，组织一堂优秀的基于线上线下一体化环境的翻转课堂课内活动，需要做到以下几点。

（1）课堂活动高度细化；

（2）各种教学策略的运用；

（3）有形成性评价和总结性评价。

受到以上案例的启发，周老师又开始大刀阔斧地进行课堂学习活动的改革。

3.1.3 设计案例

1. 教学设计方案 V2.0

本节一开始"情境导入"中提到的周老师，在学习了有关基于线上线下一体化环境的混合式学习和翻转课堂的相关理论与实践知识后，开始了他的翻转课堂教学设计改革。

翻转课堂案例解析

周老师首先进行的是课前学习的改革。他在有原有教学资源基础上，制作了一个简单生动的微课视频《怎样让猫吃辣椒》，并通过网络平台发布了一个讨论话题：怎样看待在社会主义改造和改革关系中有人提出的"早知如此，何必当初"的观点？

图 3 - 4 微课视频《怎样让猫吃辣椒》截图

接下来，周老师开始布置课前学习任务，并制定了相应的考核评价标准。

任务一：认真观看微课视频《怎样让猫吃辣椒》，回答本视频主要内容是什么？并思考视频最后提出的问题。（课内前 5 分钟随机提问）

任务二：带着微课问题去阅读教师提供的三个网络资源，并寻找答案。（课内讨论发言

加分）

任务三：进入"世界大学城"空间群组，参与讨论"早知如此，何必当初"的观点。（参与评论加 5 分，有理有据再加 5 分）

周老师开始了基于线上线下一体化环境的翻转课堂课内活动实践。在课堂上，他首先播放了微课视频并提问：什么是和平赎买？和平赎买具体怎样实施？然后给出三个案例，由学生分组讨论资本家们为什么能接受和平赎买政策。最后点评空间讨论：如何认识"早知如此，何必当初"的观点，希望突破知识难点。

表 3-4 　"对民族资本主义工商业的社会主义改造"教学设计 V2.0

教学内容	对民族资本主义工商业的社会主义改造		专业	公共课
授课对象	高职一年级		课时	1 课时
教学目标	知识目标：要求掌握对民族资本主义工商业的社会主义改造的具体内容和方法。 能力目标：社会主义改造和改革关系的辩证思考能力。 素质目标：对党和国家政策的高度认同感			
教学重点	对民族资本主义工商业的社会主义改造的具体内容和方法			
教学难点	从社会主义改造与改革关系中，如何评价社会主义改造？			
教学策略	翻转课堂			
教学步骤	教师引导	教学资源	学生活动	时间分配
课前	1. 制作微课，上传空间 2. 在世界大学城网站的教研苑发布主题：如何看待"早知如此，何必当初"的观点？		1. 观看"怎样让猫吃辣椒"微课 2. 参与讨论并回复主题	课前
导入新课	设问：如果你是民族资本家，你愿意将自己一手创办的企业交给国家进行社会主义改造吗？			2 分钟
任务一 和平赎买的含义与内容	播放微课视频并提问：什么是和平赎买？和平赎买具体怎样实施？	微课	根据微课内容回答	10 分钟
任务二 和平赎买政策为什么能够成功实施？	微课最后提出问题：资本家们为什么能接受和平赎买政策？	案例 1：刘少奇 1949 年天津座谈会。 案例 2："红色资本家"荣毅仁。 案例 3：公私合营前后的北京同仁堂	根据三个案例分组讨论并总结和回答问题	15 分钟
任务三 如何评价社会主义改造	点评空间讨论：如何认识"早知如此，何必当初"的观点？	空间教研苑	随机抽答	15 分钟
总结	我国的社会主义改造的基本完成是一个历史胜利，不能因为改造过程中出现的一些失误就否定社会主义改造的历史意义			3 分钟

这一次课堂学习气氛较之以前有了较大改善,学生们讨论得比较热烈。但周老师认为通过这种方式来解决教学重难点效果并不明显,整个学习过程仍然是以教师主导为主,学生的主体性并没有完全发挥出来。

2.教学设计方案 V3.0

通过前文对基于线上线下一体化环境的翻转课堂学习活动组织的分析,周老师又开始了他的教学设计方案 V3.0 的探索。课堂开始,周老师再次播放了微课视频,以加深同学们对微课内容的理解。视频结束后,进入课堂探究时间:民族资本家为什么能接受和平赎买的政策?周老师请出部分同学进行十分钟的情境再现,然后让同学们根据情景模拟内容和课前阅读的材料来分析思考,总结出民族资本主义工商业改造成功的原因。

关于社会主义改造的经验教训,教师采用了在线讨论加上同伴互评的方式,由学生点评其他同学的在线回答,最后教师总结。

表 3 - 5　"对民族资本主义工商业的社会主义改造"教学设计 V3.0

设计摘要				
教学题目	对民族资本主义工商业的社会主义改造			
课程	政治概论	学时安排	1 课时	专业 公共课
所选教材	《毛泽东思想和中国特色社会主义理论体系概论》(2013 版)高等教育出版社　作者:秦宣等			

设计依据

本课程为思政课程,本次课又涉及历史,没有操作,不需要运算,完全是理论知识。如何才能提升学习兴趣,加深对政治历史问题的理解?以微课视频《怎样让猫吃辣椒》引入,引发学生的思考。同时,用体验式教学策略,让学生扮演政府代表和资本家代表进行谈判,将双方的立场、观点和态度呈现出来。在活动准备过程中,学生要查阅相关资料,体会当时的情境,由此加深理解,增强对党和国家政策的认同感。而角色扮演活动只涉及部分同学参加,其他同学则通过在课堂内观看活动、小组讨论并总结民族资本家接受和平赎买政策的原因,达到理解这一政策的目的。同时,全员参与在线讨论——如何看待"早知如此,何必当初"的观点,达到突破难点的目的。

一、学习目标与内容

1.学习目标

(本教学设计依据"布鲁姆教学目标分类法")

(1)记忆:和精准扶贫相关的重要数据。

(2)理解:精准扶贫与全面小康的关系,精准扶贫的内涵与路径。

(3)应用:实践参观株洲市城市规划馆和民企唐人神集团,感受社会主义改造完成后株洲工业文明的发展,以及非公有制企业的作用。

(4)分析:能辨析在社会主义改造和社会主义改革过程中"早知如此,何必当初"的观点,培养历史唯物主义观。

(5)评价:正确认识社会主义改造过程中出现的失误和偏差。

(6)创造:能通过政府和资本家谈判的角色扮演活动,体会政府代表和资本家代表双方的态度和策略。提升深度学习的能力。

(其中:(1)(2)为重点,(4)(5)为难点,(3)为课后实践活动,(6)为分层任务)

续上表

2.学习内容

（1）教材分析：本内容是对民族资本主义工商业的社会主义改造理论的理解与评价，是公共必修课《政治理论概论》课程中第一部分毛泽东思想中"社会主义改造理论"的重要内容。
（2）学习形式：翻转课堂、角色扮演、在线主题讨论、社会实践。
（3）学习结果：学生活动视频、在线讨论存档、电子相册、学生PPT

3.学习重点及难点

教学重点：对民族资本主义工商业的社会主义改造的具体内容方法以及意义。
教学难点：如何评价社会主义改造

二、学习者特征分析

本课程开设于高职一年级下学期，学生高中学习基础不扎实。同时，在注重专业技能培养的校园文化中，思政课程不受重视。而本次课选取的内容"对民族资本主义工商业的社会主义改造理论"，离学生的现实生活太远，容易产生厌学情绪。他们喜欢与生活实际相关的话题，喜欢动手操作。本次教学应力求将学生兴趣点与理论知识结合起来，将理论知识与实践感受结合起来

三、学习环境选择与学习资源设计

1.学习环境选择

网络环境："世界大学城"网站；并且教室可以联网	教室环境：活动桌椅，在课前将桌椅摆放成座谈会的场景，以方便表演活动进行	

2.学习资源类型

PPT	5分钟微课资源	网络课程
网络资源		

3.学习资源内容简要说明（说明名称、网址、主要内容）

（1）自制"怎样让猫吃辣椒"5分钟微课视频。
http：//www.worlduc.com/blog2012.aspx？bid＝23282966
（2）网络资源：《"红色资本家"荣毅仁传奇一生》。
http：//gb.cri.cn/3601/2005/10/31/1266@761105_1.html
（3）网络资源：《百度百科——统购统销政策》
https：//baike.baidu.com/item/统购统销/2174747#3
（4）网络资源：《刘少奇1949年在天津市工商业家座谈会上的讲话》
https：//news.qq.com/a/20111116/000906.htm
（5）空间群组讨论：如何看待"早知如此，何必当初"的观点？
http：//group.worlduc.com/GroupShow/Topic.aspx？tid＝4992705

四、学习情境创设

1.学习情境类型

问题性情境	角色扮演情境	在线互动情境

续上表

2. 学习情境设计

(1)问题性情境：观看微课视频"怎样让猫吃辣椒"，回答本视频主要内容是什么？并思考视频最后提出的问题：资本家们为什么能接受和平赎买的政策？
(2)角色扮演情境：设问"如果你是民族资本家，你愿意将自己一手创办的企业交给国家吗？"然后进行政府代表与民族资本家代表的谈判角色扮演活动，从各自的立场提出解决问题的方法。
(3)在线互动情境：空间平台参与"早知如此，何必当初"的话题讨论。

五、学习活动组织

1. 自主学习设计

类型	相应内容	使用资源	学生活动	教师活动
自学解决问题	问题：资本家们为什么能接受社会主义改造政策？	微课视频"怎样让猫吃辣椒"	观看微课，思考微课问题	制作微课，引导学生思考

2. 协作学习设计

类型	相应内容	使用资源	学生活动	教师活动
角色扮演	政府代表和资本家代表座谈	网络资源	自撰脚本、自编自导自演	过程指导
同伴互评	互评在线讨论的回复观点	群组讨论	在线群组讨论，现场互评	引导学生思考，拓展思维

3. 教学结构流程的设计

教学步骤	教师引导	提供资料	学生活动	评价量规	时间分配
课前	(1)制作微课视频并上传至空间。(2)教研苑发布主题：如何看待"早知如此，何必当初"的观点？	(1)"世界大学城"空间(2)互联网	(1)空间观看并学习微课视频。(2)参与教研苑讨论并回复主题	(1)翻转课开始时就视频内容随机提问(2)参与在线讨论。（参与的加5分，评论有理有据的再加5分）	课外30~45分钟
课中1	在线播放微课视频《怎样让猫吃辣椒》	在线微课视频	讨论并思考总结微课的内容	回答计分	10分钟
课中2	提出微课视频最后的问题：除了和平赎买，国家还采取了什么策略让资本家们接受社会主义改造呢？	(1)1949年刘少奇的天津座谈会(2)1954年国家统购统销政策(3)红色资本家荣毅仁	(1)角色扮演活动：政府代表与民族资本家代表座谈。(2)小组讨论活动	回答计分	15分钟

续上表

教学步骤	教师引导	提供资料	学生活动	评价量规	时间分配
课中 3	点评空间主题讨论：如何看待"早知如此，何必当初"的观点？	空间教研苑	学生互评	答题计分	15 分钟
课后拓展	资本家们是否都是自觉自愿地接受了社会主义改造？	视频资源：民族资本家们的各种心态	课后观看	不计分	课外 3 分钟
课外社会实践	(1)参观株洲市规划展览馆。 (2)参观著名民企唐人神集团	教师带队	制作电子相册或 PPT	认真完成，图文并茂，有真实的实践感受，加分	课外 90 分钟
教学小结与体会	(1)将学生自主学习活动进行分层设计。一般性自主学习即要求学生观看视频、参与在线话题讨论。深入自主学习则设计了一个学生角色扮演活动，用体验式教学法，让学生切实感受到中国共产党在社会主义改造过程中创造的伟大实践，让资本家自觉自愿地接受社会主义改造。这一活动既提升了学生兴趣，提高了参与度，还增强对党和国家政策的认同感。 (2)微课视频：以"怎样让猫吃辣椒"的故事引入，增加视频的生动性。 (3)下课前留下一个探究式问题：资本家们是否都自觉自愿地接受了社会主义改造？请大家课后观看另一个视频《民族资本家们的各种心态》				

七、学习评价设计

1. 测试形式与工具

课堂提问	在线讨论回复	分层任务

2. 测试内容

(1)课前任务中，有一项是观看微课视频，翻转课开始时就视频内容随机提问，以检验学生课前学习情况。

(2)参与在线讨论。参与的加 5 分，评论得有理有据的再加 5 分。

(3)课堂设计了一个角色扮演活动，本活动是分层任务，一部分同学参与角色扮演，其他同学点评并参与讨论，让不同层次的同学都能找到自己的位置。每次小组回答问题都会计分，而参与角色扮演活动的同学，由于课前要付出更多的努力，所以计分较高

3. 教学设计点评

在这一次的教学设计中，周老师将"什么是和平赎买政策"这一内容提前，让学生自学完成；而将"为什么采用和平赎买政策"的内容放在课内，由教师引导和学生协作讨论来完成。周老师重构了学习过程，这一次，同学们的学习参与度很高，学习效果非常好。

基于线上线下一体化环境的翻转课堂知识的传递过程通过自学完成，知道"是什么"；而知识的内在本质揭示，知识的横向联系，在课堂上完成，通过知识的内化解决"为什么"。这

就是将传统课堂中课内与课外学习任务"翻转"过来的实质。

3.1.4　设计总结

以"翻转课堂"为典型模式的混合式学习是一种基于线上线下一体化环境的教学设计，彰显了学生的主体性原则，使课堂真正的"对话"成为可能。基于线上线下一体化环境的翻转课堂"翻转"的不仅是课堂教学结构，更应该是教学理念和思想的翻转：关注学生的个体发展，关注学生个性化的需求，满足学生不同的发展需要。

无论是在线学习环节还是课堂讨论环节，都存在学习共同体的构建。学生通过学习上的交互活动，能够解决学习过程中衍生出的问题与疑问。对于在线学习环节，学生需要根据自身的情况确定自身的学习路径，学习路径的确定体现了学生在线学习个性化的情况。对于线下讨论环节，不同的学生在学习过程中可能存在解决个人的特定问题的需求。学生在讨论过程中，是否产生特定的问题或能否得到解决，体现了线下学习的个性化问题。学生学习活动的个性化程度从另一个角度反映了学生学习的主动程度，而激发学生的兴趣，提高学生学习的主动性是终身教育的一个重要目标。

3.2　基于移动互联网环境的教学设计

中国互联网络信息中心（CNNIC）发布的第 43 次《中国互联网络发展状况统计报告》显示：截至 2018 年 12 月，我国手机网民规模达 8.17 亿人，全年新增手机网民 6433 万人。网民中使用手机上网的比例由 2017 年底的 97.5% 提升至 2018 年底的 98.6%，手机上网已成为网民最常用的上网渠道之一。在手机迅速普及的时代，大学生作为新兴的一代，无疑是使用手机频度最高的社会群体之一。移动互联网所具有的便携性、实时性、高效性等特点，以手机为代表的移动智能终端正以势不可挡的势头吸引着学生有限的注意力和精力。大学生对它的依赖已经超过了传统的互联网以及其他的媒体和书籍资料，成了大学生信息来源的主要渠道，以及大学生生活和交流的重要组成部分。但是手机的使用有时也给课堂教学带来一些负面影响。因此，如何结合当代大学的特点，使智能手机成为课堂教学的辅助工具，提高学生的学习主动性，成为新的研究热点。

3.2.1　设计基础

1.情境导入

黄老师是一名从教二十余年的老教师。平时上课总是娓娓道来，很受学生欢迎。可是近几年来，她发现学生越来越难"教"了。智能手机及其丰富的功能、发达的移动通信网络和强人的云计算、存储和交换技术，使得学生可以在上课时尽情地享用手机带给他们的快乐与满足感，很多学生成为"手机控"，手机甚至成为少数学生逃课和作弊的利器。有人建议她上课前让同学们把手机集中上交，下课后再领走。黄老师并不想这样做，她希望营造一个宽松、平等的教学环境。而且，她的疑惑之处在于收了学生的手机，就能收回他们的心吗？黄老师和同事们交流这个问题时，有位老师说道："其实不是手机在跟课堂教学争夺学生，手机是不会争夺任何对象的。"

听了这句话，黄老师若有所思。技术创新本身不能决定其使用效果的好坏，决定的因素是人不是物。让学生摆脱手机诱惑，回归课堂已经成为教师必须面对的"新常态"。既然学生成了"手机控"，能不能把自己变成"控手机"？并进而借助手机更好地控制课堂，用手机帮助教师找回学生那颗被放逐的心？如果这样，手机就不再是一种分散学生精力、干扰课堂教学的现代"玩物"，而是课堂上教师教和学生学的得力助手。

2. 教学环境分析

如今，用移动智能终端(手机、平板电脑等)上课已经不再是新鲜话题，基于移动互联网环境的信息化教学也越来越普及。现代教育从电脑到移动再到智慧互联也已是可预见的未来。随着计算机技术、网络技术和通信技术的飞速发展，信息技术环境下人们的学习方式和技术也经历了从低级到高级的演变历程。一种全新的学习模式——移动学习被认为是未来学习不可缺少的一种学习模式。

(1)什么是移动学习。

移动学习是继数字化学习(E-learning)之后出现的又一新型学习模式。全国高等学校教育技术协会委员会的定义：移动学习是指依托目前比较成熟的无线移动网络、国际互联网以及多媒体技术，学生和教师通过利用目前较为普遍使用的无线设备(如手机、平板电脑、笔记本电脑等)来更为方便灵活地实现交互式教学活动，以及教育、科技方面的信息交流。

(2)移动学习的特点。

移动学习与其他形式的学习相比较，具有学习便利性、交互快捷性、情境相关性和学习个性化的特点。学生可借助移动互联网技术实现随时随地的学习。

学习便利性：智能终端的应用给学习带来了便利，学习者可以随时随地在学习，不受时空限制。

交互快捷性：微信、QQ、微博等即时通信工具，可以被移动学习采用。目前越来越多的移动学习 APP 具备实时通知和同步投影功能，这也为移动学习提供了快捷的交互方式。

情境相关性：移动学习发生在真实的情境中，学习者参与的问题、讨论、调查和探究都是发生在正式的环境中，具有现实相关性。真实的情境可以让学习者获得更加深入的理解。

学习个性化：学习者根据自己的特点和学习需求，在云计算和大数据分析之下，能够掌握学习进度、学习时间和地点、学习内容等，更符合个性化学习的理念。

3. 移动学习的理论基础

(1)行为主义学习理论。

行为主义认为，学习是刺激与反应之间的联结，所以教师应该加强特定的刺激与反应之间的联结(如练习与反馈)来促进学习。这一理论在技能型训练课程中发挥了较大的作用。类似"英语流利说"等移动 APP 学习平台主要基于行为主义学习理论开发，每天推美语对话，支持学习者进行英美电影电视配音，并可以自动为英语口语练习打分。

(2)建构主义学习理论。

建构主义认为，知识不是通过教师传授得到的，而是学习者在一定的情境下，借助老师和学习伙伴的帮助，利用必要的学习资料，通过意义建构的方式获得的。各种智能化的移动设备不仅是信息传递通道，也是信息管理的工具。而移动技术的发展，也使移动设备获得了强大的情境感知能力。例如"超星学习通"APP 的网络直播功能，可以在真实工作环境中进行现场教学直播，或由学生在现场进行实操练习直播，更加生动直观地内化知识。

（3）社会化学习理论。

互联网进入 web 2.0 时代后，人们借助 web 2.0 技术，通过社交媒体促进个人、团体和组织的知识获取、共享以及行为改善。社会化学习伴随非正式学习而来，随着社交媒体和移动技术的普及，社会化学习广泛发生在社交论坛、博客、微博、微信等。学习者可以创建信息、分享知识，并可以在移动中或远程工作中参与学习。

4. 教学模式选择

（1）微课教学。

微课是指由老师针对某一个知识点制作的 3 ~ 5 分钟的微视频所组成的课程资源。微课的本质是教学资源，也是为移动环境而生的碎片化教学资源。利用手机移动教学 APP，老师可以轻松地把微课视频推送到学生的手机上，移动教学软件还可以记录并反馈学生对每段微视频的观看时长。

（2）JiTT 教学。

JiTT 全称 Just - in - Time Teaching，即"即时反馈适应型教学"，是一种新型的教学策略与教学模式。它将网络与课堂相结合，适时教学建立在"基于网络的学习任务"和"学习者的主动学习课堂"二者交互作用基础上的一种新型的教与学的策略。JiTT 教学的本质是学生的课外准备和课堂活动组成的即时反馈循环，并且课堂活动是由课外准备决定的，其主要目的是促使学生反馈问题，从而引导教学，并激发学生的学习兴趣。

移动教学 APP 可以实现信息的即时送达和反馈，这是原来 PC 架构下的教学平台无法比拟的，对实施即时反馈和适应性教学具有天然的优势。老师课前通过移动平台教师端推送课前学习资源给学生，发送即时通知到学生手机，提醒学生学习，同时创建一个投票、问卷、讨论或头脑风暴等活动，并指定课前学习内容提交学习反馈。教师再据此调整课堂面对面的教学活动，使课堂内容更切合学生的学习需求。在课上，教师作为课程活动的设计者和学生学习的指导者，学生则通过参与教师组织的讨论、辩论、实验或实际的动手操作等活动，提高学生的学习兴趣和学习效率。

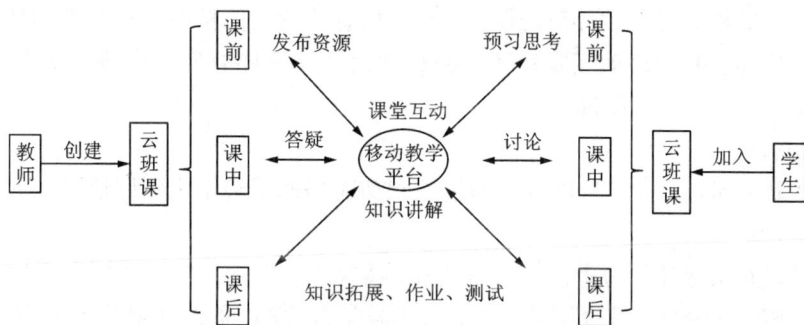

图 3 - 5　JiTT 教学模式

（3）活动学习。

基于移动互联环境的特点，我们也可以选择活动学习模式。活动理论强调了活动在知识技能内化过程中的桥梁性作用。即在实践活动中的学习，以问题为中心组成学习团队，在外部专家、教师或团队成员的帮助下，主动学习，不断质疑，分享经验，从而解决问题。

在这一教学模式下,移动学习作为一个完整的学习系统。活动理论中基本单位是活动,活动系统包括工具、主体、客体、规则、共同体、分工六个要素。主体就是学习者,客体包括微型学习的目标、任务和内容。工具就是学习环境,包括手机、平板电脑等各种移动终端。共同体是与学习主体共同完成任务的其他学习参与者。在活动学习模式下,还要制定出任务完成规则、协作交流规则和学习评价规则等。学习共同体在参与活动中需要分工和协作,扮演不同的角色,完成各自的任务。

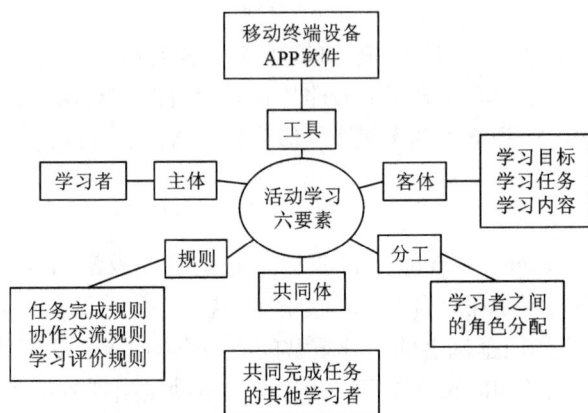

图 3 - 6　基于活动理论的教学模式

3.2.2　设计思路

在教育教学中融入移动互联网,是希望在课堂中改变学生的学习方式,体现学生个性化的学习。这需要有平台技术的支持,但更需要有老师的引导和指导。基于移动互联网环境的教学设计离不开移动学习教学平台,主要实现课堂互动反馈、课下自主学习、学习大数据分析等教学功能。而要实现这些功能,除了信息技术外,整体教学设计也很重要。

1.设计要点

信息化教学的核心是教学环节的设置,它是信息化课堂的核心。只有教学环节设计适当才能达成教学目标。基于移动互联网环境的教学设计一般要有四大模块,分别是班级管理、资源发布、教学实施和教学评价。

(1)班级管理。

教师创建新的班课,并设置助教。通过签到功能快速了解学生到课情况。

(2)资源发布。

教师可以发布富媒体学习资源与教学通知,将文本、图片、语音、视频、网页、PPT课件等各种资源上传,学生自主选择下载学习,做到教学资源的"私人订制",轻松进入"时时学,处处学"的大环境中。同时,教学通知可以点对点推送到个人,有效减少漏通知、误通知的状况发生。

(3)教学实施。

教师可以利用移动云平台实时发起互动投票、头脑风暴、在线讨论、课堂测试等活动,丰富教学形式,提高学生的课堂参与度。而在课下,教师可以进行答疑、讨论、交流、互评等活动,布置课后作业,增强师生之间、生生之间的关联与互动。

（4）教学评价。

利用云计算和大数据分析技术，学生的每一个学习行为，如查看资源、参与讨论、测试答题等都会被详细记录在移动教学平台的后台，教师可以随时调取班级学生的大数据，关注每个学生的学习动态，并根据这些信息客观公正地对学生平时学习状况进行评价。

2. 移动教学平台的选择

移动互联技术打破了实体课堂和网络课堂、线上与线下时空分离状况。在移动互联技术和智能手机没有得到广泛普及以前，在线的网络教学资源大多数情况下也只能课下使用。这种"课上网下"加"课下网上"的混合教学实际上还是时空相分离的，两者之间缺乏内在的有机联结。移动学习平台则使实体课堂和网上课堂血肉般地深度融合，师生借助移动互联网络、云计算技术和各自手中的智能手机、教室里的投影及扩音设备在课堂上可以进行在线的全员实时互动，实现了实体课堂和网络课堂在时空上的统一。

在这里选用"蓝墨云班课"APP作为移动学习教学平台阐述教学设计。蓝墨云班课是一款基于移动网络环境满足教师和学生课堂内外即时反馈教学互动的App，实现教师与学生之间教学互动、资源推送和反馈评价。

3.2.3 设计案例

1. 案例介绍

案例名称：共筑精准扶贫的命运共同体

授课教师：李蔷，副教授，湖南化工职业技术学院思政部

此案例是教育部"2017年全国高校思想政治理论课教学展示活动"二等奖作品。参赛内容为普通高校《毛泽东思想和中国特色社会主义理论体系概论》课程中第五章第三节"全面建成小康社会"的内容，教学时长为1学时。

2. 案例教学设计方案

表3-6 "共筑精准扶贫的命运共同体"教学设计方案

教学课题	共筑精准扶贫的命运共同体		
所属课程	毛泽东思想和中国特色社会主义理论体系概论	采用教材	高等教育出版社《毛泽东思想和中国特色社会主义理论体系概论》 作者：秦宣等
授课学时	1学时	授课对象	全校大一学生
一、课业内容与教学目标			
1. 课业内容			

课业内容：以习近平新时代中国特色社会主义思想为指导，以2017年暑假我校学生在国家级贫困县宜章县进行脱贫攻坚调研实践为案例，阐述脱贫之因，脱贫之思，脱贫之力。以课堂验证"读万卷书，行万里路"，鼓励学生投身伟大的脱贫攻坚实践中。

教学重点：精准扶贫与决胜全面小康的关系。

教学难点：如何理解精准扶贫

续上表

2.教学目标	

知识目标：理解精准脱贫与决胜全面小康的关系，理解什么是"真脱贫""脱真贫"。

技能目标：能根据不同贫困状况提出不同的精准扶贫的对策和建议。

素质目标：培养"读万卷书，行万里路"的精神，提升决胜全面小康的使命感和社会责任感

二、学习者特征分析

优势：许多学生来自农村，部分同学就来自贫困家庭。部分同学在暑假参与了湖南省"情牵脱贫攻坚"社会实践活动，对党的"精准脱贫"有了亲身体验，并渴望与人分享。学生信息化素养较高，接受新事物能力强。

不足：对党的理论、政策理解不深刻，对社会热点问题分析能力不足

三、设计依据和教学策略

依据建构主义学习理论，以学生为主体，在 JiTT 教学模式下，以移动手机教学软件"蓝墨云班课"为技术支撑，实现"线上线下结合"的混合式教学。

四、教学环境与资源准备

1.学习环境

(1)活动桌椅便于分组教学；(2)蓝墨云班课；(3)无线网络覆盖

2.学习资源

(1)教学课件；(2)微课；(3)视频资源；(4)学生扶贫日志和扶贫报告；(5)测试题库。

3.学习资源内容简要说明

(1)使用教材。
中宣部统一教材：《毛泽东思想和中国特色社会主义理论体系概论》
(2)参考资源。
①微课访谈视频：访谈普通学生和参与暑期扶贫调研的学生对精准扶贫的认识。
②蓝墨云班课在线测试、在线讨论、头脑风暴。
③蓝墨云班课教学资源：学生扶贫日志和扶贫总结报告。
④网络资源：中央关于精准扶贫的相关政策；专家解读精准扶贫

五、教学过程

教学步骤	教学设计			时间分配
	教师引导	学生活动	学习资源	
课前准备	①教师创建"精准扶贫与全面小康"班课，并要求学生加入班课。班课邀请码：718100。 ②教师整理学生暑假社会实践的扶贫日志和扶贫报告，并上传至"世界大学城"空间。整理中央关于精准扶贫的相关政策和专家解读精准扶贫的相关文章。通过蓝墨云班课网页链接形式将相关资源推送给每个学生，要求学生阅读。 ③拍摄学生访谈微视频，访谈普通学生和参与暑期扶贫调研的学生对精准扶贫的认识。 ④学生参与课前蓝墨云班课在线测试，教师通过后台查看学生测试结果和数据分析，了解学生课前学习情况		蓝墨云班课 世界大学城空间 微课视频 在线测试 云班课学习数据	

续上表

教学步骤	教学设计			时间分配
	教师引导	学生活动	学习资源	
情境引入	介绍联合国人权理事会上中国关于脱贫的发言与承诺，引出本次课学习主题：精准脱贫与全面小康。访谈微视频，将访谈对象请到教室现场，并通报课前学习情况			3分钟
理论讲解	①通过近年来的扶贫数据来理解精准脱贫与全面小康的关系。②解读习总书记关于精准扶贫的三个关键问题：真扶贫，扶真贫，真脱贫	随机抽取学生答问，考察课前资源学习情况	①蓝墨云班课"抢答"。②权威数据。③PPT	10分钟
学生展示	邀请学生展示暑假社会实践调研报告来，验证精准扶贫政策的落实。	学生展示调研报告	①扶贫调研报告②PPT	5分钟
其他扶贫学生补充展示	①蓝墨云班课作业：在暑假扶贫社会实践过程中，哪些是你感悟最深的事情？②引导其他学生从本组扶贫实践来补充完整精准扶贫"真扶贫，扶真贫，真脱贫"内涵	从建档立卡情况、扶贫干部、其他扶贫措施等来补充，提出个人建议。	学生社会实践图片、 PPT、视频	10分钟
普通学生谈感受	①发布活动：蓝墨云班课在线讨论——听了参与扶贫实践活动同学的汇报，你有什么感想？②总结学生发言。	①学生个别发言。②引出争议性问题：物质帮扶和精神帮扶哪个更重要	蓝墨云班课在线讨论	5分钟
分组讨论	点评蓝墨云班课头脑风暴：物质扶贫与精神扶贫哪个更重要？	小组代表课堂发言，以扶贫经历和本人感受谈对物质帮扶和精神帮扶关系的认识	蓝墨云班课头脑风暴	5分钟
讨论总结	用志气消除思想上的贫困，用精准的方略消除物质上的贫困，用智慧消除贫困的代际传递		PPT	5分钟
总结	①分析学习大数据，点评每位学生的课堂表现。②升华主题：青年兴则国兴，共筑脱贫攻坚的命运共同体，把激昂的青春梦融入伟大的中国梦		PPT	2分钟

六、课后拓展

学生：蓝墨云班课在线讨论：职业教育能为脱贫攻坚做些什么。

教师：即时交流，远程指导

七、特色与创新

1. 以习近平新时代中国特色社会主义思想为指导，以2017年暑假我校学生在国家级贫困县宜章县进行脱贫攻坚调研实践为案例，阐述脱贫之因（精准扶贫与全面小康），脱贫之思（精准扶贫的内涵解读），脱贫之力（共筑脱贫攻坚的命运共同体）。以课堂验证"读万卷书，行万里路"，鼓励学生投身伟大的脱贫攻坚实践中。

2. "教学做养"翻转式教学方法的应用，把知识目标、能力目标和素养目标结合起来。微课访谈视频、世界大学城网络空间、蓝墨云班课移动教学平台等信息化教学手段的应用，将课堂拓展到45分钟外

3.案例教学设计分析

本教学案例采用了"一体两翼"的信息化教学构建方案。其中"一体"是指以合理的教学环节设计为核心,"两翼"是指以蓝墨云班课开展的教学活动和推送的教学资源为支撑。

(1)合理的教学环节设计——"一体"。

信息化教学的核心是教学环节的设置,它是信息化课堂的主轴,只有教学环节设置恰当才能达成既定的教学目标。根据建构主义原则和布鲁姆教学目标理论,课堂教学可分解为四个环节。

情境创设　→　知识获取　→　巩固提升　→　评价总结

图 3-7　课堂教学过程

①情境创设:本案例选用了创设问题情境的方式。在本案例中,教师首先从中国三十年来的减贫成绩开始,带动学生的自豪感,并以中国代表在联合国人权理事会所做的承诺为过渡,引出问题:如何在决胜全面小康的关键三年内解决剩下的贫困人口问题,引发学生思考。

②知识获取:学生课前自学相关资源,课堂上教师就课前自测情况进行重点补充讲解。

③巩固提升:通过课堂活动来巩固教学重点,化解教学难点。

④评价总结:用蓝墨云班课大数据实时记录学生的学习情况,进行过程评价。教师从学习内容和学生表现两个方面进行点评总结。

(2)师生共建共享教学资源——"一翼"。

基于云平台的学习,是学生主动获取知识或技能的自主学习过程。教学资源是开展教学活动的基础,基于移动互联环境"泛在学习"的特点,教学资源应该显现出多样化、立体化、形象化、碎片化的特点。

在本案例中,师生共建共享教学资源的特点非常突出。教师主要从党和国家政策以及理论层面提供精准扶贫相关资源,学生则从扶贫社会实践层面提供扶贫日志、扶贫报告和自身扶贫案例等资源。同时,学生参与头脑风暴、在线讨论等活动的回复内容,也是教学资源的一部分。对于不同资源的"浏览量",反映了学生更倾向于以何种形式学习资源。一般的教学资源包括视频、PPT、参考文档、其他网络学习资源等。从资源查看情况来看,视频资源是浏览量最高的一类资源。同时,学生对自身创建的资源阅读兴趣也比较高。所以,在教学资源建设过程中,一方面教师要结合移动教学的特点,多制作反映教学重难点的微课;另一方面,鼓励学生以合作的形式创建资源,这样既锻炼了自主合作探究的能力,也丰富了教学资源种类。

(3)教学活动实施——"另一翼"。

教学目标的实现主要依赖各种教学活动的开展。本案例的教学实施中教学活动分为课前活动、课中活动和课后活动三个部分。

①课前活动。

拍摄微课访谈视频。随机访谈若干普通学生和参与暑期扶贫调研的学生。普通学生主要访谈学生对国家精准扶贫政策的了解程度;参与暑期扶贫调研的学生主要访谈调研见闻与感受。上课开始播放微课访谈视频,一方面学生看到自己的形象呈现在大屏幕上,既新鲜又兴

图 3 - 8　教学资源展示

奋，注意力被紧紧抓住；另一方面观看其他学生对精准扶贫政策的回答，也是一种对自身知识学习和能力表现的补充和对比。

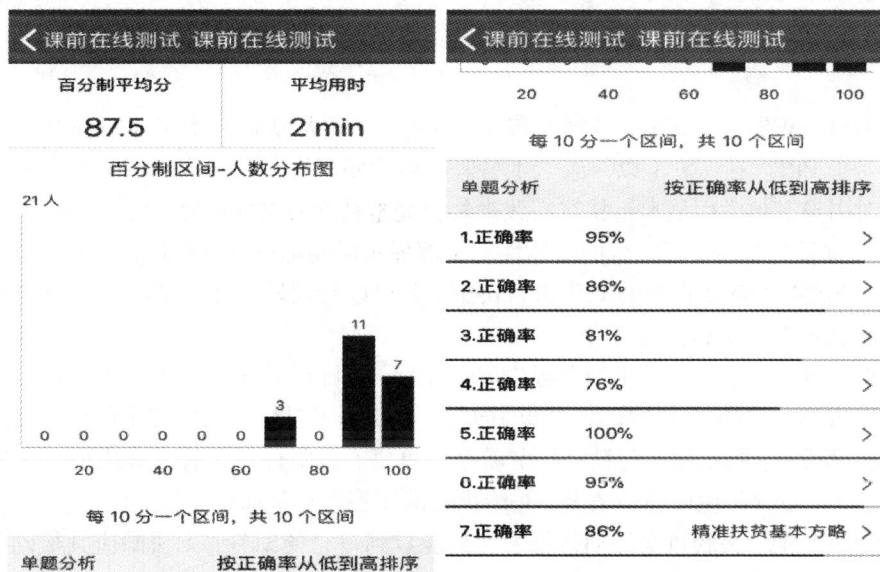

图 3 - 9　课前在线自测数据分析

　　课前在线自测。在线自测全部采用选择题的形式，检测学生课前自学情况。通过云计算大数据分析，教师了解学生资源学习率和在线测试成绩合格率均为 100%，优秀率为 77%。从在线测试结果看出，同学们能正确理解精准扶贫与全面小康的关系，但对精准扶贫内涵、实施难点等问题还有待深化认识。基于 JiTT 即时反馈适应型教学理论，教师在教学过程中会根据课前学习数据分析结果，调整教学策略，加强对重难点的教学力度。

②课中活动。

云班课"抢答"。在本案例中采用了教师讲授加云班课"抢答"相结合的方式，在知识讲解结束后，教师为检验学生吸收新知的情况，就教学中一两个知识点发起抢答，系统自动选择最先抢答的 1 名同学参与课堂活动并给予经验值。在略感紧张刺激的氛围中，学生的课堂表现老师尽在"掌"握。思想政治理论课本质上是价值观教育，具有思想性、政治性和理论性等特点，所以教师的理论讲解和知识引导必不可少。但单纯的知识灌输忽略学生感受，无法取得更好的学习效果。在课堂教学的知识讲解部分，一方面，要以问题为核心，为学生提供充足的信息；另一方面，通过技术手段创设问题情境，推动全员参与，调动学生学习的积极性。

图 3 - 10　学生展示活动

学生调研报告展示。课前，教师发布在线作业：各组从扶贫调研实践中选取感受最深的内容提交一份 PPT。在课堂上以一组学生暑假扶贫攻坚调研报告展示来验证精准脱贫政策的落实。同时引导其他学生从本组扶贫实践来补充完整精准脱贫的内涵，理解什么是"真脱贫""脱真贫"。这里充分显示了学生的主体性。全部展示活动都通过网络进行，可以用蓝墨云班课电脑版，直接打开学生提交的 PPT 进行讲解，并可以看到教师评分情况。其他同学也可以发送评论对展示 PPT 进行同伴互评。

云班课头脑风暴活动。学生调研报告展示完后，教师引导没有参加扶贫调研的同学谈感受。他们即讲到了对参与社会实践活动的向往，也谈到了对精准扶贫实施的困惑，由此引出本次课的教学难点：物质扶贫与精神扶贫哪个更重要。教师打开课前云班课头脑风暴活动投屏到大屏幕上，点评学生回答的情况，并给优秀的回答者点赞加经验值。

现场分组辩论。头脑风暴活动每位学生只能看到自己的回答，无法回应其他同学，只有教师才能看到所有人的回答。为了更好地化解教学难点，教师在点评了几位同学的回答后，再全班进行面对面的分组辩论。将现场学生分为六组，每组经过充分讨论后由小组代表发言，从本人扶贫调研体验和生活实践中发表对这一问题的看法。教师发现，经过面对面的交锋，并在辩论质疑过程中穿插教师的简单点评，这一教学难点被逐渐化解。在讨论物质帮扶还是精神帮扶问题上，应该追求精准，具体问题具体分析。在给贫困百姓"输血"（给资金，政策，引产业）的时候，更要让他们有"造血"（增强内生动力）的功能。这样就进一步阐述了讨论：物质扶贫和精神扶贫哪个更重要？

谭艳	付陈	宋文	刘石东
物质是基础，假如基本生活都解决不了，还谈什么思想教育、引进技术呢？万丈高楼平地起，要从基础打起，如果空有思想，没有物质基础，也巧妇难为无米之炊啊，而且思想跟的上的人，一般想法也多。然而现实情况却无法实现他那不切实际的想法。 2017-09-10 16:20:14	都重要 2017-09-10 14:08:11 👍 0 肖奇超 精神扶贫更加重要，在帮扶调研中观察到一个现象让村民	精神跟物质同等重要，没有孰重孰轻之分，要做到精神跟物质相结合，给予物质同时再进行精神扶贫，进行精神扶贫同时再给予物质扶贫，因人而异，具体情况具体分析才能做到精准扶贫。 2017-09-10 13:40:03 👍 0	我个人觉得精神扶贫相对于物质扶贫更重要，做什么事首先你得有这个想法、有这个意识，你才会去行动，去付出。只有自己努力想去改变这个现状，这个现状才会离你越来越远。而物质扶贫，它毕竟不是一个长远之计，你不可能总是依赖政府的政策，就算你这一代可以依靠政府的帮助，那么下一代、下下代呢？所以我个人

图 3 – 11　云班课头脑风暴活动

精准脱贫"精准"的内涵。

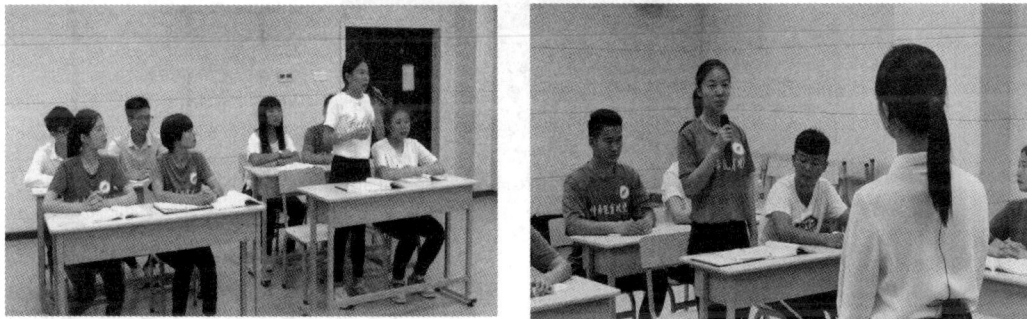

图 3 – 12　现场分组辩论

③课后活动。

为了更好地呼应本节课主题"共筑脱贫攻坚的命运共同体"，教师课后布置一个云班课在线讨论：职业教育能为脱贫攻坚做些什么？学生自主完成，并可参与对其他同学的回复和点赞。

4.案例点评

（1）特点一：始终贯穿"知行合一"的主线。

一方面，通过教师理论讲解、资源自主学习、在线自测巩固等方式吃透理论、理解精准脱贫与全面小康的关系；另一方面，由学生展示在各个贫困地区进行社会调研的实践成果，表达对精准扶贫这一问题的不同角度的认识，充分展示了"读万卷书，行万里路"焕发的力量。现场讨论环节也是各组学生从生活实际出发，以亲身参与的案例来依据讨论物质扶贫与精神扶贫的关系，再由教师从理论高度进行总结。全程体现理论与实际相结合的理念。

（2）特点二：始终关注全体学生，实现全员互动教学。

在课堂上让每一位同学畅所欲言，充分表达自己的意见，进行充分的交流，然后给予客观及时的评价，充分体现了"学生为中心"，这几乎是所有教师的理想。学生展示是教师常用的一种教学策略，但现场展示的同学只是少数人，大部分同学只能当观众。本案例中，教师利用云班课工具，用抢答和"摇一摇"的方式，随机抽取学生回答问题，督促学生提高注意力，达到课堂效率最优化。同时，利用头脑风暴、在线测试、现场辩论等丰富多样的互动活动活跃了课堂气氛，调动了学生全员参与的积极性，强化了知识理论的教授与学习，增加了思想交流碰撞的机会与途径。

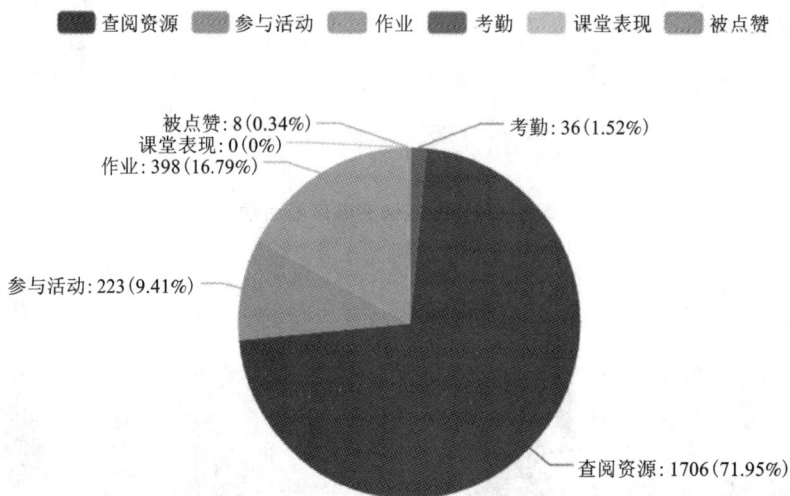

图 3 - 13　班课中成员总经验值按获得方式

（3）特点三：始终关注过程评价和过程管理，教学评价更为客观。

在本案例中，借助云教学的大数据分析功能，教师实时监控学生的学习过程，包括资源学习情况、课堂活动参与情况等，并用及时提醒的方式督促学生点击浏览资源，用点赞加经验值的方式鼓励学生发言。教师通过查阅后台统计数据，分析每位同学的学习情况，并给予客观的过程性评价。

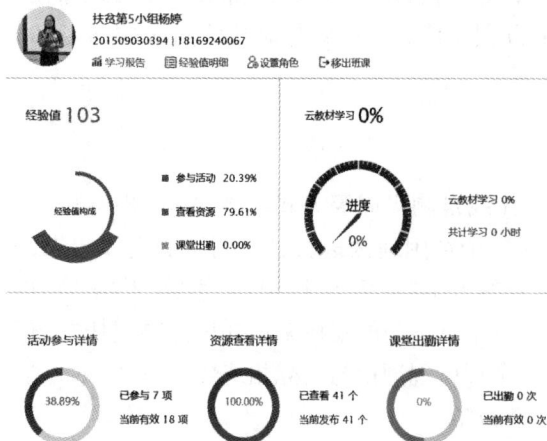

图 3 - 14　某同学经验值汇总

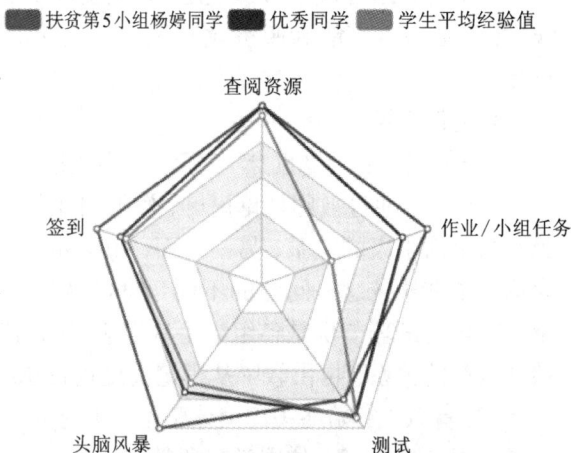

图 3 - 15　某同学经验值对比

5. 拓展案例

（1）案例简介。

案例名称：护理专业《细胞生物学》课程中的实验三——细胞分裂

授课教师：孙晓燕，苏州卫生职业技术学院

授课时长：2 课时

获奖情况：全国第一届"蓝墨云班课杯"高校信息化课堂教学改革案例征集大赛第一名

《细胞生物学》
课改案例

（2）案例整体教学设计。

本次课的教学特色：一是动手，二是微观内容形象化。以实践任务为驱动，建构主义学习理论为指导，行动研究法为手段，将蓝墨云班课融入具体课程的教学过程中，实现自主学习与课堂学习、线上与线下、同步学习与异步学习相结合的混合式教学。

教学重点：如何在显微镜下辨识细胞分裂各期，以及染色体的移动相。

教学难点：如何把细胞—染色体—DNA 这些微小的结构，变成可视化的东西来理解。

（3）案例教学实施。

课前：引导自学。

教师布置课前任务：

①提供云班课手机 APP 的下载网址或者供扫描的二维码图片，提供学生云班课邀请码。

②将具有递进水平的五个不同层次的纸折 DNA 视频上传到云班课资源库，供学生课外自学。其中有任课老师亲自折叠制作的视频《练习本纸折 DNA》，有学生介绍纸折 DNA《双螺旋模型的虚实线叠法》微视频。同时发送通知提醒学生观看。

③在云班课开辟几个云办公室，供学生有针对性地咨询云老师。

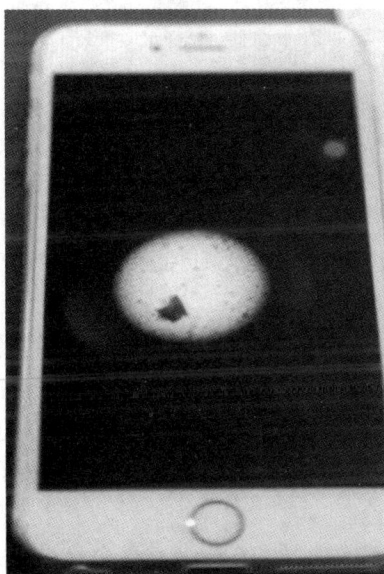

图 3-16 云班课教学资源

学生完成课前任务：

①按照老师提供的学习资源观看五段视频；学生们在前几次课外活动中学会从简单到精熟地用纸折叠 DNA。五个等级的折叠成果，用云班课初赛、决赛的投票方式进行评判，按得票多少得分。

②以宿舍为单位的团队合作，抽签分别制作细胞分裂各期的模型，九个组，抽到一个组做间期，两个组做前期，两个组做中期，两个组做后期，两个组做末期，准备课上展示。

③在老师创设的在线学习场所云办公室里分别和三个云老师讨论细胞分裂话题，就细胞分裂的内容咨询海门实验中学的陈老师，就植物细胞分裂的问题咨询苏州大学史教授，就细胞内染色体和 DNA 关系问题咨询美国杜邦分子生物研究室的朱博士，通过这些云老师们的指导，学习得分。

课中：强化练习。

①云班课签到：请一个学生上来设置签到手势，用蓝墨云班课进行全班点名签到。

②预测：在云班课里，对预习的内容，与云老师讨论的动植物细胞有丝分裂特点，进行预测试，分析对错及百分比，了解预习情况。

③展示目标：用卷纸模拟目镜，边看黑板，边听老师讲解本堂课学习目标。复习双眼睁开看显微镜的技能。

④云班课投票：请一个代表，当场说说细胞分裂某期特点，说出染色单体、子染色体与 DNA 的关系，并讲解"细胞—染色体—DNA"三者的关系。九组细胞分裂模型中投票选五个。

图 3-17　卷纸模拟目镜

图 3-18　小组发言，云班课投票

⑤倒像原理练习：在标本上写"L"，在视野下会看到什么，拍下照片，到云班课讨论模块里分享结果。通过移动标本方向，观察视野方向与之是否反向，学会在实际操作中应用。

⑥云班课讨论答疑：认识显微镜下的马蛔虫卵有丝分裂相，分别由简到难，找到各个时期。用低、高倍镜观察，老师指导，并拍摄视野中照片，即时上传到云班课的分组讨论答疑模块，分享讨论。

⑦同伴互助：老师和学生一起逐个检查每人找的分裂相，进行一对一点评。云老师和其他学生也可以点评、纠错。

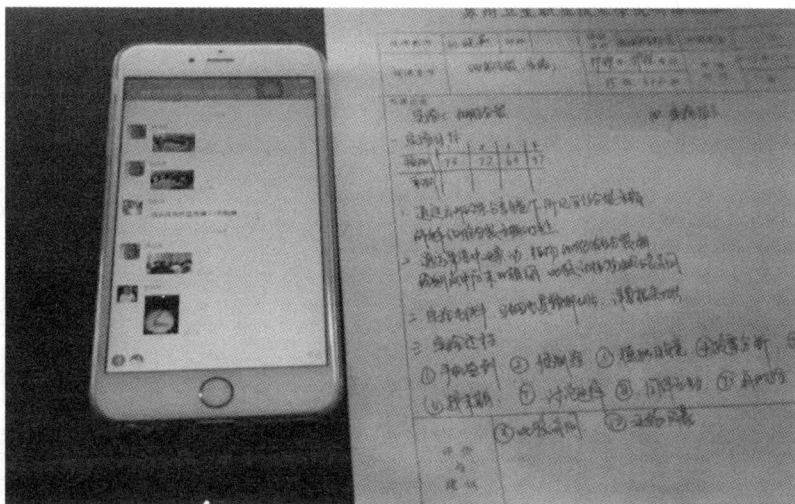

图 3 - 19　云班课在线讨论，上传图片

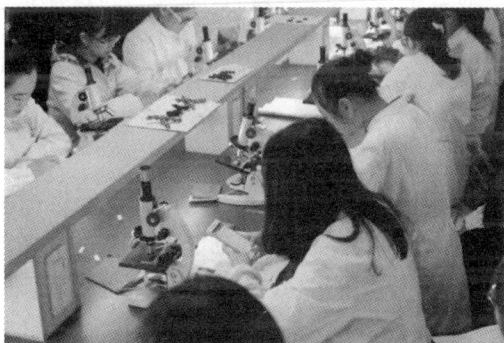

图 3 - 20　观察显微镜

图 3 - 21　同伴互助点评

⑧云班课作业：通过在作业模块上传，互评镜下所见的前、中、后、末四个时期的分裂相，检测自己本次实验任务完成情况。

课后：考核评价。

蓝墨云班课大数据分析功能可以很容易地进行过程评价。学生浏览老师课前上传的资源、完成老师布置的课前任务、课上学习及互动，都可以在云班课自动得到相应的经验值，整个学习过程，也是云班课的过程性评价过程。老师对学生在讨论模块发言表现好的、头脑风暴里总结得好的同学，都可以实时点赞给分。

本次实验课设计，满分假如是 100 分的话，课前、课中、课后任务都做完，得 88 分，还有 12 分的机会是通过课堂表现获得加分，作为机动分值。学习评价主要从以下几个方面展开：①课前深度学习，包括观看教师发布的微课资源、制作细胞分裂模型和三个云老师讨论等；②课中讨论答疑，包括检查预习情况、细胞分裂模型投票优胜得分、分享讨论显微镜下标本情况等；③课后作业评分：教师检测本次实验任务完成情况。

（4）教学设计反思。

第一，通过 ARCS 模型分析学生完成课前任务。

①A（注意）通过给某高中学生制作的细胞模型找茬，吸引注意力。

②R（联系）纸折 DNA 模型、鞋带编织 DNA 双螺旋、团队制作细胞分裂模型，逐次布置这些任务，主要是为了帮助学生理解"DNA—染色体—细胞"之间的关系。

③C（信心）设计课前分五个层次的水平制作 DNA，是为了让学生挑战自己，给自己树立信心，让学生感觉到，只要动起来，总能有收获。

④S（满意）让学生和云班课里的老师互动咨询。老师们的及时回复，使学生在解惑的同时复习了其中的相关知识，提高了学生的满意度。

第二，课前任务课上怎么用，这个问题一定要分析交代清楚。

①课前云班课 APP 的下载，是为翻转课堂课上课下做好充分准备的助手。

②课前折叠和编织 DNA、制作细胞分裂模型等任务，都是为课上观看有丝分裂标本片作铺垫。因为细胞分裂的关键特征就是要辨别染色体的变化，而染色体又是由 DNA 构成的，所以理解 DNA 结构和染色体的关系，对本堂课有至关重要的作用。课前的模型制作，有助于课上辨识。

③课前和云班课里云老师互动，对中学内容查漏补缺，了解细胞分裂的过程和特征，有助于课上的镜下观察。

④课前观看一系列细胞分裂的视频，为课上观察镜下结构奠定基础，也为课上预测和刷新测试打好理论基础。

第三，移动教学平台的选择。

确定选择的平台，如云班课必须能把诸如观看视频资源、投票问卷、测试评分、讨论答疑、头脑风暴、签名报到、提交作业、学生互评、老师评价等一系列活动都能集中在一个平台里。翻转课堂内化知识拓展能力的四步：检测、作业、协作、展示，在云班课里都能体现。

3.2.4　设计总结

以移动互联平台作为课堂辅助教学，课堂活跃度得到提高，教学效率得到提升，促进了教学形成性评价，培养了学生的阅读习惯，课堂学习纬度得到扩充，学生学习空间得到开发，实现了师生互动，增强了交流沟通的粘性。创新"互联网＋教与学"的课堂教学模式，必将成为广大教师改革教学的手段，为提高教学效率和效果奠定坚实的基础。

在教学实践中，也应该把握好以下几点：

（一）要加强学生移动学习的表现和学习实际效果把控

移动互联教学最理想的是在"互联网＋校园免费 Wi-Fi"下进行，因此，对校园网的硬件配套设施有一定要求，网络通畅是必备前提。允许学生课上使用手机，会导致个别自觉性不强的学生课上使用微信、QQ 等 APP 聊天。还有就是有些学生们为了经验值的排名，未对老师上传的课程资源进行认真学习，出现了只在乎经验值，不重视学习内容的现象。因此，教师务必加强对学生课堂现实表现和学习实际效果的把控，学生每学期学习成绩的最终获得要采用过程性考核和终结性考核相结合的办法。

（二）教师必须适应互联网时代高校教学手段的改革

当今社会在变革，科技日新月异，改变着教育的生态环境，挑战着每位教师的教育观念和方式。信息化教学模式的改革，移动教学平台的应用，都对任课教师提出了更高要求。教师要对课程各个环节进行合理巧妙的顶层设计，还要利用更多的课余时间实现师生互动，为此，教师更要与时俱进，教中学，学中做，做中学。教师要抓住当下信息化教学改革的有力契机，合理利用先进教学手段和互联网资源，吸收同行的先进经验，积极主动地投身到一线的教学与课程改革的洪流之中。

（三）信息化教学与移动智慧教育是时代潮流

移动互联网和自带设备为教育信息化提供了一次难得良机，不仅激发了学生内在的学习动力和潜力，也激发了广大教师应用现代教育技术的热情和激情。通过对移动教学平台、资源库建设、翻转课堂的改革和实践，充分利用网络分享前沿的教学资源和素材，能显著提高了学生学习的参与性、主动性和积极性。教师扮演了引导和答疑解惑的角色，充分利用学生的掌上媒体平台，使得学不再厌烦，教不再乏味，寓教于乐。尽管信息技术还不能取代传统的教育，但却助推了高等教育的变革和创新，移动智慧教育与教学大数据服务必将成为教育时代发展的主流。

3.3　基于 MOOC 环境的教学设计

MOOC（大规模在线开放课程）自 2012 年以来，在全世界开始流行，用互联网模式颠覆了传统的教学模式，对传统教学造成冲击。课程组织、教学、考核等模式都产生了巨大变化，大学、职业院校、中小学、教学机构等纷纷加入到了 MOOC 的行列。MOOC 用一根网线便可以连接上世界最顶尖学校的最"牛"老师，在家里和全世界做同学分享学习经验，合作完成作业不再是梦想。当然 MOOC 是一门完整的课程，也是传统课堂进行在线运行的设计与实施。基于 MOOC 的教学设计，顾名思义就是在网络环境下，充分利用网络技术这种交互媒介，对教学过程的各个阶段即教学和学习发生前的准备和计划，在系统方法论的指导下，分析教学目标、研究学习者的特征、准备教学内容、熟悉网络学习环境、规划好学习资源、选择教学模式与策略、指定教学评价方式的一个复杂的过程。在设计 MOOC 时，明确的教学目的和开课目的、完整的教学设计与教学内容、全面的教学评价与课程评价等都是在教学运行中要考虑的。

MOOC 教学的关键字在于名校、名师、精品、开放、免费、移动。对一个学习者来说，他可以随时随地的用手机、平板等移动设备跟着世界上最好的学校、最好的老师，学习最精品的课程，而整个过程是免费的。MOOC 的教学过程会有视频教学、嵌入式测试、课后测试、同伴互评、课程讨论区、线下互动、教学改进等环节。它的教学过程大部分都是在线上完成的。但必须认清 MOOC 不等于课堂搬家，也更不是把传统课堂通过镜头记录下来再传授给学生，如果我们只是单纯地将课堂录下来交给学生，那么教学就根本没有任何改变，只是手写—多媒体—视频教学的模式变化而已。

作为一名老师，如何利用 MOOC 开展教学，进行教学设计呢？我们以一位老师的教学为例,详解基于 MOOC 环境下的教学设计的理念、实施与效果。

3.3.1 设计基础

1. 情境导入

冯老师是高职院校的一名计算机老师,为了提高自己的教学质量,想通过建设 MOOC 版"HTML 网页设计与制作"课程来提升学生的兴趣。但是他对于 MOOC 环境下的教学很陌生,所以决定先设计一个知识点,以便窥豹一斑。为此她的设计还是采用了信息化的常规的设计模式来进行。她不但准备好了教案,还有学习任务单。

表 3 - 7 "HTML 网页设计与制作"教案

教学课题	HTML 5 中的多媒体		
所属课程	HTML 网页设计与制作	采用教材	《Web 前端开发案例教程:HTML + CSS + JavaScript》
授课学时	1 个学时(40 ~ 45 分钟)	授课对象	计算机软件、计算机网络及其相关专业

一、课业内容与教学目标

1. 课业内容

课业内容:

(1)本次课内容选自项目化课程《HTML 网页设计与制作》,第二部分核心技术中的教学任务"HTML 5 中的多媒体"属于静态网页内容。利用制作"我的团队"网站主体项目中的"团队介绍"多媒体网页任务为依据,综合了音频标签、视频标签、滚动标签等知识点,综合性和实用性强,能够激发学生兴趣和制作热情。

(2)本次课的教学在网页设计制作核心代码中起到了承上启下的作用,通过"团队介绍"多媒体网页的制作学习,使学生进一步加深巩固了 HTML 静态网页的制作内容,形成了对动态网页的初步认识,并掌握了静态网页的一般开发步骤,为后续课程单元"CSS3 的高级应用"的学习打下了坚实的基础。

教学重点:

培养学生在网页中运用代码添加音频、视频以及滚动文字效果的能力;

解决措施:

课前通过"雨课堂"把本次课相关的学案、微课视频、任务单等发送给学生,通过完成任务单上的"团队介绍"多媒体网页开展课前教学。通过任务驱动、问题引导、操作演示等教学方法,加上课前任务单引导、大学城空间自学栏目等多种学习手段,帮助学生在课前学习教学重点内容。课堂上在针对学生团队完成的情况,进行点评指导,巩固加深学习内容,让学生进一步掌握教学重点内容。

教学难点:

视频标签、音频标签、多媒体标签以及滚动标签的相关属性运用。

解决措施:

通过课堂上对学生团队作品进行点评,解决他们实际操作中遇到的问题,通过任务拓展,让学生在轻松的氛围中进一步理解教学难点内容,通过客观公正的多元化评价和反馈,激励学生学会综合运用知识和技巧,完善"团队介绍"多媒体网页的制作,达到较好的教学效果

续上表

2. 教学目标

（1）知识目标：

①掌握网页音频标签 audio 的概念及属性特点；

②掌握网页视频标签 video 的概念及属性特点。

（2）技能目标：

①掌握添加网页音频文件的方法；

②掌握添加网页视频文件的方法；

③掌握添加网页滚动文字的方法。

（3）情感目标（态度目标）：

①严格遵守 HTML 5 中新增音频和视频标签的规范，感受多媒体资源、动态效果为网页带来的巨大魅力和成功；

②培养良好的团队合作互助精神

二、学习者特征分析

（1）任教班级为三年制高职一年级计算机及相关专业（软件 1511、网络 1511），学生经过前面的课程学习，已能够运用代码制作简单的图文网页，具备学习多媒体网页制作的知识基础。

（2）他们动手操作能力较强，对于专业课程具有浓厚的兴趣，希望通过专业学习提高自己的职业能力，具备制作简单入门级网页的能力基础。

（3）学生关心课程内容能否应用于就业岗位，对于实用性较强的课程表现出迫切的学习愿望。但知识的归纳总结能力和综合运用能力有所欠缺，主动学习意识不强。

（4）根据这些特点，为充分抓住学生的学习兴趣，用实际网站项目创设情境，利用下发任务单、趣味游戏、学习网站等多种教学手段，解决学生在学习过程中遇到的问题，引导学生主动探究和尝试，增强主动学习意识。

三、教学方法和设计依据

（1）教学方法：

本次课中，教师采用的教学方法主要有：

①项目教学法：以"我们的团队"网站中的"团队介绍"多媒体网页开展项目教学，以学生感兴趣的任务贯穿始终，激发学生的学习兴趣和制作热情；

②任务驱动法：根据学生课前完成情况和项目特点，将任务分解为 3 个活动，将知识传授和学生动手实践相结合，让学生在学中做，做中学，做中思考，并学以致用；

③问题引导法：在学习过程中，以发现问题—解决问题—再发现问题—再解决问题—反思总结为主，通过布置任务单，设计问题，引导学生自主探究和尝试，逐步完成制作任务，并掌握知识技能。

本次课中，学生在老师指导下，关注学习任务，主动参与到学习活动中去，多动手、多尝试、多合作、多思考，实现探究学习、协作学习、自主学习策略，真正成为学习的主角。学生主要采用的学习方法如下：

①探究学习法：通过独立探究解决任务单中的问题，促进认知结构的重建；

②协作学习法：通过小组合作，相互讨论互助，在合作中体验学习的成就感；

③自主学习法：利用老师课前下发的任务单、学案、微课视频、大学城空间自学资源以及相关学习网站，进一步了解、学习、巩固新知识，拓展学习。

（2）设计依据：

主要设计依据，从以下几个方面详细说明。

续上表

三、教学方法和设计依据

①教学内容:

整门课程从学生们的实际生活中出发,通过学生感兴趣的"我们的团队"主体网站开展项目教学,充分激发学生的学习热情和兴趣。将完整的网站建设全过程为主线,运用到大学城空间宣传使用作为副线。教学目标明确,内容丰富。

②教学过程:

依据《网页设计与制作》课程标准,紧扣高等职业教育人才培养的理念,创设一个融多种信息化手段和教法、学法于一体的快乐的课堂环境。课前通过雨课堂将预习的问题任务,下发任务单给学生;学生通过手机扫描二维码进入课堂学习,然后采用案例导入对比互动的方法,将学生引入到本次课的主题上;老师进行任务分解,教师利用雨课堂平台发送实时手机测试,同学进行问题参与。让同学们分组利用预习后获取的知识进行页面制作,各小组对各自作品进行点评,提出问题,教师进一步解释说明。课后提供二维码扫描和大学城空间自学地址,鼓励同学们巩固学习。实现预期的教学效果。

③学习策略:

在实践操作时开展小组合作方式,通过交流合作、趣味游戏激发学生的制作热情。在学习过程中利用雨课堂的"不懂与懂"按键的实施记录功能,随时记录统计学生的学习情况,点点滴滴,积少成多。通过雨课堂推送的资源(基础知识、案例、视频)和大学城空间的自学专栏促进自主学习,知识扩展,培养学生的主动学习意识。

④评价方式:

将形式多样的评价激励手段融入教学过程中。学生对完成的我的团队多媒体网页进行互访互评,促使学生相互学习,取长补短。通过网络投票选取优秀作品,激发竞争意识和学习成就感。小组同学及时对自己的作品进行反思和自评,完善自我认知,提升学习能力

四、教学环境与资源准备

1.学习环境

(1)理实一体化录播教室;(2)因特网(无线网络);(3)手提电脑+无线路由

2.学习资源

(1)教学课件;(2)相关学习网站;(3)多媒体资源库;(4)教材、实训指导书;(5)大学城空间平台;
(6)雨课堂平台;(7)项目卡;(8)H5微场景学案教案

3.学习资源内容简要说明

(1)使用教材:《Web前端开发案例教程:HTML+CSS+JavaScript》,胡军,刘伯成,刘晓强编著,人民邮电出版社,2015。

(2)参考资料(H5微场景学案):

(3)大学城空间HTML自学栏目:http://www.worlduc.com/blog2012.aspx? bid=49756695

(4)相关学习网站:http://www.w3school.com.cn/html5/

(5)微课视频

(6)学习任务单

续上表

五、教学过程

教学步骤	教学设计 （含教学内容梗概、方法、手段、活动、任务、资料、教具、评价等）	时间分配
课前准备 任务发放	（1）布置任务： 课前，教师先通过雨课堂推送课前学习任务书、学案和学习微课视频给学生。 任务一：要求同学访问并观察各大网站，选出每个小组最喜欢的多媒体网页。 任务二：各小组在已完成的"我的团队"主体网站的基础上制作添加一个新的多媒体网页，这个网页的样式要根据每组选出的最喜欢的多媒体网页进行模仿；（完成3个要求：①添加音频；②添加视频；③添加滚动效果；）并将此页面发布到大学城空间中。 （2）任务确认： 学生接受任务后，以小组为单位利用网络资源各式各样的多媒体网页，并将自己喜欢的多媒体网页保存，再利用教师下发的学案、微课视频等相关学习资料，自主学习，模仿保存的多媒体页面制作"团队介绍"网页，并发布到大学城空间。 如学生在自学中遇到问题，可以通过雨课堂反馈，或是微信、QQ、电话等方式在线咨询老师，教师将及时回复学生。也可在微信群或QQ群中展开讨论，进一步提高学习效率	—
课前任务 检查反馈	（1）进入课堂学习后，首先请同学们扫描大屏幕上的二维码，进入雨课堂的实时课程学习中，完成班级同学的签到。 （2）组织展示，学生反馈任务完成情况 （3）组织学生团队展示课前任务完成情况，并说明在自学过程中碰到了哪些问题	8分钟
任务点评	（1）课前任务点评： 教师对学生团队的作品进行一一点评，并针对学生团队碰到的问题进行解答。学生根据老师的解答，尝试对问题进行修改调整。 （2）知识检查巩固： 教师通过雨课堂平台可以在线实时发送测试给学生，学生通过手机微信端进行答题，答题结果实时反馈到教师机大屏幕上，教师从答题结果情况来检查学生自学的情况	4分钟
任务扩展	（1）问题引入，任务扩展： 教师通过提问引导学生观察自己制作的网页，引出网页中音频、视频、滚动标签的属性及其设置技巧。 问题：这些大家制作的网站都主要有哪些标签元素构成呢？大家在制作过程主要容易出错的地方主要集中在哪些地方呢？ 学生对各团队网页进行观察思考，并选取代表回答问题。同时其他同学也可通过手机端发送弹幕到大屏幕上，参与问题互动	3分钟

续上表

五、教学过程

教学步骤	教学设计 （含教学内容梗概、方法、手段、活动、任务、资料、教具、评价等）	时间分配
知识点分解	任务分解： 教师进一步说明作为一个具有吸引力的网页，通常情况都包含有视频、音频、动态效果等元素。为了进一步完善"团队介绍"网页这个任务，将它分解为三个活动。 活动一：音频标签属性值设置； 活动二：视频标签属性值设置； 活动三：滚动效果标签属性值设置	2分钟
活动实施	活动一：音频标签属性值设置（技巧点拨，小组合作）。 将各小组制作的课前任务作品再次拿出来进行对比，引导学生通过设置音频标签属性元素值的不同，获得不同的页面效果，并对操作过程中遇到的问题进行点拨，进一步介绍标签属性值设置的技巧。学生通过教师的问题引导和微课技能操作视频展示来尝试操作，并进一步修改网页，从中掌握音频标签属性值设置技巧。 活动二：视频标签属性值设置（组织游戏，分组比赛）。 教师点出音频和视频的添加方法是一致的，但是在标签属性值设置方面有所不同，请各小组根据课前自学的知识，每组提出2个与视频标签属性设置有关操作问题，相互交换给其他小组完成，并相互检查点评各组问题完成情况，教师对同学们操作中遇到的问题，进行即时解答。活动完成后，教师对视频标签的属性设置进一步强调说明，并请同学们配合微课视频进行作品的进一步修改。 活动三：滚动效果标签属性值设置（问题引导，学思并重）。 教师再次打开学生们制作的"团队介绍"网页，看到里面带有滚动文字效果的位置，引导学生们观察，为什么有些组的网页中文字是反复进行滚动的，他们的位置为何也不一样呢？然后提出问题，"如何让滚动文字循环滚动，并设置什么样的滚动速度最合适？"引发学生深入思考（滚动标签属性值设置有何不同，如何找到最时候自己页面的滚动效果？） 学生思考后，请一位同学上台演示操作，其他同学在自己机位上进行操作。教师在活动后，对滚动标签属性值的设置进一步说明	14分钟

续上表

五、教学过程

教学步骤	教学设计 （含教学内容梗概、方法、手段、活动、任务、资料、教具、评价等）	时间分配
总结评价	(1)根据前面活动中掌握的知识点技巧，组织同学们将自己小组完善修改好的"团队介绍"页面通过 QQ 推送给其他小组，老师在雨课堂平台上发起投票，小组自评、互评，选出第一轮课堂比赛的优秀组；再让同学们将课后继续完善的作品放在大学城空间主页或微信上，继续互评(作为第二轮比赛依据，第二轮比赛课后在大学城空间进行)。 (2)课后推进： ①发布网页，并访问其他同学的留言板，将评价写在留言板中。 ②针对学生作品，先小组自评、互评，再教师点评，发布到大学城空间或 QQ 讨论组中	5 分钟
尝试验证	针对老师和同学们对作品的修改意见，请同学们以小组为单位再进一步修改作品	3 分钟
课堂小结	问题：通过制作"团队介绍"网页，我们学到了哪些新的知识？ 要求学生根据学习任务的完成情况，对照评价反思表中"观察点"列举的内容进行自评，并将自评情况通过微信发送	3 分钟
作业布置	提出举一反三的新问题，请同学们课后完成。 问题： (1)如果文字可以进行滚动，那么图片是否也可以进行滚动？如何设置图片的滚动效果？ (2)为网页添加 Flash； (3)制作音乐歌词播放页面制作视频旁白播放页面(二选一)。 并请大家分组思考完成后，通过微信发送到雨课堂平台上	1 分钟

六、教学反思

(1)特色创新：

①通过"我们的团队"主题网站中的"团队介绍"网页制作开展项目教学，教学环节设计以学生为主体，能激发学生的学习兴趣和制作热情。

②采用雨课堂教学平台，可以全程实施反馈学生的学习情况，并开展互动，通过项目引导，自主启发，实施测试、弹雾等手段提高课堂效率，引导学生自主探究，灵活运用，掌握技能。

③通过形式多样的评价和反馈，促进学生正确认识自己的学习情况，改变学习策略，提高学习效率。

(2)不足之处：

①个别小组任务完成情况不太理想，团队协助有待加强。

②小组成员应变能力较弱，完成任务的思路不够清晰，容易紧张毛糙。

(3)改进措施：

①加强团队合作精神和意识的培养。

②课后对学生多进行任务训练，学习思维导图，进一步促进正确认识自己学习状态，改善学习策略，提高学习效果

《HTML 5 中的多媒体》任务单

专业：　　　　　班级：　　　　　姓名：

学习目标：

理解掌握音频、视频标签的概念和标签属性特点。

掌握音频标签、视频标签和滚动标签属性的设置运用。

重点、难点：

重点：网页中添加音频、视频、滚动文字标签的方法。

难点：音频标签、视频标签、滚动文字标签属性的设置与运用。

学习过程：

【环节一】做什么？

任务一：要求同学访问并观察各大网站，选出每个小组最喜欢的多媒体网页。观察大多数受人们喜欢的网页都具有哪些元素，比如：图片、文字、视频、音频或动态效果。

任务二：各小组在已完成的"我的团队"主体网站的基础上制作添加一个新的多媒体网页，这个网页的样式要根据每组选出的最喜欢的多媒体网页进行模仿，（完成 3 个要求：1.添加音频；2.添加视频；3.添加滚动效果）并将此页面发布到大学城空间中。

【环节二】为什么这样做？

理解音频、视频和滚动文字效果在网页制作中的重要性和基本概念。（学习学案）

【环节三】做基础任务——完成任务一、任务二的内容；（学习学案、微课视频以及相关学习网站完成）

【环节四】做拓展任务——多媒体标签怎么用？（学习学案和相关学习网站完成，提示拓展任务主要作为加分项目）

【环节五】做得怎么样？

在制作完成任务一、二时，记录遇到的问题和自己探索的解决方案。并访问其他小组完成的网页，在其大学城空间的留言板中进行留言和评价。

知识链接：

HTML5中的多媒体

学习要点

嵌入多媒体文件　　滚动字幕

HTML5中的多媒体

1.1 嵌入多媒体文件（HTML5以前常用方法）

Web页面是多媒体的，网页内除了可以插入各种美观的图片，还可以在网页内播放音乐及电影，或者插入Flash动画等其他多媒体文件。

使用<embed>标签可以将多媒体文件插入到网页中。

语法：

```
<embed src="url" width=宽度
        height=高度></embed>
```

HTML5中的多媒体

1. 插入音频

(1)嵌入mp3

语法：

<embed src="mp3文件的名称" width=宽度
height=高度 ></embed>

HTML5中的多媒体

(2)设置背景音乐

若浏览者希望在浏览网页的同时能够欣赏到背景音乐，可以通过<bgsound />标签实现。

语法：

<bgsound src=背景音乐的位置
loop=循环次数 />

! 背景音乐可以是mp3、midi或wav格式。

HTML5中的多媒体

2. 插入视频

嵌入avi

avi是一种视频文件，目前被广泛应用于动态效果演示、游戏过场画面等用途，是视频文件的主流。

语法：

<embed src="avi视频文件的名称"
width=宽度 height=高度 ></embed>

HTML5中的多媒体

3. 插入Flash动画

嵌入Flash动画

swf文件是用Flash软件制作出来的，具有丰富的视频动画效果。现在任何的浏览器版本只要安装了Flash插件，就可以正常显示生动的Flash动画了。

语法：

<embed src="flash动画文件的名称"
width=宽度 height=高度></embed>

HTML5中的多媒体

1.2 HTML5中插入音频的方法

Audio标签主要是定义播放声音文件或者音频流的标准。支持3种音频格式，分别是Ogg、MP3、Wav。

语法：

<audio
src= "song.mp3" controls= "controls" >
</audio>

其中src属性是规定要播放的音频的地址，controls属性是属性添加播放、暂停和音量控件。另外，<audio>与</audio>之间插入的内容是供不支持audio元素的浏览器显示的。

HTML5中的多媒体

1.3 HTML5中插入视频的方法

Video标签主要是定义播放视频文件或者视频流的标准。支持3种视频格式，分别为Ogg、WebM和MPEG4。

语法：

<video
src= "123.mp4" controls= "controls" >
</video>

另外，<video>与</video>之间插入的内容是供不支持video元素的浏览器显示的。

HTML5中的多媒体

1.4　滚动字幕

使用<marquee> </marquee>标签，可以实现滚动字幕，以增加网页的动感，让网页显得更有生气，达到动感十足的视觉效果。

语法：

```
<marquee  direction=value  behavior=value
  loop=循环次数          scrollamount=value
  scrolldelay=数值       bgcolor=颜色数
  height=数值            width=数值
  hspace=数值 vspace=数值>要滚动的文字
</marquee>
```

HTML5中的多媒体

<marquee>的属性

bgcolor	设置滚动文字的背景颜色
loop	设置滚动文字的循环次数，若未指定或选取为infinite时，则循环不止
width	设置滚动文字的宽度
height	设置滚动文字的高度
scrollamount	调整文字滚动的速度

HTML5中的多媒体

scrolldelay	设置文字每一次滚动的间隔之间的延迟时间，单位是毫秒，时间越短滚动越快
hspace	设置滚动文字四周的水平空间
vspace	设置滚动文字四周的垂直空间
direction	设置滚动文字的移动方向，left（默认方式）表示从右向左移动，right表示从左向右移动，up表示从下往上移动，down表示从上往下移动
behavior	设置滚动文字的移动效果，取值scroll表示循环往复滚动，slide表示滚动到一方后停止滚动，alternate表示滚动到一方后向相反方向滚动，交替进行滚动

HTML5中的多媒体

程序代码

```
<html>
<body>
<marquee  direction=left
behavior=scroll scrolldelay=10
bgcolor=blue height=150  width=525
align=bottom>
<font  size=7  color=yellow>滚动文幕可
增加网页生动性</font>
</marquee>
</body>
</html>
```

HTML5中的多媒体

程序代码

```
<html>
<head><title>设置滚动字幕的超链接
</title></head>
<body bgcolor=pink>
<marquee direction=left>
<a href="mailto:andy@163.com">给我写信吧，
带你进入网页制作的世界！
</a></marquee>
</body>
</html>
```

HTML5中的多媒体

学习小结

本次课将主要介绍滚动字幕以及在网页中嵌入音频、Flash等多媒体文件的方法，使所有制作的网页不但具有动态效果，而且使网页内容显得更加丰富精彩，从而实现多媒体网页效果。其中滚动字幕和插入音频视频应当重点掌握。

HTML5中的多媒体

思考题

(1) 在网页中如何设置滚动字幕?

(2) 滚动字幕中包含哪些属性?

(3) 如何在 Web 页面中嵌入多媒体文件?

(4) 如何设置网页中的背景音乐,格式有哪些?

图 3 - 22　课程 PPT 截图

项目回顾:

【自我评价】

根据学习任务的完成情况,对照观察点列举的内容进行自评。

观察点	熟练	会	不会
在网页中添加音频标签,使音频能够播放			
掌握设置音频标签属性的方法			
在网页中能够添加视频标签,并能合理设置视频标签的属性			
掌握添加滚动标签的方法,可以在网页中添加滚动文字,并设置其滚动方式			
掌握添加滚动图片的方法和技巧			

【反思评价】

从实施过程和评价结果两个方面,对"为什么没有做完""为什么做得不快""为什么做得不规范""为什么做得不完美"等进行反思,分析存在的问题,寻求解决的办法。

存在问题	解决办法

　　冯老师选择了 HTML 网页设计与制作课程中的"HTML 5 中的多媒体"作为教学内容。由于综合了音频标签、视频标签、滚动标签等知识点,所以本次课程的综合性和实用性强。课前通过雨课堂将制作"我的团队"网站主体项目中的一个"团队介绍"多媒体网页任务下发任务单给学生,学生通过手机扫描二维码进入课堂学习,然后采用案例导入对比互动的方法,将学生引入到本次课的主题上,老师进行任务分解,教师利用雨课堂平台发送实时手机测试,同学进行问题参与。将同学们分组,并利用预习后获取的知识进行页面制作,各小组对各自作品进行点评,提出问题,教师进一步解释说明视频标签、音频标签、多媒体标签以及

滚动标签的相关属性及运用。课后提供二维码扫描和大学城空间自学地址，鼓励同学们巩固学习，课程结束。

　　这次课程设计是采用了翻转课堂的形式，确实有效地提高了学生的积极性，但当这次课的设计移动到 MOOC 平台后，却没有同学自觉去线上学习了，学生学习参与度不高，流失率增大。冯老师经过反复思索和学习，进行了总结，课程虽然采用了大量信息化的手段和元素来进行讲授，本身是一个很好的信息化课程设计，但是她却忘记了，在 MOOC 环境下的教学设计，是对整个教学过程的颠覆。把教学流程从"课前预习—课堂听讲—课后复习"变为了"课前视频、问答等多元形式"—"课堂讨论"—"课后测试"，这只是一场典型的翻转课堂课程，不具备 MOOC 的基本特征，也无法发挥 MOOC 教学的优势，所以教学效果一般。传统到 MOOC 这个过程是需要进行知识的重构的，要将学生的兴奋点、痛点、难点，根据课程内容和目标进行设计。毕竟课程放到网络上，学生是否进行学习和学生学习情况如何，直接关系到了一门 MOOC 的质量优劣。

　　冯老师通过不断的学习和请教，终于发现 MOOC 课程设计的要点，她决定利用这个课程尝试新的教学改革。

　　2. 教学环境分析

　　传统课堂教学环境主要由教师主导构建的。而 MOOC 中的教学环境是一个开放的、虚拟的、生成性的生态学习环境，有效地实现了线上、线下、个人学习环境的有机整合。它由学习者、教辅团队等在学习进程中不断构建而成。

　　MOOC 的教学环境不仅包括了 MOOC 平台、教学资源等，还包括了与之相关的教学人员在使用 MOOC 时交互反馈的情感、态度和价值，以及在整个教学活动中形成的学习氛围、教学模式和评价机制等。MOOC 的教学环境没有人数限制，可支持大规模的网上教学活动；在课程设置上，MOOC 更加强调课程的开放和共享；课程实施则由教学过程中的主讲教师和教辅人员主导，负责 MOOC 课程的设计、开发、讲授和问题解答等教学活动，学生则根据自身兴趣爱好和学习需求完成教学任务，形成师生自主建构的互动性教学环境，这要求学生具有更多的学习自主性、自觉性，同时教师或教辅人员需提供适时的学习指导和检查。MOOC 的教学设计则有别于传统的课程教学，其教授内容和学习者需求分析都要考虑网络环境下的教学活动实施，有效利用 MOOC 平台的相关工具及功能来进行大规模开发式的网络教学活动。

　　(1) 什么是 MOOC。

　　MOOC，是 massive open online courses 的缩写，即大型网络开放课程。它最早起源于教育资源开放(open educational resources)运动。最初的 MOOC 是 cMOOC(connectivism MOOC)，后发展为 xMOOC，再到后来发展为 SPOC。通俗来说就是，你可以在互联网上像在学校那样上课学习，要按时(自愿)上课，按时(自愿)交作业，可以和老师同学讨论问题，最后会有考试(不同课程不一样)，还会发结课证书(有时候)。而且现在世界上 MOOC 网站中最受欢迎的一个网站是 Coursera，在这个网站上你可以学习很多世界著名大学的课程，有很多很好的老师给大家讲课，拥有很多很好的教育资源，并且还可以和很多同学交流。目前已经有很多公司关注应聘者是否学习过一些公开课程，并且还与 Coursera 建立了合作关系。还有个别学校和 Coursera 实现了学分互换。在 Coursera 还有另外一些公开课网站上的课程都是免费的，不过有的课程有付费形式，完成课程后会收到开课老师所在大学颁发的结课证书(这是权威认证的)。国外主流的 MOOC 平台有 Udacity、Coursera、edX。国内主流平台有学堂在线、中国大学 MOOC、智慧树、超星慕课、智慧职教等。

MOOC 与过去的国家精品课程及其他网络课程的不同之处在于：首先 MOOC 是著名教师为你上课，而不是你看著名教师给他的学生上课；其次是可以与网络上同修这门课的同学一起交流、相互结成小组、批改作业、留言，共同进步；再次是课程学习结束并完成作业，能够获得老师签字的结业证书；最后 MOOC 课程安排自由，一周内自定步调学习，自由安排。比如由台湾大学吕世浩教授讲授《中国古代历史与人物——秦始皇》这门中国历史的入门课，通过他的讲授，体会到不一样的历史思想。整个课程的内容进行了知识的重构，为历史入门通识而设计，重点在于藉由历史教育启发同学的思维，而非背诵历史知识。为了让同学重新发现学习历史的乐趣，重新认识学习历史的价值。教学录像以微课程的形式，每部分约 10 分钟，并设置了一些让学生边看边思考的问题。抓住了学生的注意力，为历史学习注入了灵魂。

课程大纲

第1周：前言：学历史有什么用？

第2周：秦始皇留下了什么：从孔林与始皇陵出发（主题：什么是成功？什么是失败？）

第3周：秦始皇的一生：历史文献中的秦始皇（一）（主题：历史胜利组的条件）

第4周：秦始皇的一生：历史文献中的秦始皇（二）（主题：骄傲与灭亡）

第5周：秦始皇的子孙：二世与子婴（主题：诈与力）

第6周：秦始皇的祖先：秦的兴亡传奇（一）（主题：怎样抓住机遇？）

第7周：秦始皇的祖先：秦的兴亡传奇（二）（主题：改变，从何开始？）

第8周：秦始皇的臣子：李斯与秦的灭亡（主题：善恶与吉凶）

第9周：后人如何看待秦始皇：汉代画像石中的秦始皇（主题：历史是怎么回事？）

图 3 - 23　《中国古代历史与人物——秦始皇》课程大纲

（2）MOOC 学习的特点。

MOOC 学习具有广泛的开放性、透明性，以及在线、优质资源易获取性等特点。广泛的开发性是指 MOOC 的大规模开发在线课程，它不是某一个单一的知识点，而是成体系结构的，有始有终的一系列课程，免费地向广大学习者开放，学习者没有数量的限制，不论你是谁，只要想学习，有时间，就可以在线参与学习。透明性是指学习者可以根据不同的兴趣，准备情况和时间来学习自己所需的课程，而这些课程与远程教育或在线教育类似，每周都有讨论话题、在线视频、研讨等多元化形式等内容。优质资源易获取性让每位学生都能学到优质课程，用一根网线便可以连接上世界最顶尖学校的最"牛"老师，在家里和全世界的学员做同学分享学习经验，合作完成作业将不再是梦想；而且核心课程资源大都以短小视频为主，并配合相应的即时在线测试开展课程教学，十分易学；讲授者课程在实际教学更注重内涵，教师看问题的视角、批判思维，以及整体设计都可以通过 MOOC 展现出来；优质资源可以不受区域限制进行共享，促进全面学习、终身学习。

MOOC 属于在线学习的一种，整个教学过程都完全属于线上，缺乏传统课堂中欢快的、互相感染的、及时互动的氛围；而且 MOOC 主要靠学习者的自觉性，很多时候因为多种原因，MOOC 课程仅仅不足 10% 的学员能够坚持完成课程学习，教学质量不高；还有 MOOC 教学模式单一，教学设计简单，既没有分类、分层的教学目标分析，也没有针对多种学员对象的需求，难以适应高等教育众多学科和不同类别课程的具体要求。为了有效地解决这些问题，

MOOC 课程设计就显得尤其重要。

（3）开设 MOOC 的环节。

MOOC 的开设的环节其实是和传统的学校上课是类似的，只是前期的开课准备、后期的教学过程及评价都在线上完成了，不同于传统学校上课属于线下。首先课前要做好课程建设工作，组织好课程教学团队，编制好适合线上教学的课程计划，选择课程的发布平台，在平台上发布课程介绍、教学要求等，供学生选课；同时还要准备好课程设计、资源制作、视频拍摄、考核评价等内容，其中 MOOC 是否吸引人，能不能起到好的教学效果，重点就在前期的课程设计上面。当这些内容都准备好后，平台上发布内容，可以按顺序发布当周的教学内容和教学活动；当有新的教学内容和教学活动，教师要发布公告告知学习者；同时教学中，主讲教师和团队成员要有值班制度，在平台论坛中为学生答疑；MOOC 的作业可以设置为客观题，由平台自动完成，但仍有一些临时性工作需要教师处理；成绩确认在期末结课的时候完成，最后要发放证书（也可以不发放），但是这个要求在开课前设置好。当一个学期结束，下一学期重新开课时，只需要在开课前，在平台上复制新学期，安排教学计划，根据上学期的教学效果，优化部分资源即可。其中课程设计环节是开好 MOOC 课程的关键。

3. MOOC 学习的理论基础

（1）联通主义学习理论。

MOOC 学习十分注重自主学习，它是发生在网络环境下的一种学习方式，在连续性学习和知识无边界扩展的属性上十分契合联通主义的学习理念。学习不再是内化的个人活动。当新的学习工具被使用时，人们的学习方式与学习目的也发生了变化。其学习过程具有自主性、多样性、互动性、连接性等特征，具体表现为在特定的环境中学习者围绕某一主题或相关节点对知识进行联通，延伸自身知识结构的过程。在交流和联通的过程中，学习者已有的知识网络和其他学习者的知识网络发生碰撞，会生成新的信息源和知识节点，由此形成的新的知识领域将向外界无边界的扩展下去。

（2）建构主义学习理论。

建构主义学习理论是认知知识的再加工，不再是传统的老师教授学生而是学习者通过已有的认知结构主动进行知识的再加工构建。在 MOOC 的建设实践中，教师要根据学习者的认知结构水平构建特定的教学情境，结合相应课程资料和素材，进行以学生为自我导向的学习环境的建构，通过合作互动和意义建构等方式的实现让学习者主动去获取知识，从而夯实学习者认知结构体系，以达到有效的教学效果。

（3）行为主义学习理论。

行为主义学习理论认为，学习是刺激与反应之间的联结，行为是学习者对环境刺激所做出的反应。可以把环境看成是刺激，认为所有行为都是习得的。行为主义学习理论应用在学校教育实践上，就是要求教师掌握塑造和矫正学生行为的方法，为学生创设一种环境，尽可能在最大程度上强化学生的合适行为，消除不合适行为。而 MOOC 的教学环境和教学情境恰恰符合这一理论。基于行为主义学习理论的学习倡导通过一定的刺激（如合理奖惩、树立榜样等）来强化学生的学习行为，注重学生的练习过程，从而促成学生良好学习习惯的养成。

（4）泛在学习理论。

所谓泛在学习可以说是无处不在的学习，即无时无刻沟通，无处不在的学习，它和终身学习、移动学习有着紧密的联系，是基于移动学习和计算环境发展而来的。泛在学习在 MOOC 的建设过程中非常重视交互性，其中包括师生间的互动和学生与学习内容之间的互动，以及学生之间的互动，可以说这些互动是在泛在学习的背景下发生的。MOOC 学习中，教师通过多种方式与学生进行交流，如课程论坛、博客、微信、QQ、邮件等形式与学习者交流沟通，学习者通过教学视频、视频中配套的测验、作业、考试等方式获取学习内容，并于课程学习完成之后得到相关学习认证。这些交互使用的课程辅助工具均是在泛在学习理论背景下开展的。

（5）人本主义学习理论。

人本主义理论认为，经验的过程就是学习的过程，形成与获得经验是学习的实质，并提倡学生为中心的教学观。教师要激发学习者的动机、使学习者潜能有效发挥，需要给学生提供一个安全、宽松、自由的学习环境。MOOC 在激发学生学习动机、学生为中心、注重学生需要等方面都体现出人本主义思想。在 MOOC 中，所有的学习都是自发的，学生自觉学习自己想要学习的内容，决定学习的时间和进度安排，教师只是课程的发起者和引导者，提供所需的学习资料。

4. 教学模式选择

MOOC 可分为"基于社交网络的 MOOC"（cMOOC）、"基于任务的 MOOC"（tMOOC）和"基于内容的 MOOC"（xMOOC）。目前被广泛推行的是基于社交网络主题的 cMOOC 和基于内容的 xMOOC。SPOC 是对 MOOC 的发展和补充，简单理解为：SPOC = MOOC + 课堂，不仅弥补 MOOC 在学校教学中的不足，还将线上学习与线下相结合的一种混合式教学模式，采用 MOOC 视频实施翻转课堂教学。

（1）xMOOC。

xMOOC 则是以行为主义学习理论为基础的、强调视频、作业和测试的学习方式，更侧重于知识的传播与复制。xMOOC 是引入商业推广的一种新型教学模式，以传统大学课堂教育为基础，建立结构化的课程体系和系统化的学习平台，学习者在平台上可获得大量的知识并根据自身情况选择参与不同难度的作业和测试，学习相应的课程还能够获得部分学校的学分。xMOOC 更接近高校的课程学习。

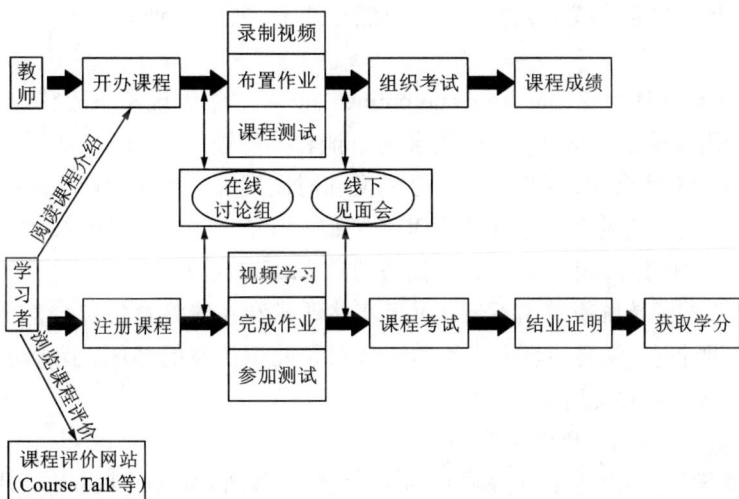

图 3-24　xMOOC 课程平台

（2）cMOOC。

cMOOC 是基于联通主义学习理论为基础的、侧重知识创造与生成的、强调学习者自治和社会网络学习的一种形式。在 cMOOC 课程中，学习者根据自己的喜好选择数字平台，在平台上通过讨论、交流建立起基于同一话题的知识点，并建构起个体对知识的网络化连接，形成以学习者为中心的知识个性化建构。这与传统课堂教育模式截然不同，是对传统教育的超越和创新。它更强调学习者高度自治的教学模式，难以适应于课堂教学，并难以为广大师生所接纳。cMOOC 则更接近非正式学习和问题解决。

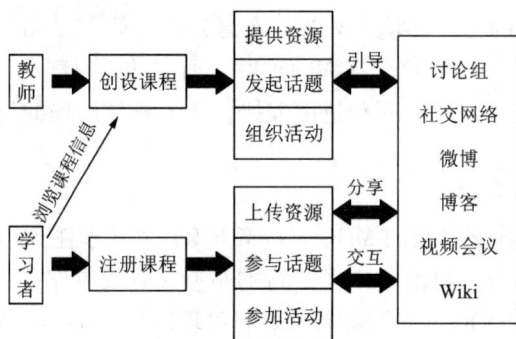

图 3 – 25　cMOOC 课程平台

（3）tMOOC。

tMOOC 是基于建构主义学习理论的、以任务为驱动的、更注重学习者对知识的深度加工的学习方式。这类 MOOC 多是培训类课程，比如达内教育的达内上线技术学习平台 TMOOC. CN。以任务为驱动，TMOOC. CN 上共有 4 种不同类型的课程，分别是技术课程、职业课程和就业课程。目前除了技术课程是以在线录播课程和答疑方式之外，其余都借助了达内原先在线下积累的教育资源。职业课程提供了线下串讲功能，在线下培训中心举办专家面对面交流活动，而就业课程则更重视线下，教学场景仍然在线下，而将作业和答疑放在线上。

（4）SPOC。

SPOC 是小规模在线课程（small private online course），学生规模一般在几十人到几百人；还要对学生设置限制性准入条件，达到要求的申请者才能被纳入 SPOC 课程。对于符合准入条件的在线学习者学习 SPOC 课程，有学习强度和时间、参与在线讨论、完成作业和考试要求，合格后获得证书。它的教学过程和 MOOC 类似，但是它利用 MOOC 技术支持教师将时间和精力转向更高价值的活动中，如讨论、任务协作和面对面交流互动等。SPOC 不但融合了 MOOC 的优点，弥补了传统教育的不足，属于实体课堂和在线教育的混合教学模式，而且在进行 SPOC 教学设计时，需要注意网络教学平台只是知识传授的载体，课堂授课才是巩固教学效果和掌握教学节奏的关键。

案例 1：西安交通大学 SPOC 教学设计。

2015 年秋季学期，西安交通大学在已有的《大学计算机》MOOC 基础上，开展了大规模班级环境下基于 SPOC 的混合教学试点，通过教学内容重构性设计、学生学习行为跟踪、过程管理等方式保证学习效果。整个教学环节包括"传统教学"和"翻转教学"两个部分，具体内

容如图 3 – 26 所示:

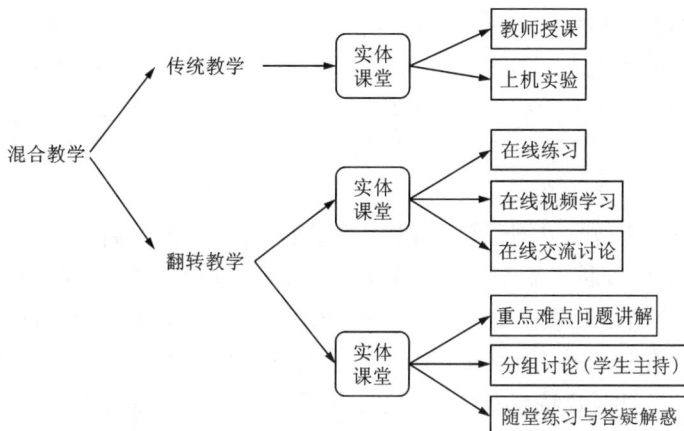

图 3 – 26　SPOC 课程《大学计算机》教学安排

在混合教学模式下,教师不再是完全的中心,有若干环节都以学生为主,需要有助教辅助,从而形成了"多中心"的学习环境。

(5)混合式教学 O2O。

MOOC 作为知识点输入,为学生讲解课堂所需的基本知识,并为学生提供在线交流讨论平台。而线下的课堂,让学生得到真正的实践,教师将更多的时间留给学生,让学生展示自我,提高课堂积极性以及参与度。我国的 MOOC 混合式教学 O2O,偏向于采用课程同步整合方式,将 MOOC 教学内容与线下学习内容相互整合,教学知识同步,以提高学生学习的个性化。O2O 是指充分融合线上教学资源和线下课堂的互补互动优势,满足学生个性化需求的混合式教学,是一种把刷脸和读屏相融合的学习形态。

不管是哪种 MOOC 类型,都必须遵循客观教育规律,不断追求教育教学创新。

3.3.2　设计思路

MOOC 在授课人数、课程设置、课程实施、交互方式、教学设计及学习评价等环节上和传统教学模式相比有本质的区别。较之于传统的面授式课堂教学,MOOC 教学需要教师投入更多的时间与精力进行前期的计划与过程性维护,尤其是前期的教学设计往往需要教师投入较之于传统课程教学设计 2～4 倍的时间与精力,这对于 MOOC 教学最终的质量与效果有着至关重要的作用。一方面,MOOC 教学也像其他教学方式一样,需要教师遵循有效教学的基本规律进行系统化的教学设计;另一方面,MOOC 教学又是一种不同于以往任何一种教学方式的新型教学方式,因此更需要教师结合 MOOC 教学本身的特征与需求进行精心且有针对性的设计。

MOOC课程的教学活动设计

1.设计要点

MOOC 教学设计要从整体设计、教学周设计、知识点碎片设计、教学运行整体设计这四个方面全面入手。

首先 MOOC 作为线上学习形式,MOOC 设计不但要考虑到教学的各个环节,同时要将内容完整地呈现，不能因为视频碎片化便忽略了课程整体性设计。每一周的内容都应该是一个整体，可以测试或者评价。要按学期做内容规划，也可以是周安排，按周做教学单元的整体设计，按知识点做碎片化的视频设计。当然和传统课堂比，还是有差别的，比如，缺乏师生之间的有效沟通，虽然也在后期的活动中进行了弥补，但是师生之间很难保持一定的注意力，学习成效也会有所降低，所以在 MOOC 整体设计中，互动环节是很重要的。一般来讲，MOOC 的课程体系主要包括了课程概述、教学内容、教学测试和互动论坛这四个环节。

（1）课程概述

课程概述类似传统教学大纲，覆盖 MOOC 的版块介绍、课程名称、授课教师简介、课程简介、教学目标、教学安排、考核标准、参考书目等多个项目。需要注意的是 MOOC 的宣传页设计，因为这个课程的纲领性文件，是培养学生学科/专业素养的指导性文件，也是学生学习课程的重要选择依据。所以要认证对待。在课程建设期，课程教学团队应充分认识到课程概述的重要性，结合 MOOC 特点及课程内容，提升课程概述的统筹地位，认真设计好这个环节，吸引学习者对线上课程学习的欲望和渴求。

（2）教学内容

教学内容是 MOOC 的核心部分，除教学视频外，MOOC 还包括教学视频相关的多媒体素材、文本材料和拓展资源等。

教学视频作为线上广为应用的一种资源类型，其时间控制为 8～10 分钟最佳，最重要原因是针对当下碎片学习，以及自媒体时代的兴起，学习者在移动端可以有效地利用碎片化时间学习一些知识点，充实自己。针对学生注意力一般在十分钟左右的特点，微课的形式能将教学效果表现的更佳。

在录制微课的时候，教师要浓缩精华，呈现干货，适当地提高授课语速及情绪。课程视频设计要多样化，要能够体现出现代的科技感，因为会看 MOOC 的人，大多是在这个互联网时代成长的，所以他们对视频的科技体验要求比较高。授课的方式要新鲜，比如，利用一些特效，动画，使课程的难点与重点，一目了然，注意自己的仪表和手势，要时刻谨记视频外的学生。使学生能够注意力集中。具体的重要设计方面体现如下：

①学前分析。

学前分析是教学设计的第一个重要环节，包括教的分析与学的分析两大方面。教的分析包括社会需求分析、教学内容分析、教学人员特征分析、现有教学条件分析等；学的分析包括学习者学习动机分析、兴趣爱好分析、起点水平分析、认知风格分析、学习条件分析等。

除了一般的要求外，MOOC 的学前分析一定要重视网络课程与传统课堂教学的不同，不能照搬传统课堂教学的模式。网络课程与面对面课程最大的不同在于教师和学生、学生和学生、学生与资源都处于分离的状态，中间通过一个"机器"作为中介，这个机器就是网络和终端设备的代名词。于是教学内容这个要素被资源所替代和涵盖，而教学方法这个要素更多地转变为教师与学生、学生与学生、学生与资源之间借助机器互动的方法和策略。比如 MOOC 学习者大多为在校学生，层次参差不齐，动机动机不一，学习习惯、学习风格差别很大，学习时间趋于碎片化；私播课可以对学习者进行一定的筛选限制，相对平均一点。由于学习者大都以个别学习的方式来学习 MOOC，容易产生孤独感，因此，线上线下的交流互动对他们很重要。

②目标设计。

在学前分析的基础上，应该对一门 MOOC 的教与学目标进行初步的确定。教的目标是指教师对课程最终结果的期望,学习目标是学习者对课程学习结果的期望,在 MOOC 的学习中,这两者很可能有不一致之处。MOOC 的学习者除了部分是为了获得证书和学分之外,更多的有较强的个人意愿,希望通过课程学习得到自己想要的东西,而不一定都会按照老师的希望那样去行动。因此,教师在设计课程目标时,一定要充分考虑到这一点,在教的目标与学的目标之间找到一种平衡。

③策略设计。

MOOC 的教学策略主要分为教学资源建设策略、教学活动策略、教学流程设计三大部分。

以教学资源建设策略来说,教学资源中最重要的是视频资源,其次是课件、文本、工具、素材资源等。教学视频应选择优秀的教师来录制,内容应该选择重点、难点和连接点,教师在视频中可以选择露面,也可以选择不露面,一切以内容需要来确定。注意:视频要清晰、流畅、节奏恰到好处,以突出教学效果、有效沟通为原则,而不要故意炫耀技巧、花里胡哨;风格以简洁为上,应该尽可能去除一切与内容传递、有效沟通无关的冗余信息,降低学习者的认知负荷;MOOC 视频最好能支持手机播放,时间不宜太长,最多不超过 20 分钟一节,以 5 ~ 15 分钟为佳;要配上字幕,同时提供文字稿本,以供不同习惯的学习者选择;课件、工具、文本、素材等资源应提供上传和下载功能。MOOC 平台一般分为课程通知与课程介绍、教师信息、教学视频、学习资源、讨论区、作业提交与成绩公布、自测习题库、个人作品展示、意见建议、相关链接等模块。

以教学活动策略来说,最重要的是如何开展在线练习、小组协作、作业评改、交流讨论、互动答疑等活动,线下的活动只能作为补充。如果是局限在校内的私播课,则可以与校内的面对面教学相结合,采用翻转课堂的教学模式,即学生在课外通过网络课程资源自主学习,课上则进行讨论、交流、练习、辅导等活动。MOOC 平台应该提供尽可能多的交流、互动、展示工具,也可以借助社交网络平台开展互动。由于 MOOC 的学习人数众多,不可能光依靠主讲教师来互动,必须按照一定的比例配备助教,助教可以由青年教师和优秀学生担任。

以教学流程设计来说,一门 MOOC 分为开课前的准备阶段、教学实施阶段和评价总结阶段三个部分。开课前的准备阶段需要做大量工作,除了要做好课程设计、录制教学视频、在平台上开设课程之外,还要做好开课宣传,组织好教学团队及技术支持团队。宣传活动一般应提前数月甚至半年进行。教学实施阶段时间一般不宜太长,应比传统的学期短,一般控制在两三个月内为宜,时间过长容易引起倦怠,增加辍学率。教学视频的发布一般以周为单位,每周发布一段至数段短视频,同时提供教师精选过的学习资源、作业练习、讨论问题、自测试题等。按照课程内容体系由易到难、循序推进。

(3)教学测试

MOOC 的课程组织形式,是短视频 + 交互式练习,在视频知识点中插入测试题、练习题。以互动的形式呈现,能让学生减少走神,提高学习质量。试题分为其中测试、课后作业、模拟试题等,这些内容出题方式最好以客观题的形式呈现,因为客观题有统一答案,便于教师阅卷,而且能够反馈学习的测试结果。但也要插入主观题,检测和评估学生的发散思维和对知识的应用能力,去方位和多角度的考察学习者的学习效果。

(4)互动论坛

首先,互动论坛,即搭建好功能完善的社交平台,是逾越学生与教师沟通障碍的重要桥梁,可以高效、及时的促进学习者与教师之间、学习者与学习材料之间的互动,满足学习者的个性化需求。调查显示，讨论是课程复习的一个好方法。在互动论坛中可以帮助学生查漏补缺，同时教师也可以找出课程中所要突出的知识点，把握好学生的学习进度。

其次，教学周设计也是必不可少的，一般来讲这是另一个整体，比如一周需要完成 6~8 个学时的课程内容，这 6~8 个课时应该按整体来看，也就是一章或者一个主题的内容。这一周的教学设计包含了核心知识点(可能是 6~10 个，也可能是 4~5 个)，教学评价(包括客观题、主观题、考试、作业等)、讨论或活动主题。教学周需要完成 3~6 个小时或者更多时间的教学内容，做成视频后一般也只有 1 小时左右，这些教学内容不是全部知识点的囊括，是需要选择的其主干部分的知识点来进行讲授。这些视频内容可以通过后期教学参考资料和教学视频一起结合使用，学生在这一周内所花费的有效学习时间不会减少。

再次，进行知识点碎片化。在完成周教学设计后，课程内容的主题是知识点碎片化，或者更确切地说是视频化。设计知识点的时候无法面面俱到，把一个知识点讲成一节课，作为教师需要将更多的时间和空间留给学生来自我探寻。因此只需将知识点的中坚部分留下来。

最后就需要考虑教学运行整体设计问题了，在完成上线内容的整体设计后，课程的教学运行也是一个重点。学生有时会将已经系统规划好的学习计划打乱，学习不能坚持。那么就需要让学习者，按照传统课堂教学的流程，按周安排学习内容，最好固定一个学习时间；完成学习视频后可以快速进入学习互动和考试，这样可以提高学习效率。

实际应用中，有很多变化的地方，还要具体问题具体分析，根据自己的教学条件，做好教学设计是必须的。

2.设计注意事项

(1)如何布置课前自主学习任务？

传统教学中的预习是没有指导和课前任务的。而在 MOOC 学习中，学生在课前观看学习课前资料，并在网上上传作业或完成测试。老师可了解学生的掌握情况，调整教学实施，有针对性地做出进一步指导。课前任务设计时，要先设计教学目标，了解学生情况，然后激发学生兴趣，并鼓励学生挑战自己。课前任务的重要目的之一就是挖掘出学生的问题，并作为教学中的重点讲解内容。自主学习任务单是为了引导学生自学，包括学习指南、学习任务与困惑和建议，让学生一看就知道，应该通过什么样的途径来学习，进而达到学习的目标，这也是一种对课堂学习形式的预告。在设计具体学习任务的时候，要注意把老师的达成目标，教学的重点、难点以及其他指点统统转化为问题，并且权衡其权重关系。要求学生通过观看教学视频或者通过阅读材料，或者去分析老师提供的其他配套资源来完成任务。然后让学生填写他学后还存在哪些困惑，希望老师在后期课堂内容实施时能够采取一些什么样的指导方法，等等。

(2)如何制作优质教学视频？

1)MOOC 视频的制作要求。

①编写课程教案：课程教案是 MOOC 课程摄制的"剧本"。在课程内容确定后，授课老师应精心编写课程教案，对讲授内容、方法手段、素材资源等进行教学设计，确保后期工作能按计划顺序推进。

②编写课程摄制脚本：课程摄制脚本是通过应用电视艺术的理论与技巧，对文字稿本内容进行"镜头"设计和串联组接并诉诸文字的一个艺术再创作。即用镜头语言呈现课程内容和教学手法，是摄制团队统一思想、开展工作的主要依据，由授课老师和课程编导根据课程

教案共同完成。一般需要分别编写前期拍摄脚本和后期制作脚本，也可根据实际情况合并编写摄制脚本，具体方案由课程编导与授课老师拟订。

2）MOOC 视频的制作形式与技术要求

①MOOC 视频的制作形式：

A. 出镜讲解。授课者的形象出现在视频当中来讲解，这样的形式易于抓住学习者的注意力，形成一对一听课的感觉。其授课形式可以站在黑板、白板或背投彩电的前面，也可以在演播室里，使用蓝色背景进行抠像处理，然后将幻灯片加入背景当中。

B. 手写讲解。这一形式更适合涉及推导过程的讲解，一方面吸收了传统板书讲解的全部优势，另一方面可剪去不必要的拖沓，大大提升了讲解效率。

C. 实景授课。这是对传统课程极大的补充，没有对空间的限制。理论上我们可以去任何理想的场所授课，比如，我们需要讲解实验，就可以去实验室边实验边讲解；需要讲解出土文物、名家名画，就可以去博物馆实地观摩授课，让学习者一边感受现场的氛围，一边得以更好、更快地掌握所要讲授的知识。

D. 动画演示和专题短片。这是为了讲解一些抽象的知识，或是快速讲解背景资料，动画演示生动活泼，易于理解；专题短片信息量大，视觉丰满，在适当的时候加以使用能够调动学习者的积极性，提升知识讲解的效率。

E. 访谈式教学。将访谈类电视节目的形式应用到在线课程当中，以访谈的形式循序渐进地将知识寓于对话之中，让整个授课内容富于故事性，能够吸引学习者的注意力。

②MOOC 视频的技术要求：

视频制作可选择的设备十分丰富，摄像机、数码相机、手机甚至平板电脑都可以用来进行拍摄制作。电脑屏幕上的操作可以使用录屏软件录制。

MOOC 的视频质量对教学效果影响非常大，要求拍摄主体明确，背景整洁。视频分辨率可以为 720×576、1080×720、1920×1080 等，格式为 MPG、MP4、FLV、MOV 等，录制音频时尽量使用外接麦克风，声音洪亮清楚，外部环境安静无噪声。采用录屏软件录制时电脑分辨率为 1024×768，颜色位数为 16 位，屏幕字体颜色搭配醒目。在保证图像和声音质量的前提下，尽量控制视频文件的大小。

3. MOOC 视频的后期编辑制作

MOOC 视频的后期编辑工作首先是粗剪。后期制作人员应及时对摄制的视频进行上线检查、粗剪，检查修改视频中出现的错误，一定不能出现知识性、政治性错误；删减教学过程中出现的停顿、拖沓声音和画面，保证整节课程的教学内容紧凑有效。粗剪完成后联系授课老师检查校对。遇有严重的拍摄问题时，课程编导及时组织补拍。其次是精编。根据后期制作脚本和教案，对摄制的视频按分镜头进行创作编辑。剪辑合成、平面设计、动画制作等人员相互配合，相关老师应随时陪同制作。后期编辑时可以根据教学需要引入更多的教学资源，以使教学内容更加丰富，提高学习者的学习兴趣。最后是合成包装、输出成片。精编完成后，将单独制作的图片、动画、音乐等素材导入合成编辑，并对总体色调、镜头转换、节奏等综合调试。经逐帧检查修改和授课老师审查确认后，按技术要求输出成片。

（1）如何组织课堂学习活动？

MOOC 的教学活动中最重要的是开展在线练习、小组协作、作业评改、交流讨论、互动答疑等活动，线下的活动只能作为补充。如果是局限在校内的私播课，则可以与校内的面对面教学相结合，采用翻转课堂的教学模式，即学生在课外通过网络课程资源自主学习，课上则进行讨论、交流、练习、辅导等活动。MOOC 平台应该提供尽可能多的交流、互动、展示工具，也可以借助社交网络平台开展互动。由于 MOOC 的学习人数众多，不可能光依靠主讲教师来互动，必须按照一定的比例配备助教，助教可以由青年教师和优秀担任，并依据具体情况不断探索。

（2）如何设计教学评价？

MOOC 的教学评价可采用多种形式，教学评价包括对学习者的评价和对课程教学本身的评价两个部分。

1. 对学习者的评价

MOOC 学习者的学习成绩主要由平时成绩与最后考核两大部分构成。平时成绩所占比例应该比传统课堂教学中要大。平时成绩由平时作业和练习完成情况、讨论交流表现等方面评定，最后考核由标准化考试或提交作品构成。作业的评改可以有机改（即计算机系统自动评卷）、教师和助教评改以及学员之间的互评等多种方式。主讲教师和助教可以事前制定好评价量规、范例、评分标准等，在合适的时候发给学员，以利于互评活动的顺利进行。同一个学员的作业和练习应接受 2 ~ 3 名同学的评价，每个学员一般要评价 2 ~ 3 名其他同学的作业和练习。主讲教师和助教应通过多种方式对互评活动进行指导、培训、检查和监督。对于需要获得学习证书和学分的学习者，最后考核非常重要，无论是现场考核或在线考核，都必须保证是学习者本人参加，以保证学分和证书发放的权威性。证书可分为电子证书和纸质证书两种形式。

2. 对课程教学效果的评价

对课程的评价可根据平台提供的学习者学习活动的各种数据、对学习者的问卷调查与深度访谈、以及网络和社会对课程的各种反映等多种形式进行。以利于新一轮 MOOC 开课时做出必要的改进与调整。

3. MOOC 教学平台的选择

国外最知名的教育资源共享 MOOC 平台应该有三家，分别是 Coursera、edX，以及 Udacity。其他的 MOOC 平台还有 FutureLearn、Open2Study、Canvas、NovoEd、iversity 等。国外的学习平台虽然课程多，合作的学校名气大，但毕竟都是英文授课，国内学生学习起来难免吃力。而且对于建设课程的老师来说，难度也是有的。中国国内热度较大的 MOOC 教育平台包括中国大学 MOOC、学堂在线、爱课程、慕课中国、好大学在线、智慧树、顶你学堂、超星慕课、智慧职教、学银在线等。平台是学习者进行在线学习的载体，是学习者与教师、学习资源进行交互的中介。各类平台都有自己独特之处与不足，最终选择哪种平台还需看学习者对哪种 MOOC 平台感兴趣，愿意在哪种平台上进行学习活动。所以说学习者的体验至关重要。

3.3.3 设计案例

1. 案例介绍

MOOC 课程：计算机应用软件

教师：中国农业大学李辉老师

授课对象：大学本科各年级学生

来源：https://wenku.baidu.com/view/ca93092d2379168884868762caaedd3383c4b52e.html

2. 案例分析

（1）前期分析。

①课程基本情况。

"计算机应用软件"是由学校开设的一门公共选修课程，本科各年级学生可以自由选择该课程的学习，该课程目标分为 A. 认知目标方面：使学生掌握计算机软件信息化知识；B. 技能目标方面：培养学生掌握计算机应用的实际操作能力；C. 情感目标方面：提高信息技术运用综合素养；D. 元认知：学生学习和反思能力。

鉴于此，传统的讲授式学习或单一的学生在线学习效果并不能达到最佳，李辉老师对课程进行了混合学习改革，采取适当的教学方法、教学模式，充分将 MOOC 网络课程平台应用到教学、技能训练和考核中，结合翻转课堂教学模式，提高教学效率。寻找更好的方式来支持学生完成学习目标。

②课程教学对象分析。

"计算机应用软件"这门课程的授课对象是大学本科各年级学生，大学生已经具备一定的混合学习的经验，具有一定的自主学习能力，但是仍然需要教师合理的引导，本课程的设计以满足从学校到用人单位的实际工作出发，为学生设计最真实的工作任务，引导学生完成任务，提高计算机软件的实际应用能力，提高信息技术运用综合素养；从长远看，这些技能对大学生今后的生活和实际工作都有巨大的影响。

（2）教学流程（专题学习）。

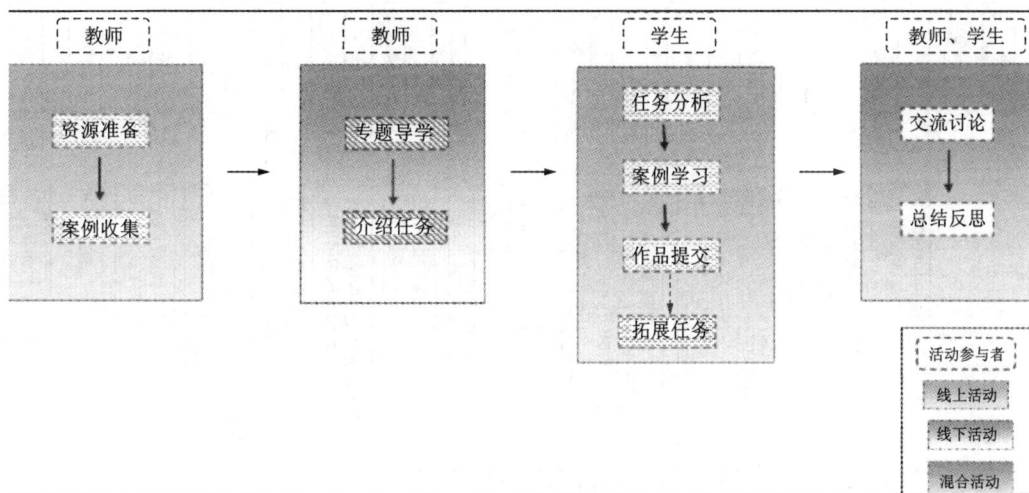

图 3 − 27　《计算机应用软件》教学流程

（3）课程设计。

①教学资源设计。

李老师为学生提供了丰富的教学资源，条理的分类归纳，为教学和学习提供了素材和便利。资源包括相关软件、案例、讲义、视频资源、学生作业等。在每个学习专题中，李老师以合理教学活动引用这些教学资源，引导学生合理利用资源进行学习，达到资源的多而不乱。

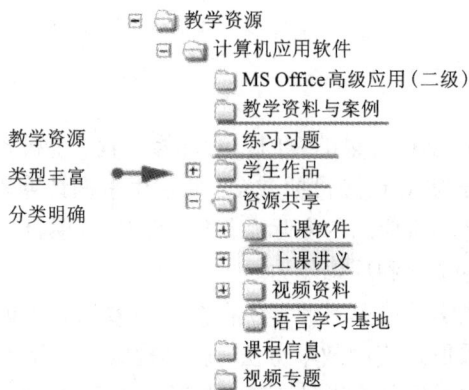

图 3 – 28 《计算机应用软件》课程资源列表

②教学内容设计。

利用 MOOC 网络课程平台可以重新安排教学内容的特点，李老师以学生从计算机软件应用能力"零起点"到"应用高手"的学习过程为主线，重组教学内容，将传统教学章节进行模块化设计，分为 17 个专题展开教学和学习。

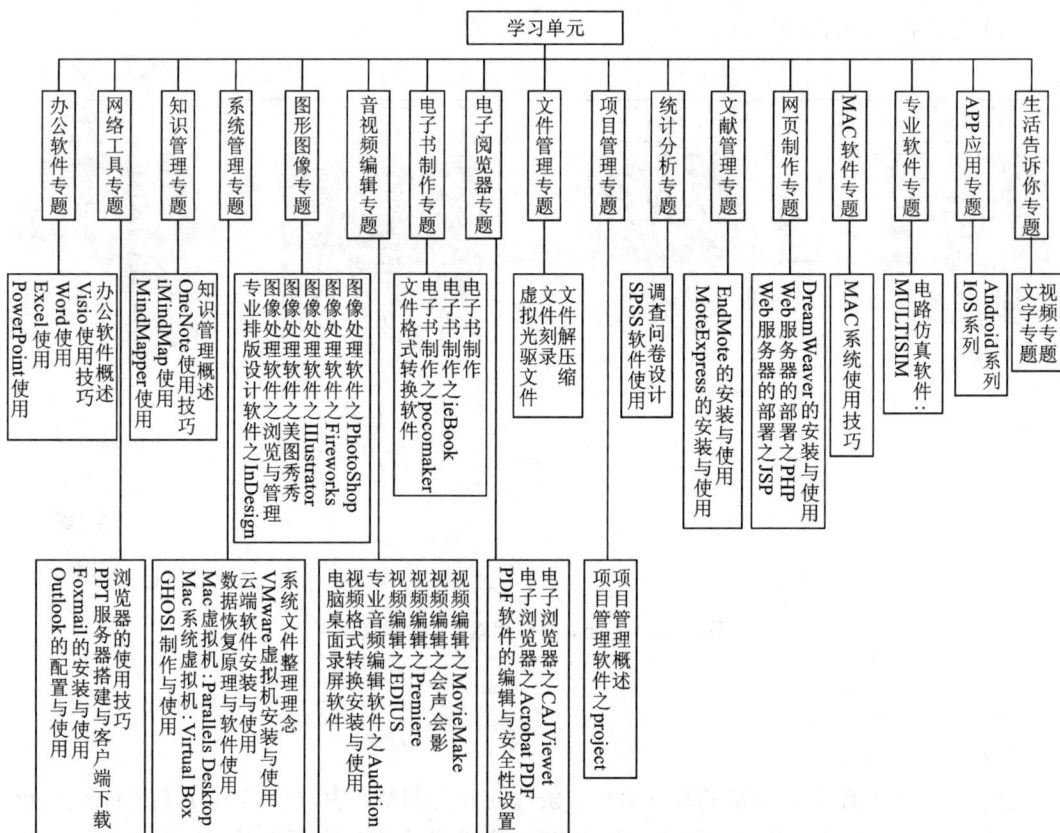

图 3 – 29 《计算机应用软件》MOOC 课程内容

③教学活动设计。

以"理(论)实(践)结合""兴趣导向"为原则,探索新的教学模式;采用"任务驱动""案例教学""课内与课外结合""教师指导与自学结合"等方法,调动学生学习主动性,提高学习兴趣,培养自学能力;教师在真实课堂中告知学生需要掌握的具体知识点和要完成的任务,线下通过课程平台布置实践任务,提供相应的案例,学生实践课上操作和练习,自学完成实践任务,在任务期间可以在"课程讨论区"交流讨论,教师参与讨论适当指导,完成线下和线上的教与学,实现混合教学模式的实施。

以"办公软件专题"学习中的"word 使用"学习为例,教师通过平台中的"课程作业"栏目发布教学任务" 利用 Word 邮件合并功能实现证书的套打",具体见图 3 - 30。

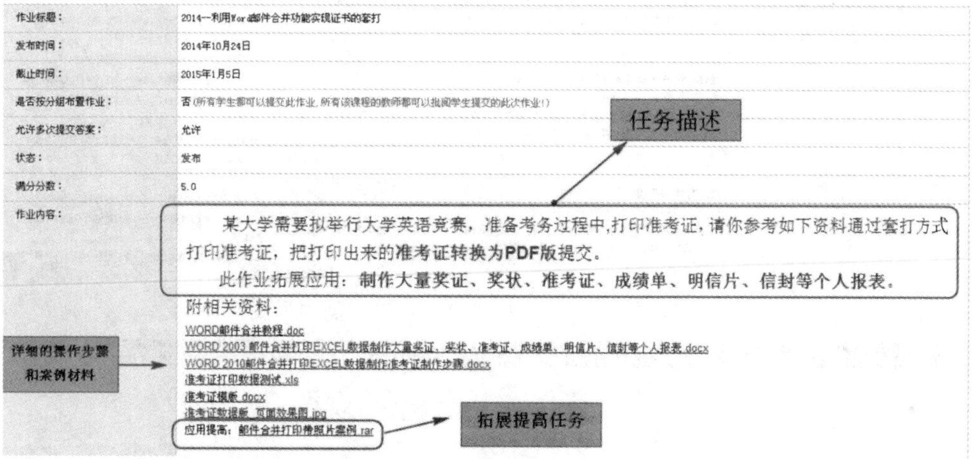

图 3 - 30　"计算机应用软件"MOOC 课程作业

教师在该任务发布中,提供了详细的问题描述、与任务相关的材料、详细的操作步骤,学生可以根据引导材料,自学来完成该任务。完成基本任务后,学生可以根据自己的情况选择是否完成拓展提高任务。

④教学评价设计。

学生评价:日常教学中专题学习的任务完成情况和课程最终的结课大作业,通过提交作业,完成软件的应用,检验学生的学习效果,增强学生运用和动手操作能力。

教师评价:通过"课堂回音壁"这个栏目,收集学生对课程和教师的评价,帮助教师对课程教学的内容和教学方法等进行调整。

3. 案例课程展示

(1)课前导学类栏目:"课程信息"包含课程介绍和教学大纲;

(2)"了解教师"栏目:教师简介,李辉老师的介绍比较详细;

(3)教学互动类栏目:"课程作业"栏目;

(4)教师自建特色栏目。

"课堂回音壁":此课程的亮点栏目,迫要收集学生对课程学习的体会和建议,老师通过建议,适当调整教学方法。

图 3 - 31　课程首页

图 3 - 32　课程导航条

标题	截止时间	分数	发布人	统计信息	提交作业	查看结果	优秀作品
2014--利用Project项目管理软件实现对模拟项目的管理	2015年1月5日		09022				
2014-结课作业任务要求	2015年1月25日		09022				
2014--SPSS操作实践练习	2015年1月22日		09022				
2014--利用XP环境下的MovieMake视频编辑练习	2015年1月5日		09022				
2014--电子书的阅读与制作实训作业	2015年1月22日		09022				
2014--利用知识管理软件iMindMap、MindManager、Inspiration绘制相关图形	2015年1月5日		09022				
2014--PPT制作作业	2015年1月5日		09022				
2014--长文档编辑练习一Word技能训练	2015年1月5日		09022				
2014--利用Word邮件合并功能实现证书的套打	2015年1月5日		09022				
2014--利用工具软件Visio绘图练习	2015年1月5日		09022				
2014--完成如下工作，思考在大学，我该如何做？	2014年12月31日		09022				

共11 条记录 [首页] [尾页]　跳至第 1 页

图 3 - 33　课程作业

名称	访问总次数	下载总次数	资源类型	属性
收获与建议--赵同学	380	--	其他	
收获与建议--宋同学	298	--	其他	
收获与建议--郭同学	611	--	其他	
收获与建议--高同学	531	--	其他	
收获与建议--陈同学	191	--	其他	
收获与建议--来同学	511	--	其他	
收获与建议--梁同学	205	--	其他	
收获与建议--张同学	195	--	其他	

图 3 - 34　课程回音壁

4. 案例教学设计点评

首先，MOOC 课程有效运用震撼引入，用电影、热播剧、生活问题等同学们喜欢的方式引入知识点，提高学习兴趣；还采用谈古论今、旁征博引等方法，引领学生探寻计算机应用软件的前世今生；并且整个课程设置结合专业知识的软件案例，培养了学生使用计算机解决本专业领域问题的能力；最后还设置各知识点的等考点真题解析，满足学生的全国计算机等考需求；学生的学习兴趣有很大提升，很多学生由被动接受学习转变为主动自主学习，这与李辉老师的 MOOC 课程设计息息相关。

5. 拓展案例

（1）案例简介。

本案例是南京大学网络教育学院 MOOC 课程《手把手教你心理咨询——谈话的艺术》。该课程于 2016 年底建设完成，并于 2017 年 1 月 6 日在"中国大学 MOOC"上线，之后受到了学习者的普遍好评。

来源：搜狐教育中的优秀案例展示；地址：https://www.sohu.com/a/218478984_414933

具体情况：该课程在 Coursera 平台分数达 4.6 分（满分 5 分），在"中国大学 MOOC"平台上线短短两周时间，学习人数迅速飙升到 2 万多人，截至 2017 年 7 月 5 日已开课两次，总计已有 11 万余人学习（数据来源于"中国大学 MOOC"平台），连续数周在平台"热门课程"中排名第一。"讨论区"中，发表主题 6300 余条，学习者对课程评价很高，很喜欢主讲教师讲课风格、课程内容，对课程中的"情境剧""客串表演""花絮"等设计也反映良好。

（2）案例分析。

①活力与经验俱备的课程团队。

课程的主讲教师是南京大学心理学系陈昌凯老师，年轻且富有课程制作经验，曾经在南京大学网络教育学院录制过数门课程，并在 Coursera 平台上线过课程《心理学与生活》。团队其他成员包含：心理学系的本科生、研究生，北京超星尔雅教育科技有限公司南京分公司（以下简称"超星"）的编导、摄像等视频制作团队，基本都是年轻人，极具创作热情，提出过很多好的想法；其他还包含南京大学网络教育学院相关管理人员和教学设计人员。

②适于线上学习的教学内容选取。

关于"心理咨询"方面的课程，传统的教学比较注重体系，有一个循序渐进的过程，特别强调对相关概念、理论的理解，然后再考虑在实际生活的应用。但对于 MOOC 学习者而言，学习本身碎片化的倾向很突出，即使有心认真学习一门体系完整的课程，也很难保证时间的稳定性和连续性，进而难以形成对概念、理论的深入理解，学习效果往往不好。

　　既然如此，与其让学习者被动、艰难地适应体系化的课程，倒不如让课程去适应学习者碎片化的学习方式。所以课程团队决定打破传统的心理学过于注重体系与理论的教学方式，重新对咨询心理学的相关内容进行梳理，摒弃那些过于复杂，需要深厚知识积累的咨询流派与方法，转而选择了内容比较简明、比较容易分隔的短小知识单元，将其作为课程内容，不仅可以很好地吸引学习者，在将每个学习单元控制在 10 分钟左右，以配合学习者碎片化的学习方式，减少学习负担的同时，反而增强了学习效果。

　　③面向学习者的内容呈现设计。

　　虽然内容上已经选择了比较短小、易懂，但又极重要的学习主题，但依然面对着两个重要难题：

　　如何把相对复杂的咨询心理学概念简洁、明快地教授给学习者，做到浅显易懂？

　　因为往往很多概念比较简捷，但其内涵却又极为丰富，光凭字面上的理解，学习者很难清楚理解，也不易于掌握。

　　如何把学习的注意力持续吸引在课程上？

　　MOOC 学习者通过网络进行学习，如果吸引力不够，很多学习者便会一边开着课程视频，一边做其他的事情，使学习效果大打折扣。简单来说，就是在考虑选择教学内容的同时，必然要兼顾内容的呈现形式，增加课程的吸引力，否则，即使课程内容选取再好，吸引不住学生也影响教学效果。基于以上思路，课程团队首先选择了"情景剧 + 教师讲解"的模式，随后制作了两个样片。这两个样片能通过直观、形象的画面，将相关概念的内涵直接呈现在学习者面前。然而，仍存在一个问题，即视频中演员是以多个场景表达一个内容：如"强迫症"（图 3 - 35、图 3 - 36）。对于学习者来说，可能会有新鲜感，但是缺点是：占用了学习者时间，而输送的知识内容偏少；教师在随后讲解中也只能一句话带过。或者说，明明可以用 PPT 就能表达的内容，没必要用情景剧模式演绎。

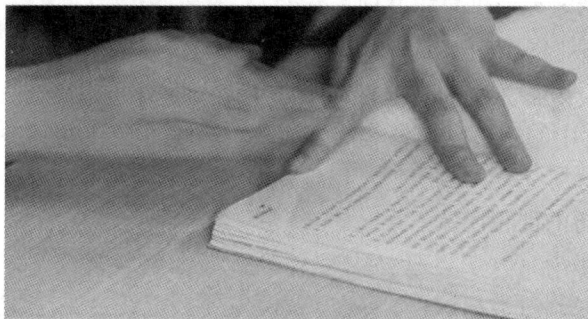

图 3 - 35　"一定要抹平书页"的场景截图

　　经过随后的反复讨论，课程团队最终决定采用"对话情景剧 + 教师讲解"的模式。首先，对话可涵盖信息量大，一个短短的片长，即可包含多种心理咨询技术，学习者需要反复观看加深理解，从而提升了单位时间视频价值。其次，学习者通常对于有情节、有悬念的内容都会比较关注，加上对话本身又贴近生活，这就把学习者的注意力牢牢吸引到课程视频上，促进学习者的有效学习。最后，对话情景剧本身给教师提供了很好的讲解素材，与教师讲解联系更加紧密，可起到很好的案例教学效果。

图 3 - 36　"彩笔一定要按冷暖色调排列"的场景截图

④几个"特殊"的细节处理。

在决定课程呈现模式之后，还有很多细节问题，在随后的多次讨论会中解决，如：

A. 客串演员与现场拾音。

项目团队最终决定选用本专业在校学生、教师或制作公司员工客串演员。相比专业演员，客串演员虽然演技业余，但是在课程中反而显得更加亲切自然。在特定课程环境下，学习者或许会对专业演员比较挑剔，而对客串演员的不成熟演技容忍度反而更高。这些推测在课程评论中也得到了进一步的印证。

除少部分特殊场景需要后期配音，课程大多场景都是采取了现场拾音。现场拾音的优点是声音真实、自然，现场感好；缺点是声音的控制自由度弱、音色品质较差等。考虑到情景剧期望达到的真实、自然效果，最终决定主要采用现场拾音的手段，后期表现效果良好。

B. 现场花絮与片尾。

为了让课程更加亲切自然，项目团队还借鉴了电影电视的做法，在每个视频中增加了现场花絮与片尾。现场花絮不仅包含了客串演员的一些表演失误，还有主讲教师的口误，等等，在后期教学中很受学习者欢迎，这些都在课程评论中有所体现；片尾则与一般课程的片尾不同，没有加入领导、监制等常见的滚动字幕，而是遵循一切为课程服务的思路，将客串演员的真实身份一一对应，也获得了学习者的好评。

C. 案例点评。

a. 教师作用至关重要。

主讲教师陈昌凯老师年轻而具备慕课制作经验。实际上，在教学设计中也发挥着重要作用。如情景剧的思路，是陈老师提出来的；第一版样片制作完成后，也是陈老师果断推翻重制。另外，陈老师性格幽默和善，带动了整个团队工作氛围。在此环境下，课程团队成员具有很高的工作积极性，客串表演也轻松自然。

b. 运用合适的媒体技术，呈现了合适的教学内容。

单就技术处理方式来说，该课程没有运用抓人眼球的高端制作技术，相关投入成本不是很高。整门课程视频最多只用三机位室内拍摄，未用无人机拍摄、虚拟现实等前沿技术；演员是客串演员，大部分运用的是现场拾音，没有聘请专业演员、专业配音；视频后期也没有3D 动画的引入，等等。然而针对课程需要表现的内容，这种简单的技术处理方式，也许更为合适。

3.3.4　设计总结

以 MOOC 为基础的混合式教学，将会在将来很长的一段时间里成为教学模式的主流，多元化的教学模式将提高教学活跃度和教学效率，为未来新型教学模式的发展奠定基础。而在慕课建设的时候一定要关注以下问题：

1. MOOC 课程的每周内容设计要高度的凝练

需要对内容进行筛选，需要筛选到在几分钟甚至最多十几分钟的时间里，把一个单元主题内容呈现出来的程度。其实每周内容设计的高度凝练，并不表示把内容完全地抽象。而是要找到对学习者来说，解决学习者问题的最重要的东西。

2. MOOC 课程的作业设计要成为学习者参与的主场

MOOC 课程的作业设计，是课程内容设计最重要的组成部分。作业是学习者参与的入口，也是学习者产生内容的平台，也是学习者彼此交流的平台。对每一周这些主题的作业，老师要求有计划地设计，然后去行动，并拍摄过程照片，然后发到论坛中分享。因为可以看到很多有趣不一样的人，不一样的想法，不一样的做法。课程的学习变得十分的有趣，学习者也成为让课程内容变得十分有趣的创造者和主角。

3. MOOC 课程实施中教学管理规则要清晰明确

比如每周课程内容什么时候开放，学员作业什么时候提交，要具体到某天的小时分钟。还有对学生作业品质的要求，对在一个 MOOC 课程学习社区要发言礼仪的要求，等等，这些都要有明确的规则，包括有的需要学习者对规则自己作出承诺等。

在不久的将来，远程教育、MOOC 教育、传统教育等不同教育方式的差异、区别和界限将最终随之弥合、消失。通过高科技将教学环境直接在人脑中呈现出来，当前几种教学方式所表现出的"感官差异"将被彻底地抹消，地理位置将不再能够限制学生参与课堂时，不但是思维参与，观点参与，视线参与，而且是全面参与，本人参与，实时参与，到那时的课堂，既是 MOOC 教学发展的最高水平，即全面交流，细微展示，也是传统课堂教育的最高水平，即不受距离限制，不受空间限制，不受教学器材、设备有无限制。MOOC 也终将会呈现出新的发展方向，比如在线精品课程资源库的建设。

【思考与探索】

1. 线上线下一体化教学中，翻转课堂教学如何层层深入？
2. 手机移动教学中，如何提升教学组织管理的有效性？

【本章小结】

基于互联网环境的教学设计是指在教学实施过程中，学习者运用网络技术和网络资源自主学习，教师通过网络学习平台构建学习情境，完成学习任务，促进学习者全面发展的一种教学方式。本章以项目引导方式，分析基于互联网环境的教学设计的优秀案例，从中找出基于互联网环境的教学设计的共同点和关键要素。要求教师根据自己的任教课程进行教学设计的修

基于互联网环境的
教学设计概述

改，根据不同的小节从传统教案修改到具备完整信息化教学设计要素的版本。

根据教学过程中网络使用的程度，可以把基于互联网环境的教学分为基于线上线下一体

化教学、基于移动互联网环境的教学和完全网络化的在线教学。

　　基于线上线下一体化教学把传统学习方式的优势和网络化学习的优势结合起来，教学活动的中心依然是师生之间面对面交流，线上教学是教学活动的积极补充。最典型的模式是"翻转课堂"。学生课前在线上学习基础知识，以课前任务的完成情况为依据，线下或课中教师与学生进行重难点的进一步探究学习，课后利用网络平台再进行知识的巩固与拓展。这种教学模式关注学生个性化发展需要，促进学生主动深入学习。

　　基于移动互联网环境的教学，以移动终端设备为平台，利用信息及时反馈功能灵活地组织教学活动，课后进行学习大数据分析，实现教师与学生之间教学互动、资源推送和反馈评价。这种教学设计的重点是教师要始终关注全体学生，引导学生利用人手一台的移动终端设备参与教学全过程，并通过大数据分析进行过程性评价。

　　基于 MOOC 环境的教学设计，以系统化微课视频为教学资源，实现大规模在线学习的开放和共享。教师负责讲授视频和引导解答在线讨论，学生根据自身学习需求完成学习任务，通过在线练习、小组协作、作业评改、交流讨论、互动答疑等活动完成课程学习，学业完成后自动获得结业证书。这种教学设计的重点在于设计微课视频的内容，时刻关注学生的学习状况，让学生有兴趣、有动力完成课程学习。

　　总之，基于互联网环境的教学设计是以学生为中心开展教学，教师扮演着协作者的角色，引导和监控学生的学习过程。其优点在于打破教学中教师的主导地位，充分发挥学习的积极性和主动性，体现了现代化的教学理念。但基于网络环境的学习也要求学生有良好的学习习惯，能够自觉主动地进行学习。否则，没有教师的严格要求，有些自觉性较差的学生习惯了被动学习，很难有较大的提高。所以，在"互联网＋教育"时代，教师需要放手，但并不是完全放手，而是利用网络学习的特点去引导和管理学习。

第4章

基于现场实践环境的教学设计

【教学情境】

　　职业教育(中职和高职)重在实践,以培养学生的实践操控能力,为企业或者社会输送"高技能人才"。现场实践教学环境由于受场地空间、安全要求、声音干扰等各方面条件的制约,开展教学的效果往往不佳,但是借用信息化手段,可以较好地突破相关条件的限制,拓展教学时空。因此,基于现场实践环境的信息化教学设计对于高职教师尤为重要,好的教学设计可以更好地培养学生的实践操控能力、提升学生的职业素养。

【解决方案】

　　基于现场实践环境的教学设计,教学环境复杂、教学媒体种类繁多、教学方法应用灵活等。在不同的实践教学环境中,选择合适的教学方法、教学策略、考核方式、开发合适的教学资源等,是突出重点、突破难点、达成教学目标、提高教学效果的前提。

　　根据当前职业学校的实践环境特色,综合分析,基于现场实践环境的教学设计包含三种:基于远程实时环境的教学设计、基于理实一体化环境的教学设计和基于工作现场环境的教学设计。近几年,不管是湖南省职业院校信息化教学大赛,还是全国职业院校信息化教学大赛,基于现场实践环境的教学设计案例非常多,可以从官方网站在线学习和借鉴。

【能力目标】

　　知识目标:

　　①了解三种"现场实践环境"的环境特征;

　　②理解三种"现场实践环境"的教学设计要点;

　　③掌握三种"现场实践环境"的教学方法与策略。

　　技能目标:

　　①学会根据不同的"现场实践环境"和实践教学内容,运用合适的教学方法、教学策略、教学素材、考核方式进行教学设计和组织教学实施;

　　②熟练掌握"现场实践环境"的教学设计流程;

素质目标：

①具备不同"现场实践环境"的信息化教学设计素养；

②树立"以学生为主体"的教学组织与实施理念。

4.1 基于远程实时环境的教学设计

4.1.1 设计基础

1. 教学环境分析

(1)远程实时环境的内涵。

远程实时环境教学是指利用网络技术，传授者(企业专家、教师、从业者或者学生等)与学习者在同一时间不同地点在线实时教与学的教学，即异地同时授课它克服了时间上的差异，拉近了空间的距离。比如教师讲授企业生产设备时，为便于学生直观认识，邀请企业专家在生产现场实时视频把设备的外观、内部结构、核心部位、功能等传送到教室，让学生在教室内就可以直观的学习远处的企业生产设备知识。在远程实时环境教学实践中先后出现了两种相对成熟的解决方案：一是基于流媒体技术的视频实时教学；二是基于虚拟现实技术的网络虚拟教室。

最简单的基于流媒体技术的视频实时教学就是利用"QQ 空间在线直播平台"来完成。传授者利用 QQ 空间的"📹直播"功能将远程现场画面实时传送给学习者，只要学习者有智能手机或者电脑就可以实时同步学习，便捷、简单、实用、免费。

基于虚拟现实技术的网络虚拟教室就是在网络空间中建立一个虚拟的可交互的教学系统，通过模拟传统的课堂教学功能，为异地学习者提供一个可共享的虚拟学习环境。

本节案例涉及的远程实时环境教学就是基于流媒体技术的视频实时教学，即"QQ 空间在线直播平台"。

(2)远程实时环境的特征。

同时、异地、多方参与等都是远程实时环境的特征。

①时间同步。

远程实时环境教学最显著的特征就是教学时间同步。在线实时教学、实时答疑、实时交互等，没有时间上的差异并拉近了空间的距离，让远程实时教学显得生动有趣、直观感强，学生乐于接受、教学效果佳、教学成本低。

②异地教学。

异地教学是远程实时环境教学的又一特征，它涉及的教学地点有两个或者两个以上，其中包含主教学点和辅助教学点。主教学点就是学生集中区，如本节案例"乙烯单体合成中水煤浆制备技术"的中央控制区。辅助教学点是生产现场或者企业专家工作现场，也就是需要远程实时在线呈现的地方，如"乙烯单体合成中水煤浆制备技术"的生产操作控制区和企业专家办公室。

③多方参与。

远程实时环境教学的参与者涉及企业专家、老师、从业者或者学生等。如"乙烯单体合成中水煤浆制备技术"，它就涉及了企业专家、老师和学生。老师在中央控制区组织学生学习企业生产现场知识，企业专家在生产现场讲解，学生在中央控制区学习。其中，老师是学生学习的组织者，企业专家是授课的主体，学生是学习的主体，多方参与者各尽其责，共同完成教学任务。

④必备硬件。

远程实时环境教学必须配备网络（包括无线和有线）、移动终端、摄像头、电脑、多媒体教学设备等多种硬件设施，特别是网络和移动终端是必不可少的。教学过程中，需要通过网络在线实时呈现企业生产现场的教学场景，让学生在主教学点就可以同时同步学习各辅助教学点的教学内容。如"乙烯单体合成中水煤浆制备技术"中的"内操"和"外操"协作操作就是利用无线网络传送技术和 QQ 空间在线直播平台来实现的。"外操"生产操作实时呈现在中央控制区显示屏上（图 4 - 1）；同时，把"内操"DCS 操作实时呈现在生产现场（图 4 - 2）。"内操"和"外操"通过远程实时在线学习，协助完成学习任务。

生产现场操作控制视频

图 4 - 1　"外操"生产操作实时呈现在中央控制区

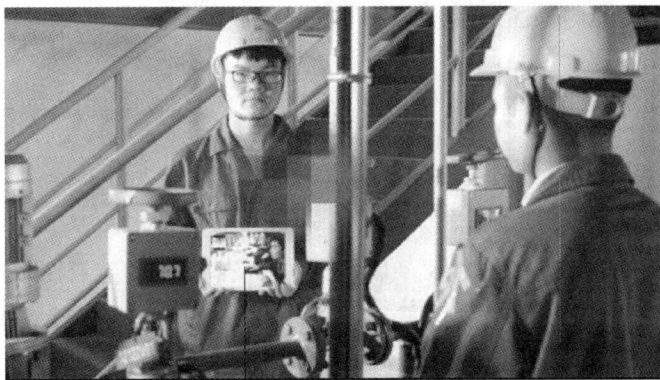

中央控制区操作控制视频

图 4 - 2　"内操"DCS 操作实时呈现在生产现场

远程实时现场环境的教学主要涉及的是实践性教学内容，特别是现场有一定危险性的实践环境，它不适合大量学生现场学习，如化工厂生产车间；也有现场要求严格，严禁他人进入的实践环境，如航空服务专业的"登机"操作流程；还有物流专业的"物流分拣"生产流程（图 4 - 3），数控专业的"数控加工"生产现场；等等，合理地应用信息技术为学生提供良好的学习场所和信息资源，是信息化教学设计的关键。

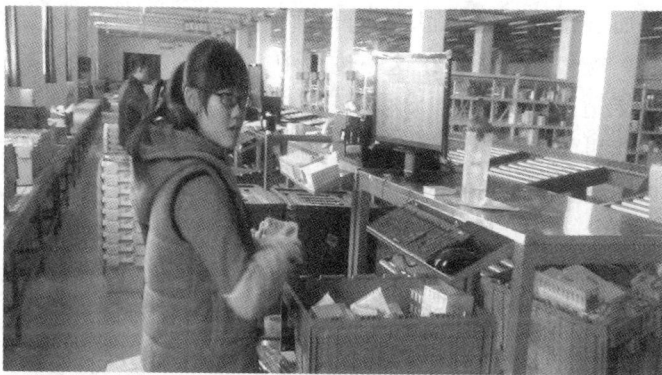

图 4 - 3　物流分拣现场

2. 教学模式选择

基于远程实时环境教学是以实验、实训和实习等实践性教学内容为主。主要涉及的教学模式有多种，比如抛锚式教学、探究式教学、合作学习模式等，本节案例以抛锚式教学模式为主，其他教学模式辅助。

（1）抛锚式教学模式内涵。

抛锚式教学是由美国范德堡大学的约翰·布郎斯福特教授所领导的认知和技术项目组（Cognition & Technology Group at Vanderbilt，CTGV）于 20 世纪 80 年代末 90 年代初开发的一种学习和教学策略。

抛锚式教学要求建立在有感染力的真实事件或真实问题的基础上，确定这类真实事件或问题被形象地比喻为"抛锚"，因为一旦这类事件或问题被确定了，整个教学内容和教学进程也就被确定了。

抛锚式教学的理论基础是建构主义。建构主义认为，学习者要想完成对所学知识的意义建构，即达到对该知识所反映事物的性质、规律以及该事物与其他事物之间联系的深刻理解，最好的办法是让学习者到现实世界的真实环境中去感受、去体验，而不是仅仅聆听他人关于这种经验的介绍和讲解。由于抛锚式教学要以真实事例或问题为基础，所以有时也被称为"实例式教学"或"基于问题的教学"或"情境性教学"。

（2）抛锚式教学程序。

抛锚式教学模式以"问题"为核心，它的基本程序由五个环节组成。

①创设情境。

选出当前所学内容中的概念、原理、过程或者方法等，以此作为"情境"，为学生提供一个完整、真实、具体的问题背景，并以此为基础，启动教学，以使学生产生相应的学习需要。

②确定问题。

在上述情境下，选出与当前学习主题密切相关的真实性事件或问题作为学习的中心内容，选出的事件或问题就是"锚"，这一环节的作用就是"抛锚"。

③自主学习。

学生不再是知识的被动接受者，而应是知识信息的主动索取者和知识结构的建构者。在此，学生将不再仅依赖教师的讲授，而是自己探索问题的解决方案，利用各种媒体收集各类信息资源，并将信息加以分类整理，提取出有价值信息。然后根据"问题"的主题，将有效信息联系起来，建构起新的知识体系。在这一过程中，教师可就方案的制订、信息源的分布、信息的检索方法上给予适当的指导。

不是由教师直接告诉学生应当如何去解决面临的问题，而是由教师向学生提供解决该问题的有关线索，并特别注意发展学生的"自主学习"能力。

④协作学习。

学习过程是一种发散式的思维创造过程。不同的同学有自己独有的学习困难，也有相应的学习路径，每个人都以自己独有的方式领悟到事物的某些方面。在这里，协作与交流就是增进学生之间的交流，使他们认识到不同的观点。所以，要留出一定的时间，供学生相互交流和讨论。通过不同观点和倾向的交锋互相启发，有利于学生反思、升华，加深对当前问题的认识。在可能的条件下，教师应组织协作学习，并引导协作学习过程，使之向着有利于知识建构的方向发展。讨论、交流，通过不同观点的交锋，补充、修正，加深每个学生对当前问题的理解。

⑤效果评价。

由于抛锚式教学的学习过程就是解决问题的过程，由该过程可以直接反映出学生的学习效果。因此，只需在学习过程中考核学生的表现即可，即学生的自主学习能力、协作过程中的贡献和是否达到意义建构的要求。

4.1.2　设计思路

你该如何进行信息化教学设计，也就是你的教学策略是怎样的？教学策略指在教学目标确定后，根据已定的教学任务和学生特征，有针对性地选择与组合相关的教学内容、教学组织形式、教学方法和技术形成的具有效率意义的特定的教学方案。它具有综合性、可操作性和灵活性等基本特征。注意，没有任何单一的教学策略能够适用于所有的教学。

1. 设计要点

（1）设计学习任务。

重构教材或者教学过程是设计学习任务的关键。教师依据课程教学目标，分析单一学科的一章或者多个学科知识之间的相互关系，围绕某一线索提炼关联的知识点而整合成学习单元。然后根据学习单元的内容和学生的实际情况设计真实的学习任务。如"乙烯单体合成中水煤浆制备技术"，授课教师重构教材，把教学任务设计成三个子学习任务，分别是工艺认知、工艺体验和开车操作。通过分析与学习任务相关的学习内容，再确定学生通过完成该任务后应该掌握的知识、技能和素养目标。最后依据学生的知识结构和操作实践能力，确定相应的教学模式和教学方法。如"乙烯单体合成中水煤浆制备技术"教学中采用的教学模式是以抛锚式教学模式为主，合作学习教学模式为辅的混合式教学模式，采用的教学方法有任务驱动法和角色扮演法。

（2）设计网络资源和学习环境。

基于远程实时环境的教学需要丰富的网络教学资源、网络环境和相应的教学硬件作为支撑。设计网络资源和学习环境主要包含组织与提供学习的网络资源、设计学习工具和选择协作交流平台三个部分。

依据学生的信息化素养和教师信息技术应用能力，我们应该在相应的教学平台集成或开发在线仿真、微课、动画、图片、音频、PPT、在线测试题库等网络教学资源。还可以在生产现场打造"二维码资源"嵌入，建立信息化教学工厂。

学习工具是指能为学生的学习过程提供支撑与帮助，促进学生获取知识，辅助高级思维活动的各种中介。如制作课件的 Microsoft PowerPoint 2010 软件、制作思维导图的 Mind Manager 软件、仿真教学软件、实时交流工具"QQ"或者"微信"等，以及电脑、移动终端、摄像机、照相机等教学硬件。

协作交流平台是指提供学生提交作品，与同学、老师、专家进行交流，教师管理、归集、评价学生的作品，与学生、同行、企业专家进行交流的平台。目前，选择协作交流平台主要有三种方式，一是学校自主开发的网络教学平台，二是购买企业出租的网络教学平台，三是使用免费的网络教学平台。案例中的张老师采用的协作交流平台是"世界大学城云平台"和"QQ 空间在线直播平台"。

（3）组织与安排学习活动。

合理地组织与安排学习活动是保证按时完成教学任务，并优质达成教学目标的关键。精心设计教学情境是吸引学生学习兴趣的重头戏。为了有效地开展教学，教师需要根据实际情况，对整个学习内容及其进度做出圆满的规划和设计。如《乙烯单体合成中水煤浆制备技术》教学案例中，张老师分别在课前、课中和课后进行了详细的规划和设计，具体规划和设计请参照"3.4.2 教学情境设计"。

（4）设计学习评价方案。

伴随信息化学习过程的大量"过程性"信息和"结果性"内容，都应该是学习评价的范围。因此，需要对学生进行学习过程和学习结果的评价。对于过程性评价，主要考核学生的探究能力、协作能力、学习能力等。对于结果性评价，主要考核学生作品完成的质量或随堂测验的成绩。如《乙烯单体合成中水煤浆制备技术》教学案例中，张老师制定了由学生、教师、专家共参与，课前、课中、课后相贯通的多元过程化综合考评体系，具体评价方案请参照"4.1.3 考核评价"。

2. 注意事项

（1）以学生为中心，注重学生学习能力的培养。

教师是作为学习的促进者，必须引导、监控和评价学生的学习进程。

在信息化教学中，教师不再维持自己作为"专家"的角色，而是通过帮助学生获得、解释、组织和转换大量的信息来促进学习，以解决实际生活中的问题。在这种模式中，学生承担着自我学习的责任，通过协同作业、自主探索的方式进行主动的知识建构。

（2）充分利用各种信息资源来支持学习。

在信息化教学中，教师要关注信息技术运用方式的变化，技术的关键任务不是以操练的形式来呈现信息，而是提供问题空间和探索问题的工具。

教师备课除了有声有色准备多媒体教材外，还应该考虑该给学生提供什么样的交互方式；考虑什么样的学习材料有利于学生自己发现，自己得出结论；研究什么样的情境有利于他们充分展开讨论，认知水平能够得到升华；等等。充分利用各种信息资源，学校、社区特殊资源，书本、网络公共资源等，作为学习的组织者，必须充分挖掘学校、社区特有的自然、文化等资源来支持学习。

（3）合理确定和教授学习策略与技能。

以"任务驱动"和"问题解决"作为学习和研究活动的主线，在相关的有具体意义的情境中确定和教授学习策略与技能。所谓任务驱动的教学策略，就是指以师生讨论为载体、以贯彻问题设计为引线、以学生自主和分组协作相结合为具体实施方式进行的教学。所以，信息化教学设计的核心是问题设计。一般情况是首先创设问题情境，形成自主学习的任务，通过学习者合作解决真实性问题，来学习隐含于问题背后的科学知识和解决问题的技能，形成自主学习能力，这样，学习者能够批判性的学习新的思想和事实，并将它们融入原有的认知结构中，能够在众多思想间进行联系，并能够将已有的知识迁移到新的情境中，做出决策并最终解决问题。这就是信息时代倡导的深度学习。

（4）强调"协作学习"。

这种协作学习不仅指学生之间，师生之间的协作，也包括教师之间的协作。教师按照某种合作形式组织学生进行学习，比如简单的学习小组、专家组等，就是一种很好的协作学习教学策略。

4.1.3　设计案例

【案例引入】

李老师大学毕业后进入某理工类高职院校任教，主授专业课程。教学中，他的学识和风趣幽默的语言很受学生欢迎。但是，他也有困惑，就是在讲授"生产现场"的知识时，学生理解困难，接受比较慢。那有没有合适的教学方式来解决这个困惑呢？教研活动时，他听说张老师利用信息化教学解决了这个困惑，于是他走进了张老师"乙烯单体合成中水煤浆制备技术"信息化课堂。

基于远程实时环境
的教学设计

1.教学设计方案

（1）教学案例。

"乙烯单体合成中水煤浆制备技术"

（2）案例及获奖情况。

此案例是 2016 年全国职业院校信息化教学大赛高职组信息化教学设计能源动力与材料1组的二等奖作品。参赛内容为高分子材料工程技术专业的"聚烯烃生产技术"课程中的"乙烯单体合成中水煤浆制备技术"，教学时长为 4 学时。

（3）参赛教师情况。

张翔，博士，湖南化工职业技术学院化学工程学院教师。

刘小忠，本科，高级实验师，湖南化工职业技术学院化学工程学院教师。

唐淑贞，硕士，副教授，湖南化工职业技术学院化学工程学院教师。

(4)案例教案

"乙烯单体合成中水煤浆制备技术"教案如表4-1所示。

表4-1 "乙烯合成中水煤浆制备技术"教案

教学课题	乙烯单体合成中水煤浆制备技术		
所属课程	聚烯烃生产技术	采用教材	校本教材
授课学时	4学时	授课对象	高分子材料工程技术专业大二学生

一、课业内容与教学目标

1.课业内容

"聚烯烃生产技术"是我院高分子材料工程技术专业为对接区域产业发展现状和专业人才培养要求自主开发的核心课程,既是对《高分子化学与物理》等前导课程的知识整合与拓展,又是对"高分子材料成型加工""高分子材料改性"等后续课程的引导与铺垫,本教学内容选自校本教材项目二、任务一中的情境一:乙烯单体合成中水煤浆制备技术。主要内容包括:(1)掌握水煤浆制备工艺流程;(2)制定水煤浆制备工段开车方案;(3)学会水煤浆制备工段开车操作。

教学重点:水煤浆制备工艺及开车操作;教学难点:水煤浆制备开车方案制定

2.教学目标

知识目标:掌握水煤浆制备工艺;

技能目标:完成内、外操作岗位协同操作;

素质目标:树立岗位意识和培养协作意识

二、学习者特征分析

优势:已掌握基本的高分子材料结构、性能和聚合反应机理,信息化素养普遍较高,喜欢动手实践。

不足:对高分子材料生产整体工艺认识不强,岗位意识较模糊,缺乏岗位协作能力

三、设计依据和教学策略

基于建构主义学习理论,形成以学生为主体、问题为导向、任务为驱动、角色来扮演、岗位相对接、信息技术辅助的教学策略。

1.依据(学生的主要问题)→策略(以问题为导向,将教学过程分解成工艺认知、工艺体验和开车操作三个子任务,逐个突破,降低学生知识内化、技能习得难度)。

2.依据(学生岗位意识模糊)→策略(采用角色扮演法,创设职场实景,设计岗位定位、体验、操作与轮换教学模式,实现做中学、做中教)。

3.依据(学生信息化素养普遍较高,喜欢动手实践)→策略(开发在线仿真、微课视频、模拟动画和测试题库等教学资源,搭建信息化教学平台;引入二维码资源嵌入和无线网络传送技术,打造信息化教学工厂)

四、教学环境与资源准备

1.学习环境

(1)煤制烯烃仿真工厂;(2)煤制烯烃仿真教学平台;(3)无线网络覆盖

2.学习资源

(1)教学课件、校本教材;(2)微课;(3)工艺流程图和设备布置图;(4)二维码资源库;(5)模拟动画;
(6)测试题库。

续表 4 – 1

3. 学习资源内容简要说明

（1）使用教材：校本教材《聚烯烃生产技术》。

（2）参考教材：

①《高聚物生产技术》化学工业出版社 张立新；②《高聚物生产技术》化学工业出版社 侯文顺。

（3）参考资源：

①动画资源库：包含气化炉、变换炉、合成塔、绕管式换热器等设备动画资源。

②二维码资源库：张贴于现场设备、仪表与阀门上。

③测试题库：包括课前测试、内外操岗位体验测试和课后巩固测试等。

④煤制烯烃仿真教学平台：包括煤制烯烃工艺中的开停车和事故处理等仿真过程及评价。

⑤微课视频：包含水煤浆组成和用途、DCS 系统界面及操作介绍等视频。

五、教学过程

教学步骤	教学设计	时间分配/min
课前准备	（1）岗位定位。 学生：大学城 APP 观看岗前视频，树立安全生产意识，明确岗位分工教师：利用大学城的问卷调查，基于学科偏好、岗位要求等因素对学生进行内操和外操岗位定位分组。 （2）制作课件。 学生：登陆专业网站(中国知网等)查阅水煤浆制备工艺的相关资料，学生通过专业渠道和工具自主进行资讯收集，并以小组为单位制作并上传工艺课件，通过课前交流协作(线上与线下)，了解水煤浆制备基本工艺流程，为工艺认知环节做铺垫。 教师：接受咨询，远程指导学生。 （3）测评。 学生：登录大学城空间教学平台，完成课前测试。 教师：掌握学生课前学习情况，及时调整教学策略	
情境引入	学生观看信息化教学工厂介绍视频，了解工厂的区域分布及功能；教师现场讲解，通过两种方式帮助学生熟悉岗位环境，进入学习情境	8
工艺认知	（1）工艺展示。 学生：小组代表展示课前制作的工艺课件。 教师：点评并总结水煤浆制备工艺，强调制备原料、储罐、输送设备、核心设备及关键控制点。根据水、煤和添加剂三种原料的物料输送路线进行梳理，明确煤浆产品质量标准。(水、添加剂和煤分别从研磨水罐、添加剂槽和煤斗通过研磨水泵、添加剂泵和给料机输送到达磨机经过研磨混合制得浓度适中、粒径分布均匀、稳定性好的悬浮浆液)。 （2）测评。 用 flash 游戏测试学生工艺流程掌握情况。	17

续表 4 - 1

五、教学过程

教学步骤	教学设计	时间分配/min
岗位体验	(1)自主学习。 学生(内操)：在中央控制区，利用微课视频熟悉 DCS 控制界面，利用仿真软件掌握阀门开闭、流体流量等调控方法。 学生(外操)：在生产操作区利用设备布置图和工艺流程图熟悉设备、仪表的现场分布状况，利用张贴于设备、仪表、阀门的二维码资源掌握其内部结构和工作原理。 教师：巡回指导，针对学生在内外操岗位体验中遇到的主要问题进行补充讲解，演示无线电对讲机的使用方法，重点考查学生对岗位操作环境的认识，岗位操作归属的辨别和基础岗位操作的执行能力。 (2)测评。大学城空间岗位体验测试。	25
开车操作	制定方案。 教师：演示 Mind Manager 软件采用思维导图法制定开车方案，如水煤浆的制备包括开车前准备、备料等 5 个环节，备料包括水、煤和添加剂三种原料的备料等。 学生：小组利用 Mind Manager 软件，探索运用所学知识制定开车操作方案，体会学以致用的成就感	30
开车操作	验证方案。 学生：自主探究，通过仿真软件评价系统进行方案验证，验证后进行讨论交流，总结主要问题与分歧，并修正方案。 专家：针对学生问题，结合生产实践，为学生答疑解惑，帮助学生理解开车方案。 教师：巡回指导，为个别小组提供帮助	15
开车操作	(1)实施方案。 学生： ①根据修正后的开车方案协同完成开车操作。(开车操作) ②进行角色互换，相互指导完成开车操作。(岗位轮换) 教师：观察学生操作过程，根据学生问题及时指导。 (2)测评。仿真操作系统评分。	75
课堂小结	教师：点评总结本次课小组表现，回顾水煤浆制备工艺、内外操作岗位职责和开车操作要领，布置课后任务	10
教学评价	学生：评价小组成员的学习参与度。 专家：评价开、停车方案。 教师：评价职业素养，开、停车方案；整合过程性评价、主观性评价、总结性评价；总结每位学生综合性评价得分	

续表 4 - 1

六、课后巩固提升
学生：基于思维导图法制定停车方案，利用仿真软件进行方案验证。 专家：接受学生咨询。 教师：远程指导、接受学生咨询
七、教学反思
特色创新： (1)利用思维导图法，提升学生心智技能。 (2)利用无线网络传送技术，实现同步双向可视操作。 不足之处：教学反馈改进机制有待完善。 改进措施：基于学生课后评价、毕业生和用人单位数据反馈以及产业发展变化指导教学内容、教学方法的调整设计

2. 教学设计分析与实现

《乙烯单体合成中水煤浆制备技术》是高分子材料工程技术专业学生必修的专业技术核心课程《聚烯烃生产技术》的内容之一，授课对象是大学二年级学生。教学目标是让学生掌握水煤浆的组成、用途和制备工艺，以及内、外操作岗位的协同操作技能，进而培养学生的团队合作精神及树立岗位意识；教学重点是水煤浆制备工艺及开车操作；教学难点是水煤浆制备开车方案的制定及开车操作。

张老师是如何应用信息技术来突出本次课的教学重点和突破本次课的教学难点？他又是如何进行教学设计来达到确定的教学目标？

(1)教学地点设计。

本次课的教学地点有三个：主教学点即中央控制区(图4-4)，辅助教学点即生产操作区(图4-5)和企业专家办公室(图4-6)。远程实时连线有两条：一是企业专家与学生远程互连；二是"外操"与"内操"学生远程互连。那么，张老师他又是如何应用信息技术把三个教学点联系在一起？

图4-4　教学地点一：中央控制区

图 4-5　教学地点二：生产操作区

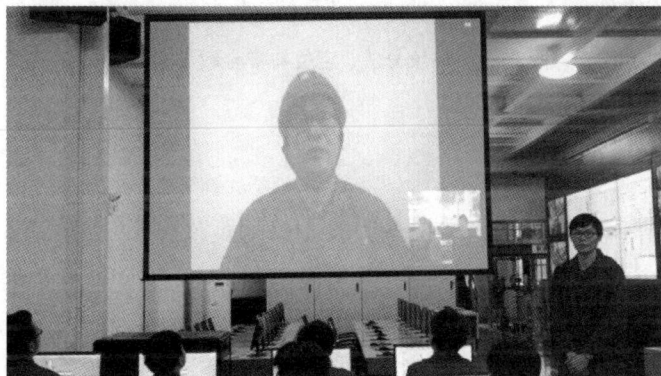

图 4-6　教学地点三：企业专家办公室

（2）教学策略。

张老师采用了以学生为主体、问题为导向、任务为驱动、岗位相对接、角色来扮演、信息技术相辅助的教学策略。根据往届学生学习情况和课前信息反馈，他采用了任务驱动法，并重构教学任务为工艺认知、岗位体验和开车操作三个子任务，以逐个突破、降低学生知识内化和技能习的难度；他针对学生岗位意识较模糊的特点，采用角色扮演法，创设生产现场的学习情境，设计了岗位定位、体验、操作和轮换的教学模式，以实现做中学、做中教；他基于学生的信息化素养普遍较高和喜欢操作实践的情况，在世界大学城云平台开发了在线仿真、微课、动画、设备图片、在线测试题库等教学资源，并在生产现场嵌入二维码，打造了多维立体信息化教学工厂；他利用 QQ 空间在线直播平台及时传送三个教学地点的教学场景，让学生实时观察对方岗位的操作和接受企业专家在线指导与点评。

（3）教学过程组织。

张老师精心组织与安排了学生在课前、课中和课后的学习活动。

1）课前。

学生通过大学城 APP 观看"微课"（图 4-7），以树立安全生产意识，明确"内操"与"外操"的岗位分工及定位；通过在线问卷调查，让学生进行"内操"与"外操"岗位定位和分组；引导学生查阅资料，制作和上传水煤浆制备工艺课件，并完成课前测试，以初步了解水煤浆制备的相关理论知识。

图4-7　岗位分工、定位与安全教学视频

2）课中。

①情境导入。

通过"微课"让学生学习信息化教学工厂的区域分布及功能（图4-8），熟悉岗位环境，进入学习情境。

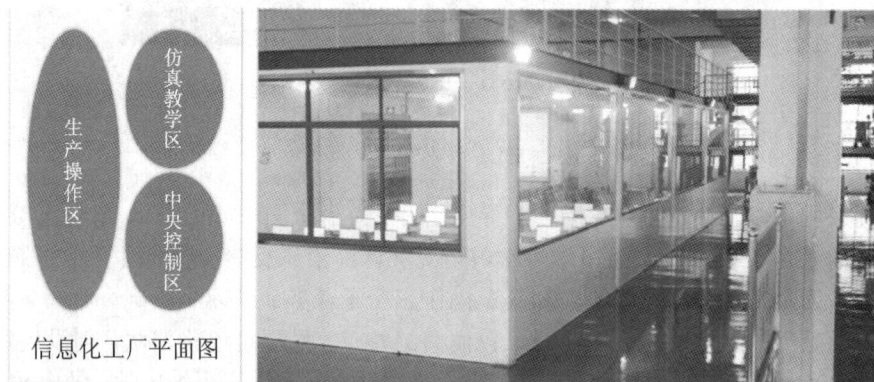

图4-8　信息化教学工厂的区域分布及功能"微课"

②教学任务一：工艺认知。

学生展示课前制作的水煤浆制备工艺课件，教师点评并总结水煤浆制备工艺（图4-9）；通过 Flash 游戏通关测试后（图4-10），即完成"任务一：工艺认知"的教学。

③教学任务二：岗位体验

采用角色扮演法，让学生在中央控制区，利用"微课"熟悉 DCS 控制界面（图4-11）；利用仿真软件掌握阀门开闭、流体流量调控方法；在生产操作区，利用设备布置图和工艺流程

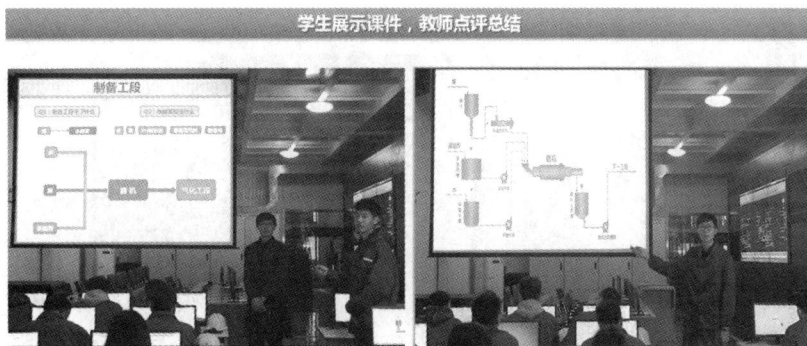

图 4 – 9　学生展示水煤浆制备工艺课件，教师点评并总结

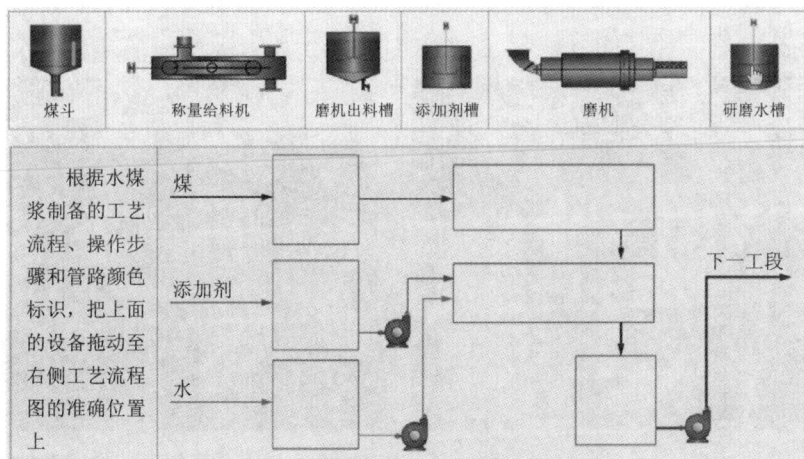

图 4 – 10　Flash 游戏

图熟悉水煤浆制备的工艺流程及设备、仪表的现场分布（图 4 – 12）；利用"二维码资源"掌握设备内部结构、工作原理和操作规程（图 4 – 13）；教师则巡回指导，补充讲解"内操"和"外操"岗位的职责及工作内容（图 4 – 14）。学生通过"内操"和"外操"的"岗位体验"在线测试后，进入"任务三：开车操作"。

　　④教学任务三：开车操作。

　　利用 Mind Manager 软件采用"思维导图法"引导学生讨论制定开车方案（图 4 – 15）；再利用仿真软件自主进行方案验证（图 4 – 16）；通过与企业专家现场连线，针对问题、结合生产操作为学生答疑；教师强调安全事项后，学生按照开车方案协同完成开车操作（图 4 – 17）。由于传统教学过程中"内操"和"外操"通过无线电对讲只有声音指示，容易导致操作失误，因此又引入网络传送技术和 QQ 空间在线直播，让学生同步观察对方岗位的操作过程，以确保操作生产安全进行。最后，学生再进行岗位角色互换，相互指导；在角色互换操作中，网络传送技术有效缩短了学生学习时间，帮助学生相互确认操作步骤，最终实现每位学生都能熟

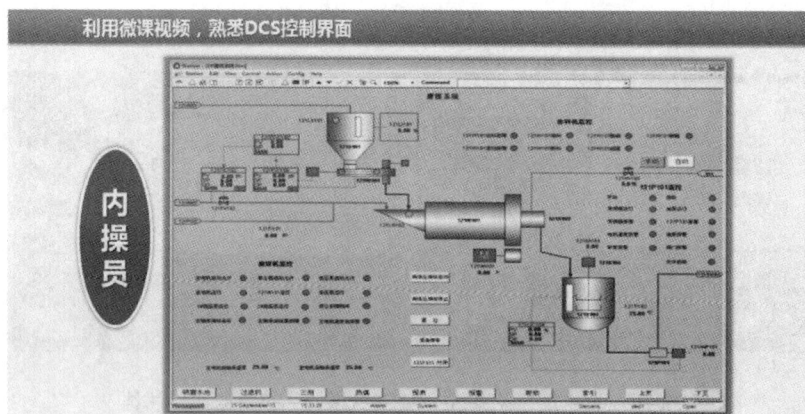

图 4-11 "内操"员在中央控制区利用"微课"熟悉 DCS 控制界面

图 4-12 "外操"员在生产操作区熟悉设备、仪表的现场分布

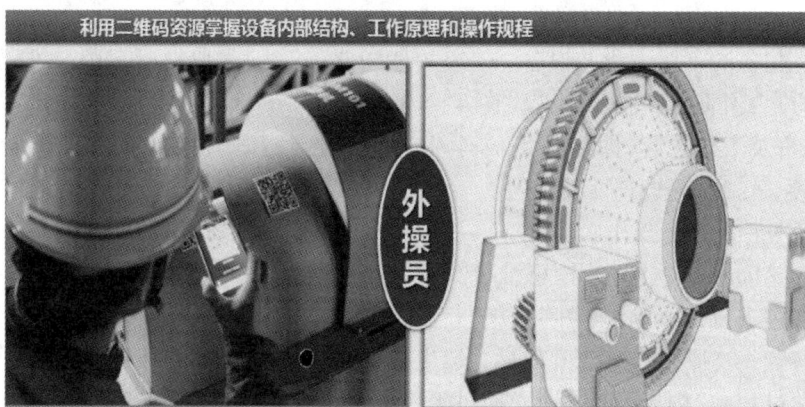

图 4-13 "外操"员扫描"二维码"掌握设备内部结构、工作原理和操作规程

图 4 – 14　教师巡回指导，补充讲解"内操"和"外操"岗位的职责及工作内容

练进行内、外操作岗位的操作，有效地突出了本次课的教学重点，突破了本次课的教学难点，
到达了确定的教学目标。

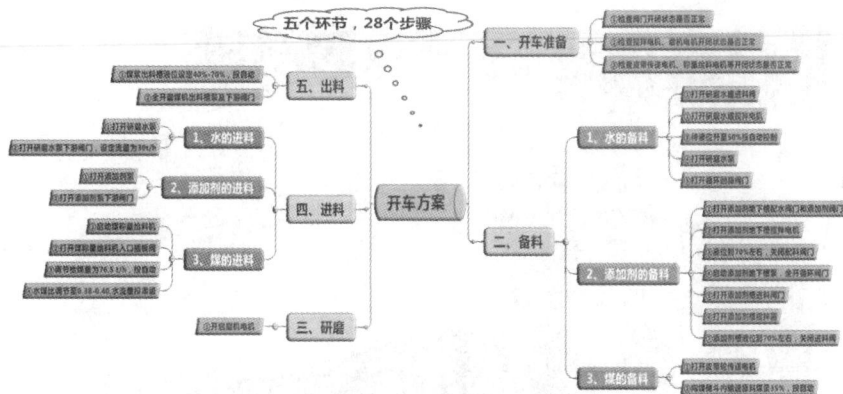

图 4 – 15　教师采用思维导图法引导学生讨论制定开车方案

图 4 – 16　学生利用仿真软件自主进行方案验证

图 4 - 17　学生按照开车方案协同完成开车操作

3) 课后

观看标准操作视频并完成课后测试(图 4 - 18);制定停车方案,利用仿真软件进行方案
验证,并针对问题与企业专家、教师交流、讨论(图 4 - 19)。

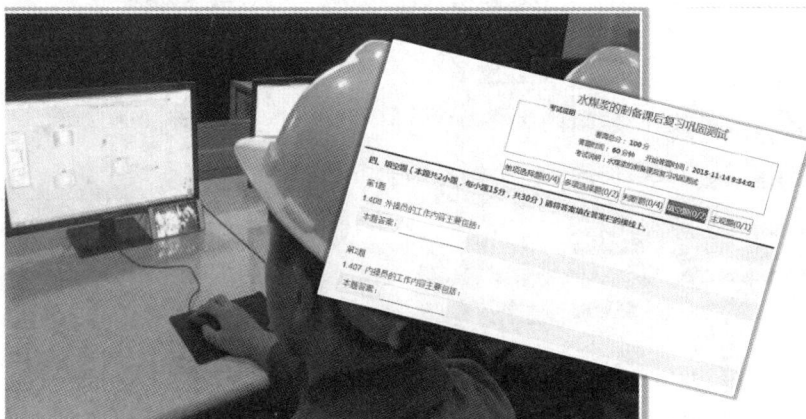

图 4 - 18　观看标准操作视频,完成课后测试,加深巩固操作技能

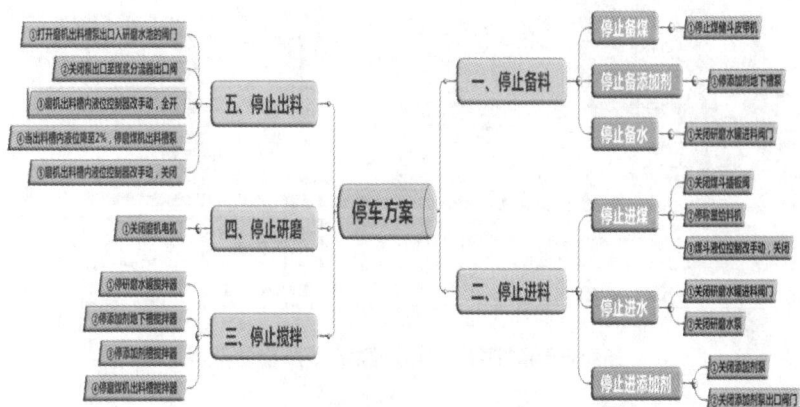

图 4 - 19　利用思维导图法制定停车方案

（4）考核评价。

张老师制定了由学生、教师、专家共参与，课前、课中、课后相贯通的多元过程化综合考评体系（表 4 - 2）。

表 4 - 2　多元过程化综合考评体系

姓名	过程性评价					主观性评价		总结性评价	综合性评价（100%）
	电脑系统					学生	教师	教师、专家	
	课前测试（5%）	岗位体验测试（10%）	课后测试（10%）	趣味训练（5%）	操作系统评分（20%）	学习参与度（10%）	职业素养（20%）	开、停车方案（20%）	
文石荣	74	88	92	90	96	96	85	85	85.3
林党强	99	92	88	80	96	96	85	82	86.8
蒋艳兰	81	76	82	100	88	90	98	95	90.9
蒋丽华	78	88	98	92	88	90	98	92	92.6
刘洁	94	83	94	100	96	96	85	82	88
朱俊玲	92	96	96	80	96	96	85	82	87.3
梅林星	81	77	94	80	88	90	98	96	90.2
袁旺	92	94	94	90	88	90	98	96	94
陈丽咏	99	92	88	100	74	98	92	78	85.7
龙乐	88	82	84	60	74	98	92	78	78.2

3. 教学设计理论依据

"乙烯单体合成中水煤浆制备技术"是基于建构主义学习理论进行教学设计的。建构主义学习理论认为：

①学习是一个积极主动的建构过程。学习者不是被动地接受外在信息，而是根据先前认知结构主动地和有选择性地知觉外在信息，建构当前事物的意义。

②知识是个人经验的合理化，而不是说明世界的真理。因为个体先前的经验是十分有限的，在此基础上建构知识的意义，无法确定所建构出来的知识是否就是世界的最终写照。

③知识的建构并不是任意的和随心所欲的。建构知识的过程中必须与他人磋商并达成一致，并不断地加以调整和修正，在这过程中，不可避免地要受到当时社会文化因素的影响。

④学习者的建构是多元化的。由于事物存在复杂多样化，学习情感存在一定的特殊性，以及个人的先前经验存在独特性，每个学习者对事物意义的建构将是不同的。

建构主义学习理论的基本内容可从"学习的含义"（什么是学习）与"学习的方法"（如何进行学习）这两个方面进行说明。

（1）学习的含义。

建构主义认为，知识不是通过教师传授得到，而是学习者在一定的情境即社会文化背景下，借助获取知识过程中其他人（包括教师和学习伙伴）的帮助，利用必要的学习资料，通过意义建构的方式而获得。由于学习是在一定的情境即社会文化背景下，借助其他人的帮助即通过人际间的协作活动而实现的意义建构过程，因此建构主义学习理论认为"情境""协作""会话"和"意义建构"是学习环境中的四大要素或四大属性。

"情境"：学习环境中的情境必须有利于学生对所学内容的意义建构。这就对教学设计提出了新的要求，也就是说，在建构主义学习环境下，教学设计不仅要考虑教学目标分析，还要考虑有利于学生建构意义的情境的创设问题，并把情境创设看作是教学设计的最重要内容之一。

"协作"：协作发生在学习过程的始终。协作对学习资料的搜集与分析、假设的提出与验证、学习成果的评价直至意义的最终建构均有重要作用。

"会话"：会话是协作过程中不可缺少的环节。学习小组成员之间必须通过会话商讨如何完成规定的学习任务计划；此外，协作学习过程也是会话过程，在此过程中，每个学习者的思维成果（智慧）为整个学习群体所共享。因此，"会话"是达到意义建构的重要手段之一。

"意义建构"：这是整个学习过程的最终目标。所要建构的意义是指：事物的性质、规律以及事物之间的内在联系。在学习过程中帮助学生建构意义即帮助学生对当前学习内容所反映的事物的性质、规律以及该事物与其他事物之间的内在联系达到较深刻的理解。这种理解在大脑中的长期存储形式就是前面提到的"图式"，也就是关于当前所学内容的认知结构。

由以上所述的"学习"的含义可知，学习的质量是学习者建构意义能力的函数，而不是学习者重现教师思维过程能力的函数。换句话说，获得知识的多少取决于学习者根据自身经验去建构有关知识的意义的能力，而不取决于学习者记忆和背诵教师讲授内容的能力。

（2）学习的方法。

建构主义提倡在教师指导下的以学习者为中心的学习，也就是说，既强调学习者的认知主体作用，又不忽视教师的指导作用，教师是意义建构的帮助者、促进者，而不是知识的传授者与灌输者。学生是信息加工的主体、是意义的主动建构者，而不是外部刺激的被动接受者和被灌输的对象。学生要成为意义的主动建构者，就要在学习过程中从以下几个方面发挥主体作用：

①要用探索法、发现法去建构知识的意义；

②在建构意义过程中主动去搜集并分析有关的信息和资料，对所学的问题要提出各种假设并努力加以验证；

③要把当前学习内容所反映的事物尽量和自己已经知道的事物相联系，并对这种联系加以认真的思考。"联系"与"思考"是意义构建的关键。如果能把联系与思考的过程与协作学习中的协商过程（即交流、讨论的过程）结合起来，学生建构意义的效率会更高、质量会更好。协商有"自我协商"与"相互协商"两种，自我协商是指自己和自己争辩什么是正确的；相互协商则指学习小组内部相互之间的讨论与辩论。

教师要成为学生建构意义的帮助者，就要从以下几个面发挥指导作用：

①激发学生的学习兴趣，帮助学生形成学习动机；

②通过创设符合教学内容要求的情境和提示新旧知识之间联系的线索，帮助学生建构当前所学知识的意义；

③为了使"意义"建构更有效，教师应在可能的条件下组织协作学习（开展讨论与交流），并对协作学习过程进行引导使之朝有利于意义建构的方向发展。引导的方法包括：提出适当

的问题以引起学生的思考和讨论；在讨论中设法把问题步步引向深入以加深学生对所学内容的理解；要启发诱导学生自己去发现规律、自己去纠正和补充错误的或片面的认识。

4.1.4 设计总结

《聚烯烃生产技术》是高分子材料工程技术专业的核心课程之一。张老师的教学设计以学生为主体，以问题为导向，采用任务驱动和角色扮演教学法，利用无线网络传送技术，通过世界大学城云平台、煤制甲醇仿真教学平台和QQ空间直播平台促进信息技术深度融入教学的各个环节，有效地达到了确定的教学目标。

1. 课程开发

张老师的教学设计并没有局限于教材的限制，而是结合本专业学生的学习实际与专业课程学习进度，与企业专家在研究原教材的基础上，进行了二次开发，把"乙烯单体合成中水煤浆制备技术"的教学任务分解重构成工艺认知、岗位体验和开车操作三个子任务，由易到难、循序渐进、系统性地逐个突破，以降低学生的知识内化和掌握技能操作的难度。

2. 教学情境设计

张老师对本次课的教学情境从课前、课中和课后进行了精心的设计和安排，如表4-3所示。

表4-3 教学情境设计

教学进程		教学情境	教学功能
课前		APP观看岗位定位和分工"微课"	明确内、外操作的岗位安全、定位和分工
		世界大学城在线问卷调查	对学生进行岗位定位
		制作并上传工艺课件	了解所学理论知识
		在线测试	掌握学生学习情况，及时调整教学策略
课中	岗位认知	观看信息化工厂"微课"	了解岗位环境，进入学习情境
		展示工艺课件	进行工艺认知
		教师点评和讲解	教师指导和讲授工艺，学生系统学习工艺
		Flash游戏测试	巩固所学工艺
	岗位体验	分组、按岗位定位分别进入中央控制区和生产操作区	角色扮演，岗位定位
		内操：观看DCS"微课"	熟悉DCS操作控制和功能
		内操：DCS仿真操作	掌握阀门的开、关和液体流量的调节
		外操：现场观看流程	熟悉工艺流程和设备、仪表的现场分布
		外操：扫描二维码	掌握设备内部结构、工作原理和操作规程
		在线测试	掌握内操和外操的定位、分工和学习内容

续表4－3

教学进程	教学情境		教学功能
课中	开车操作	思维导图法制订开车方案	系统、条理、直观地制订开车操作方案
		仿真操作	验证开车操作方案的准确性
		专家连线	专家在线答疑、解惑
		开车操作	内、外操协同操作，掌握开车操作技术
		角色互换，相互指导	内、外操角色互换，完全掌握开车操作技术
		专家连线	专家在线点评、指导学生开车操作
课后	观看标准操作"微课"		完整、系统性地掌握操作技能
	在线测试		巩固所学操作技能
	思维导图法制定停车方案		预习下次课的核心知识点
	仿真操作		预习下次课的核心知识点

3. 技术融合

张老师在世界大学城云平台集成了在线仿真、微课、动画、在线测试题库等教学资源，在生产现场嵌入了"二维码资源"库，在中央控制区利用煤制甲醇仿真教学平台，在QQ空间利用在线直播平台，打造了多维立体信息化教学工厂，并恰当地融合到学习任务和教学环节中，较好地实现了学习过程与技术应用的双向融合。

特别是在"任务三：开车操作"教学环节中，中央控制区、生产操作区和企业专家办公室三个教学点的远程实时呈现是本次课信息技术应用的最大亮点。网络传送技术的应用，让远程教学点（生产操作区和企业专家办公室）的教学场景实时呈现在主教学点（中央控制区）。学生不但能同步观察对方岗位的操作过程和接受企业专家的在线指导与点评，而且能有效地克服在传统教学过程中"内操"和"外操"通过无线电对讲只有声音指示而容易导致操作失误的难题，使操作安全、准确、直观、及时。

4. 考核评价

由在线测试系统自动记录测试得分、Flash软件自动记录游戏积分和煤制甲醇仿真教学平台自动记录DCS操作评分而生成过程性评价；由小组之间对学习态度做主观性评价；由教师、专家对提交的开、停车方案做总结性评价；形成了由学生、教师、专家共参与，课前、课中、课后相贯通的多元过程化综合考评体系。

4.2　基于理实一体化环境的教学设计

4.2.1　设计基础

1. 教学环境分析

（1）"理实一体化"环境的内涵。

"理实一体化"环境的教学是指在具有教室、实验、实训、实习等一体化配置的教学环境中(图4-20)，老师一边讲授理论知识的同时，学生一边进行实验、实训、实习等操作的教学。它突破了以往理论教学与实践教学相脱节的现象，教学环节非常集中。

图4-20 啤酒生产"理实一体化"教学环境

在该教学环境中，教师的主导作用和学生的主体作用都得到了充分的发挥，通过设定教学任务和教学目标，让师生双方边教、边学、边做、边练，全程构建素养和技能培养框架，丰富理论课堂教学和实践教学环节，提升教学质量。在整个教学过程中，理论和实践交替进行，直观和抽象交错出现，没有固定的先实后理或者先理后实，而是理中有实，实中有理。以突出学生动手能力、专业技能和团结协作能力的培养，充分调动和激发学生学习兴趣的一种教学结构理论框架及其实验活动方式。

"理实一体化"环境教学不仅是理论教学与实践教学内容的一体化，也是教师在知识、技能、教学能力上的一体化。因此，"理实一体化"环境教学绝不是理论教学和实验、实训、实习教学在形式上的简单组合，而是从学生技能技巧形成的认知规律出发，实现理论与实践的有机结合。那么，在"理实一体化"环境中，它有什么样的特征呢？又如何运用信息技术来进行教学？

（2）理实一体化环境的特征。

相对于传统课堂的"理实一体化"环境教学，应用信息技术的"理实一体化"环境教学更具特色。它不仅创新了教学模式和学习方式，丰富了教学资源和教学形式，而且还催生了教学的时空跨越，实现了课堂的即时交互。它具有形式多样化、资源富集化和互动多元化的特征。

①教学形式多样化。

"理实一体化"环境教学，是理论与实践相交替、在线与离线相结合的教学方式。教学媒体丰富多彩，教学形式多种多样，不仅跨越时空，还能即时交互，在教学过程中呈现出多样化的教学形式。

②教学资源富集化。

"理实一体化"环境教学，根据教学内容，应用信息技术，不仅可以自主开发独具特色的教学资源，而且还能从网络获取所需的在线资源，包括新知识、新工艺、新技术、新资源等等，服务于教学活动，不但资源丰富，而且与时俱进。

③教学互动多元化。

"理实一体化"环境教学，教学的互动交流，除了传统的师生交互途径，在线交互便是主要渠道。特别是物联网技术应用于课堂教学，分布在生产现场的设备和仪器，都能快捷地连接到教学活动中，使得教师、学生和学习对象既能随时连接、即时交互，又能多向连接、多元交互。

2. 教学模式选择

基于"理实一体化"环境的教学是理论与实践相结合的教学。主要涉及的教学模式有多种，比如合作学习教学、探究式教学、抛锚式教学等教学模式。本节教学案例为"乙酸异戊酯的制备"，教学模式是以合作学习教学模式为主，其他教学模式辅助。为了探究不同"课堂"内的教学效果，对"乙酸异戊酯的制备"课堂教学，分别采用了"传统课堂"和"信息化课堂"教学来对比分析。

(1) 合作学习教学模式内涵。

合作学习教学模式是指将全班学生根据每个学生的实际水平由学生自己组合成若干小组，各组学生(2~6人)共同研究和探讨问题，教师通过巡回观察和即时反馈的信息，及时给予指导的以小组互助合作学习为主的一种教学模式。它是一种结合现代教育技术，激发学生积极探索和思考问题，每组学生通过相互研究、操作、讨论、评价等来解决这些问题以达到掌握所学知识，完善认知结构，优化思维品质，使每一个学生都能得到充分发展的教学模式。

(2) 合作学习教学模式的三大优势：

①突出学生的主体性，发挥学生学习的主动性，激发学生的创造才能。

②学生由被动变为主动，由消极转为积极，由泯灭自我变为凸显自我。

③提升学生学业成绩、操作技能、思维能力、沟通能力和团队协作能力。

(3) 合作学习教学模式通常包括以下五个教学环节：

①创设情境。

②确定问题。

③自主学习。

④协作学习。

⑤效果评价。

从上述五个教学环节可以看出，由于合作学习教学模式与抛锚式教学模式的理论依据都是基于建构主义，所以它们的教学程序有相似之处。

4.2.2　设计思路

教学策略，它是在教学目标确定后，根据已定的教学任务和学生特征，有针对性地选择与组合相关的教学内容、教学组织形式、教学方法和技术形成的具有效率意义的特定的教学方案。它具有综合性、可操作性和灵活性等基本特征。

1. 设计要点

(1) 设计学习任务。

重构教材或教学过程是设计学习任务的关键。教师依据课程教学目标，分析单一学科的一章或者多个学科知识之间的相互关系，围绕某一线索提炼关联的知识点而整合成为学习单元，然后根据学习单元的内容和学生的实际情况设计真实的学习任务。如"乙酸异戊酯的制备"课堂教学中，刘老师重构教学内容和教学过程，把教学任务设计成两个子学习任务，分别是"制备乙酸异戊酯"和"讨论催化剂对制备乙酸异戊酯的影响"。通过分析与学习任务相关的学习内容，再确定学生通过完成该任务后应该掌握的知识、技能和素养目标。最后依据学生的知识结构和操作实践能力，确定相应的教学模式和教学方法。如"乙酸异戊酯的制备"课堂教学中，刘老师采用的教学模式是以合作学习教学模式为主，其他学习模式为辅的混合式教学模式。其中，"传统课堂"教学采用行动导向教学法教学，而"信息化课堂"教学采用任务驱动教学法教学。

(2)设计网络资源和学习环境。

应用信息技术的"理实一体化"环境教学需要丰富的教学资源、网络环境和相应的教学硬件作为支撑。设计网络资源和学习环境主要包含组织与提供学习的网络资源、设计学习工具和选择协作交流平台三个部分。

依据学生的信息化素养和教师的信息技术应用能力，教师应该在相应的教学平台集成在线仿真、微课、模拟动画、图片、音频、PPT、在线测试题库等网络教学资源。如"乙酸异戊酯的制备"就包含在线 SWF 格式的仿真程序和动画、标准操作"微课"和碎片化视频、设备和装置图片、在线测试题库等网络资源。

学习工具是指能为学生的学习过程提供支撑与帮助，促进学生获取知识，辅助高级思维活动的各种中介。如教学平台的 APP、手机 Flash 浏览器、仿真教学软件、实时交流工具"QQ"或"微信"等，以及电脑、移动终端、摄像机、照相机等教学硬件。如"乙酸异戊酯的制备"信息化课堂教学中，需要学生配备智能手机，下载并安装世界大学城 APP 和 Flash 播放器。

协作交流平台是指学生需要在线提交作品，同时也需要与同学、老师、企业专家进行在线交流与沟通；而教师也需要在线管理、评价学生的作品，更需要与学生、同行、企业专家进行交流与沟通，所以协作交流平台的选择也很重要。如"乙酸异戊酯的制备"信息化课堂教学中，采用的协作交流平台是学校购买的"世界大学城空间教学云平台"账号，学生、教师每人一个账号，均可用电脑或手机登录，随时随地在线学习与交流。

(3)组织与安排学习活动。

合理地组织与安排学习活动是保证按时完成教学任务，并优质达成学习目标的关键。精心设计教学情境是吸引学生学习兴趣的重头戏。为了有效地开展教学，教师需要根据实际情况，对整个学习内容及其进度做出圆满的规划和设计。如"乙酸异戊酯的制备"，不管是"传统课堂"教学，还是"信息化课堂"教学，刘老师都进行了精心的设计。特别是"信息化课堂"教学，刘老师分别在课前、课中和课后进行了详细的规划和设计，具体规划和设计请参照"4.2.3 设计案例"。

(4)设计学习评价方案。

针对"理实一体化"环境教学过程中，学生的操作、学生的产品等大量的"过程性"信息和"结果性"内容，都应该是学习评价的范围。因此，需要对学生进行学习过程和学习结果的评价。对于过程性评价，主要考核学生的探究能力、协作能力、学习能力等。对于结果性评价，主要考核学生作品完成的质量状况或在线测验的成绩。如"乙酸异戊酯的制备"课堂教学中，刘老师制定了由学生、教师共参与，课前、课中、课后相贯通的多元过程化综合考评体系，具体评价方案请参照"4.2.3 考核评价"。

2. 注意事项

（1）以学生为中心，注重学生学习能力的培养。

在信息化教学中，教师作为学习的促进者，引导、监控和评价学生的学习进程。教师不再维持自己作为"专家"的角色，而是通过帮助学生获得、解释、组织和转换大量的信息来促进学习，以解决实际生活中的问题。在学习合作教学模式中，学生承担着自我学习的责任，通过协同操作、自主探索的方式进行主动的知识建构。如"乙酸异戊酯的制备"课堂教学中，刘老师就是以学生为中心，让学生自主、合作学习，以锻炼和培养学生的自主学习与团结协作能力。

（2）充分利用各种信息资源来支持学习。

在信息化教学设计中，教师要关注信息技术运用方式的变化，技术的关键任务不是以操练的形式来呈现信息，而是提供问题空间和探索问题的工具。

教师备课除了一边有声有色地准备信息化教学资源，还得一边考虑该给学生提供什么样的交互方式，考虑什么样的学习材料有利于学生自己发现，研究什么样的情境有利于他们充分展开讨论。过去单纯依靠教材、黑板，一切教师说了算的传统教学观念和教学方式，如今为书本知识与社会信息相结合，教师传授与学生自我探索相结合的教学结构所取代。充分利用各种信息资源又表现在对学校、社区特殊资源的吸取整合与利用上。除书本、网络所提供给学习者的共性资源，作为学习的组织者，必须充分挖掘学校、国家精品资源共享平台、"微信"朋友圈、"微信"新闻、社区特有的自然、文化等资源来支持学习。

（3）合理确定和教授学习策略与技能。

以"任务驱动"和"问题解决"作为学习和研究活动的主线，在相关的有具体意义的情境中确定和教授学习策略与技能。所谓任务驱动的教学策略，就是指以教学或者学习任务驱动、师生讨论为载体、以贯彻问题设计为引线、以学生自主和分组协作相结合为具体实施方式进行的教学。所以，信息化教学设计的核心是问题设计。一般情况是首先创设问题情境，形成自主学习的任务，通过学习者合作解决真实性问题，来学习隐含于问题背后的科学知识和解决问题的技能，形成自主学习能力。这样，学习者能够批判性地学习新的思想和事实，并将它们融入原有的认知结构中，能够在众多思想间进行联系，并能够将已有的知识迁移到新的情境中，做出决策并最终解决问题。这就是信息时代倡导的深度学习。

（4）强调"协作学习"。

这种协作学习不仅指学生之间、师生之间的协作，也包括教师之间的协作。教师按照某种合作形式组织学生进行学习，比如"理实一体化"环境教学中的教师之间的协作、教师与企业专家之间的协作，以及资源开发的协作等，就是一种很好的协作学习的教学策略。

4.2.3　设计案例

1. 案例引入

阳老师硕士毕业后进入某理工类高职院校任教，主授专业基础课程。教学中，他的幽默风趣、青春阳光、平易近人、认真负责深受学生喜爱。由于初涉专业基础课程教学，阳老师教学经验不足，对于理论教学得心应手。但是，对于实

基于理实一体化环境
的教学设计

践教学以及如何将理论教学与实践教学相结合，感到了难度，特别是如何运用信息技术来辅助教学更有难度，为向前辈学习，他走进了刘老师"乙酸异戊酯的制备"信息化课堂。

2. 教学设计方案

（1）教学案例。

案例名称：乙酸异戊酯的制备

本案例通过对比"传统课堂"和"信息化课堂"教学，来分析不同的教学效果，采用的教学模式都是以合作学习教学模式为主，其他教学模式辅助。其中，"传统课堂"采用"行动导向教学法"教学，通过"资讯、计划、决策、实施、检查、评估"这一完整的"行动"过程来组织和指导学生完成"制备乙酸异戊酯"和"讨论催化剂对制备乙酸异戊酯的影响"两个学习子任务。"信息化课堂"采用"任务驱动教学法"教学，让学生在教师的帮助下，紧紧围绕"制备乙酸异戊酯"和"讨论催化剂对制备乙酸异戊酯的影响"两个学习子任务，通过对信息化教学资源的积极应用，进行自主探索和互动协作，以完成既定的学习任务。

（2）案例及获奖情况。

此案例是2012年"神州数码杯"全国职业院校信息化教学大赛高职组多媒体教学软件比赛的三等奖作品。"乙酸异戊酯的制备"为《有机化学实验》课程中《有机化学综合实训》的项目之一，教学时长为4学时。

（3）参赛教师情况。

刘小忠，本科，高级实验师，湖南化工职业技术学院化学工程学院教师。

彭展英，本科，副教授，湖南化工职业技术学院制药与生物工程学院教师。

（4）案例教案。

①"传统课堂"教学.

"乙酸异戊酯的制备"传统课堂采用"行动导向教学法"教学，详细教案如表4-4所示。

表4-4　"乙酸异戊酯的制备"教案

乙酸异戊酯的制备	
教学目标	1. 专业能力目标 （1）掌握乙酸异戊酯的制备原理与方法。 （2）学会使用和组装带有分水器的反应装置合成乙酸异戊酯。 （3）学会使用分液漏斗分离和处理乙酸异戊酯。 （4）学会使用和组装蒸馏装置精制乙酸异戊酯。 （5）对制备过程中的问题和质量控制进行统计分析和整改。 （6）通过实验掌握催化剂对制备乙酸异戊酯产率的影响，从而掌握催化剂在有机产品制备中的重要作用。 （7）用看、闻和量检查乙酸异戊酯产品的质量和产率。 2. 社会能力与方法能力目标 （1）团队合作、协调完成工作的方法和能力。 （2）善于发现问题、分析解决问题的能力。 （3）语言组织能力及分析、答辩的方法和能力。

续表 4 - 4

乙酸异戊酯的制备		
教学 重点 难点	1. 教学重点 (1)组装与使用反应装置。 (2)组装与使用蒸馏装置。 (3)反应、分离和精制乙酸异戊酯。 (4)产品的分析与讨论结果。 2. 教学难点 (1)反应与蒸馏温度的控制。 (2)反应条件(温度、配比、催化剂等)对产品质量和产率的影响	

教学过程		
步骤	教与学的内容	教学主体
任务导入	①制备乙酸异戊酯产品;②讨论催化剂对制备乙酸异戊酯的影响	教师讲述
资讯	制备乙酸异戊酯的原料是异戊醇和冰醋酸。 催化剂有:浓硫酸、杂多酸(如磷钨)、磺酸(如对甲苯磺酸)、分子筛(如 MCM - 41)、树脂(如强酸性阳离子交换树脂)、固体超强酸(如 SO_4^{2-}/TiO_2)、盐酸盐(如 $FeCl_3 \cdot 6H_2O$)、硫酸盐[如 $NH_4Fe(SO_4)_2 \cdot 12H_2O$]等。本次实训所用的催化 剂:浓 H_2SO_4、$FeCl_3 \cdot 6H_2O$ 和 $NH_4Fe(SO_4)_2 \cdot 12H_2O$	教师讲述
决策	将全体同学分成 A、B、C 三个大组,每个大组又分成四个小组。每一个大组安排 一个组长统计实训数据,每一个小组安排一个小组长协调本小组操作。为了客观 地得出实训数据,每一个大组统一使用一种催化剂。要求每个同学都要通过查阅 资料及教师讲解,掌握仪器安装和使用并制备乙酸异戊酯产品,通过讨论得出催 化剂对制备乙酸异戊酯的影响,最后书写制作实训报告	教师提出 学生讨论
计划	(1)任务分解; (2)新知识学习计划制定。	学生讨论
实施	教师讲授内容 1.乙酸异戊酯的制备原理:用冰醋酸与异戊醇在催化剂的催化下反应生成粗乙酸 异戊酯,再通过水洗、碱洗、氯化钠洗、干燥和蒸馏精制成乙酸异戊酯产品。 $$CH_3C\overset{O}{\underset{OH}{\big\|}} + CH_3CHCH_2CH_2OH \xrightarrow[\text{浓硫酸}]{H^+\Delta} CH_3C\overset{O}{\underset{OCH1CH_2CHCH_3}{\big\|}} + H_2O$$ 乙酸　　　　　异戊醇　　　　　　　乙酸异戊酯 2.仪器和药品:铁架台、温度计、电热套、锥形瓶、直形冷凝管、球形冷凝管、圆 底烧瓶、蒸馏烧瓶、分液漏斗、普通漏斗、烧杯、10% 碳酸氢钠、饱和氯化钠、异 戊醇、冰醋酸、无水硫酸镁、沸石、$NH_4Fe(SO_4)_2 \cdot 12H_2O$、$FeCl_3 \cdot 6H_2O$ 和 浓 H_2SO_4	课堂讲授

续表 4 − 4

教学过程		
步骤	教与学的内容	教学主体
实施	教师现场演示仪器使用 (1)组装反应装置:先定好热源,再按照从左至右、从下至上的先后顺序分别组装铁架台、圆底烧瓶、分水器、球形冷凝管、冷却水管和烧杯。反应完毕,先关电源,冷却后再关冷却水,最后按照组装的相反顺序拆除反应装置。 (2)分液漏斗的使用:分液漏斗使用前的准备(套橡皮筋、试漏和涂凡士林)、分液操作(关闭旋塞、加入溶液和溶剂、盖紧顶塞、充分振摇、及时排气、把分液漏斗移至铁圈内、取下顶塞、静置分层、放出下去液体和收集上层液体)和用后处理(洗净、垫纸)。 (3)组装蒸馏装置:先定好热源,再按照从左至右、从下至上的先后顺序分别组装铁架台、蒸馏烧瓶、温度计、直形冷凝管、锥形瓶和冷却水管。反应完毕,先关电源,冷却后再关冷却水,最后按照组装的相反顺序拆除蒸馏装置。	教师演示
	学生分组完成任务 (1)酯化反应:在干燥的 100 mL 圆底烧瓶中加入 18 mL 异戊醇、24 mL 冰醋酸,加入浓硫酸或其他催化剂,再加入几粒沸石。安装带有分水器的回流装置。分水器中事先充水至比支管口略低处,并放出比理论出水量稍多些水,用电热套加热回流反应 45 min。 (2)洗涤:撤出热源,稍冷后拆除回流装置,待烧瓶中反应液冷却至常温后,将其倒入分液漏斗中,用 30 mL 冷水淋洗烧瓶内壁,洗涤液并入分液漏斗中,充分振摇后静置,移去顶塞,待"液层"分界清晰后,缓慢旋开旋塞,分去下层(水层)。有机层用 20 mL 碳酸氢钠溶液分两次洗涤,分去下层。最后再用饱和氯化钠溶液洗涤一次。分去下层,有机层由分液漏斗上口倒入干燥的锥形瓶中。 (3)干燥:向盛有粗产物的锥形瓶中加入少量的无水硫酸镁,配上塞子,振摇至液体澄清透明,放置 10 min。 (4)蒸馏:安装一套干燥的普通蒸馏装置,将干燥好的粗乙酸异戊酯小心地滤入烧瓶中,放入几粒沸石,用电热套加热蒸馏,控制加热量,用干燥的锥形瓶收集 138 ~ 142℃馏分,称重并计算产品的产率。	团队合作
任务检查	(1)学生自查:制备过程中,由组长组织学生对照任务要求自我检查和完善,发现问题及时修正。 (2)教师审查:如果学生经过自查,发现有些问题仍不清楚,可派代表向教师咨询解答,对于共性问题教师必须集中解答、指正,教师注重启发、引导和指导。	学生讨论 检查修改
产品质量检查	1.学生通过看(无色透明)、闻(有香蕉味)和量,以检查产品的质量和产率。 2.教师除用学生的方法检查产品外,还要用高锰酸钾来检查产品中是否含有水。	学生检查 教师检查
讨论	(1)大组长先收集本组实训数据,再统计整理,最后组织讨论(讨论问题包含平均产率、催化剂回收、实训现象等)。 (2)四个大组长将本大组讨论结果告诉全体学生,由同学们共同讨论并得出结果(催化剂对产品质量及产率的影响)。 (3)教师评价学生讨论结果。 (4)教师针对本实训提出问题,全体学生自由回答。	学生统计 学生讨论 教师评定 教师提问
作业	实训报告	

　　虽然采用的是"传统课堂"教学，没有信息化资源，没有信息化教学设计，但是采用了"行动导向教学法"，教学效果比较好：

　　(1)学生学习兴趣提高。

　　基于"行动导向教学法"的"乙酸异戊酯的制备"，虽然是传统课堂，但是优于普通的传统课堂。其新颖的教学设计方案、以学生为中心的教学过程、小组间的相互竞争等教学内容和教学方法上的改革，使学生的学习积极性大有提高，能积极主动地寻找分析问题和解决问题的方法。学生们普遍反应，上课不再是一种负担，而是一种对自己能力的挑战。有了这种鼓励自己迎接挑战的心理，学习就变得格外有趣。

　　(2)课程学习实用性更强。

　　通过"乙酸异戊酯的制备"实训操作，学生原来单纯的为学习而学习，现在则变成了以提高操作技能的学习而学习，这样带着问题学，将学习压力转化成了解决问题的动力；在实训操作过程中，教师有意融入了相关的工厂实际生产和安全知识，这样，对学生毕业后的工作有很大的帮助。实训结束后，有的学生表示，这样的教学法让他们学的知识比以前多许多。

　　(3)学生合作意识增强。

　　小组成员学会并且习惯了以合作的形式来完成实训任务。学习变成了群体行为，变成了发挥集体智慧的场所，每个成员都能意识到自己在团队中作用，学会了将个体的智慧转化为群体的力量。

　　应用"行动导向教学法"的"乙酸异戊酯的制备"传统课堂，教学效果较好，那么信息化课堂教学效果如何？

　　3."信息化教学"课堂

　　"乙酸异戊酯的制备"信息化课堂采用"任务驱动教学法"教学，详细教案如表4-5所示。

表4-5　"乙酸异戊酯的制备"教案

学习任务：乙酸异戊酯的制备				
学习目标			学习重、难点	
知识目标	技能目标	素养目标	学习重点	学习难点
①掌握酯化反应原理及乙酸异戊酯的制备方法；②理解分水器的工作原理和过程；③初步了解催化剂对制备有机化合物的影响	①学会安装和使用回流反应装置；②学会使用分液漏斗进行分离粗产物；③学会安装和使用蒸馏装置；④掌握产品质量的鉴别方法	严肃、认真、科学、实事求是的操作和记录数据	①安装与使用反应装置；②安装与使用蒸馏装置；③反应、分离与提纯乙酸异戊酯	①反应与蒸馏温度的控制；②反应条件(温度、原料、催化剂等)对产品产量与质量的影响

续表 4 –5

	学习进程		
课前	学习"组装反应装置"仿真软件 	观看"洗涤粗产物"动画 	学习"组装蒸馏装置"仿真软件

1. 课程引入

如何区分水果？通过形状、颜色。 如果是盲人该如何区分水果？通过气味。 苹果有苹果的气味，香蕉有香蕉的气味。 乙酸异戊酯，一种具有香蕉气味的香料	

2. 知识讲解

课中	（1）制备原理	$$\underset{\quad\;\; O}{CH_3C}\text{-OH}+CH_3\underset{\;\; CH_3}{CHCH_2CH_2OH} \rightleftharpoons CH_3\underset{\quad\;\; O}{C}\text{-OCH}_2\underset{\;\; CH_3}{CH_2CH_3}+H_2O$$ 用冰醋酸与异戊醇在催化剂的催化下，反应生成粗乙酸异戊酯，再通过水洗、碱洗、氯化钠洗、干燥和蒸馏精制成乙酸异戊酯产品。		
	（2）仪器药品	反应装置 	蒸馏装置 	洗涤装置
		原料：异戊醇、冰醋酸；催化剂：浓硫酸、六水三氯化铁、十二水硫酸铁铵； 洗涤试剂：10％碳酸氢钠和饱和氯化钠等		
	（3）示范操作	组装与拆除反应装置 	分流漏斗的使用 	组装与拆除蒸馏装置
	（4）注意事项	①安装合成装置时，圆底烧瓶和分水器必须用夹子固定。 ②分液时，先取塞，再放液，并且不能对准他人。 ③分水器内装水时不能太多，并且不能流回圆底烧瓶。 ④干燥剂和沸石不能倒入蒸馏烧瓶和分液漏斗中。		

续表 4 – 5

学习进程			

3.学生操作

(1)添加原料	(2)组装反应装置	(3)通水加热反应	(4)控温放液回流
(5)停热冷却	(6)拆除反应装置	(7)洗涤	(8)干燥
(9)组装蒸馏装置	(10)通水加热蒸馏	(11)控温收集馏分	(12)拆除蒸馏装置

4.产品评价

(1)学生互评。	(2)教师点评。
操作过程:是否标准,有否出错等;质量检验:是否含水;产率检验:产品产量的多少	操作过程、产品质量与产量、分组合作情况等

(3)讨论。

①大组长先收集本组实训数据,再统计整理,最后组织讨论(讨论问题包含平均产率、催化剂回收、实训现象等)。

②四个大组长将本大组讨论结果告诉全体学生由同学们共同讨论并得出结果(催化剂对产品质量及产率的影响)。

③教师评价学生讨论结果。

④教师针对本实训提出问题,全体学生自由回答。

课中

续表 4 - 5

学习进程		
课后	1. 提交纸质实验报告	
	2. 在线自测	3. 学习"乙酸异戊酯的制备"仿真软件

"乙酸异戊酯的制备""信息化课堂"教学效果：

(1)学生学习兴趣更高。

信息技术的应用，让学生在课前、课后在线自主学习"组装反应装置""组装蒸馏装置""乙酸异戊酯的制备"仿真软件，并观看"洗涤粗产物"动画；课中在线观看标准操作"微课"和碎片化操作视频，以及设备和装置图片，让学生随时随地无限制地学习；课后的在线自测，让学生加深巩固学习。丰富的网络资源嵌入到各个教学环节，学生的学习积极性和趣味性更高。

(2)学生的自主学习和合作意识更强。

碎片化操作视频、仿真软件等可满足学生的个性化需求。操作中，碰到了疑点和难点，可随时在线通过"标准操作"微课和碎片化操作视频自主解决。随着操作技能的提高，学生对产品的产量和质量会更高的要求，团队合作是唯一的途征，学生的团队合作意识也在自觉地进一步加强。

(3)教师从繁重的实训指导工作中得到解放。

传统课堂教学中，教师要同时指导几十个学生实训操作，有点力不从心，顾此失彼。而信息化课堂教学中，"标准操作"微课和碎片化操作视频等网络资源的开发和应用，一台手机就可以替代教师，可满足所有学生的需求。教师不但从繁重的实训指导工作中得到解放，而且教学效果还大有提升。

"乙酸异戊酯的制备"采用了不同的课堂教学，虽然教学效果都好，但是信息化课堂教学更胜一筹。那么，刘老师是如何进行信息化设计"乙酸异戊酯的制备"课堂教学呢？

4. 教学设计分析与实现

"乙酸异戊酯的制备"是应用化工生产技术、工业分析与检验技术等专业学生必修的专业技术基础课程《有机化学实验》的实训项目之一，授课对象为大学一年级学生。教学目标是让学生掌握酯化反应原理及方法、分水器的工作原理及过程和了解催化剂对制备乙酸异戊酯的影响，学会安装与使用反应装置、蒸馏装置和分液漏斗，以及掌握产品质量的鉴别方法，从而培养学生严肃、认真、科学、实事求是的职业素养。教学重点是安装与使用反应装置和蒸馏装置,分离和提纯乙酸异戊酯;教学难点是反应与蒸馏温度的控制,反应条件对产品质量的影响。

刘老师是如何应用信息技术来突出本次课的教学重点和突破本次课的教学难点?他又是如何进行教学设计来达到确定的教学目标?

(1)教学地点设计。

"乙酸异戊酯的制备"教学是在"理实一体化"环境中进行的,教学地点和教学环节高度集中,理论与实践同步进行,应用的信息化手段和信息技术相对简单,只需无线网络覆盖、多媒体教学设备、智能手机、大学城空间云平台及相关的信息化教学资源即可。

(2)教学策略。

刘老师采用了以学生为主体、合作为基础、任务为驱动、信息技术相辅助的教学策略。依据课程特色和课前学生信息反馈,他采用了任务驱动教学法,并把"乙酸异戊酯的制备"教学内容重构成"制备乙酸异戊酯"和"讨论催化剂对制备乙酸异戊酯的影响"两个子任务,循序渐进、由易到难、逐个突破,以实现做中学、做中教;基于学生的信息化素养普遍较高和喜欢操作实践的特性,在世界大学城云平台集成了在线仿真软件、模拟动画、微课、碎片化视频、设备图片、在线测试题库等教学资源,以提升教学效果;利用智能手机及大学城空间云平台 APP,让学生随时随地在线学习、交流和接受教师的指导。

(3)教学过程组织。

刘老师精心组织与安排了学生在课前、课中和课后的学习活动。

1)课前。

学生通过大学城 App 或者电脑,自主学习"反应装置组装训练"和"蒸馏装置组装训练"仿真软件,并观看"洗涤粗产物"二维动画(图 4 – 21),让学生初步了解本次课需要掌握的操作技能。

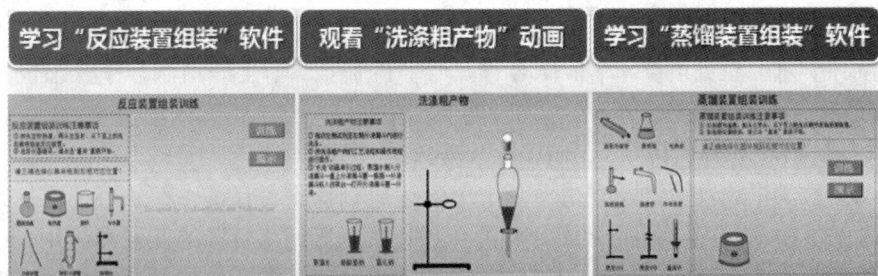

图 4 – 21 "反应装置、蒸馏装置"仿真软件和"洗涤粗产物"动画

2)课中。

①课程引入。

先通过提问"如何区分水果?"从形状、颜色等学生给出的五花八门的答案,使课堂气氛活跃起来;接着追问"如何是盲人该如何区分水果?",学生会从嗅觉(气味)、味觉(品尝)等方面来进行回答,从而引出香蕉的香味就是我们今天制备的乙酸异戊酯的气味(图 4 – 22)。让学生从日常生活中的"点滴"联系到学习的内容,进入学习情境。

每种水果都有自己独特的气味！本次课的内容就是制备具有香蕉气味的"乙酸异戊酯"。

图 4 – 22　课程导入

②知识讲解。

教师用空间结构式和文字讲解制备原理（图 4 – 23），用图片和文字讲解仪器和药品（图 4 – 24），示范操作"组装与拆除反应装置""使用分液漏斗"和"组装与拆除蒸馏装置"时同步播放标准操作视频（图 4 – 25）。用图片、视频配合知识讲解和示范操作，教学效果直观、可视、形象，学生兴趣得以提高。

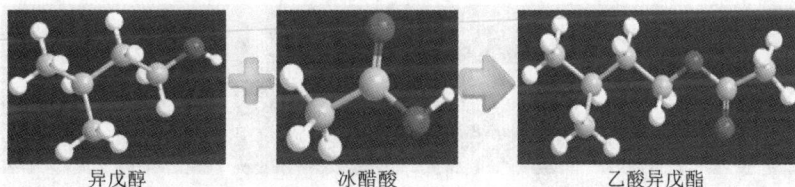

异戊醇　　　　　　冰醋酸　　　　　　乙酸异戊酯

异戊醇和冰醋酸在催化剂（浓硫酸、六水三氯化铁和十二水硫酸铁铵）的催化下，生成乙酸异戊酯粗产物。通过水洗、碱洗和氯化钠洗涤后，用无水硫酸镁干燥去除少量水分，最后通过蒸馏得到精制乙酸异戊酯产品

图 4 – 23　"乙酸异戊酯的制备"原理

原料：异戊醇、冰醋酸；催化剂：浓硫酸、六水三氯化铁、十二水硫酸铁铵；洗涤试剂：10%碳酸氢钠、饱和氯化钠；沸石

图 4 – 24　"乙酸异戊酯的制备"仪器与药品

③学生操作。

学生按照添加原料、组装反应装置等 12 个操作步骤（图 4 – 26）的先后顺序，合作完成乙

图 4-25　"乙酸异戊酯的制备"的操作要点

酸异戊酯的制备。教师不断巡回指导和精心辅导，及时纠错。操作中，学生还可利用智能手机在线学习标准操作。

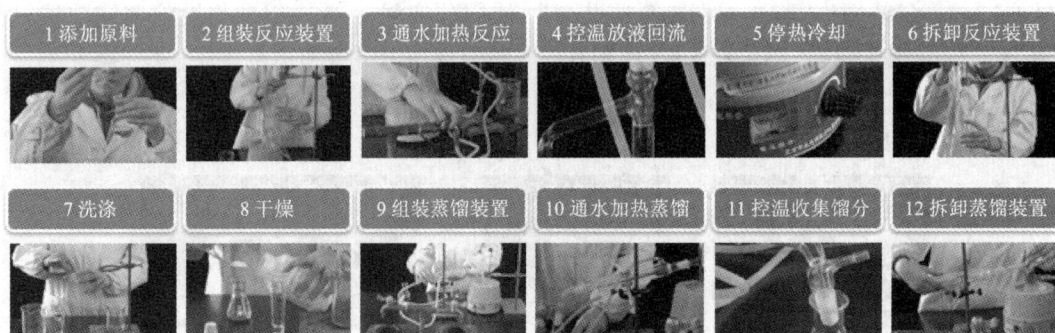

图 4-26　"乙酸异戊酯的制备"操作步骤

④产品评价。

首先，学生按照"规范操作""产品质量"和"产品产量"三项指标进行小组间互评，让学生参与考核并增强学生学习的自主性；然后，教师按照各小组的"规范操作""合作默契""产品质量""产品产量"等作过程性和结果性点评，肯定优点、鼓励上进、摒弃缺点；最后，各小组长按照"不同催化剂产率""催化剂回收"等问题进行讨论，教师引导，并针对性提出问题。让学生从讨论、教师引导和回答问题中，得出催化剂对制备乙酸异戊酯的影响结果。

3)课后。

学生完成纸质实验报告、大学城空间云平台自测和自主学习"乙酸异戊酯的制备"仿真软件(图 4-27)，让学生完整、系统性地掌握乙酸异戊酯的制备，以及温度、时间、原料配比、催化剂等反应条件对制备乙酸异戊酯的影响规律。

3.考核评价

刘老师制定了由学生、教师共参与，课前、课中、课后相贯通的多元过程化综合考评体系(表 4-6)。

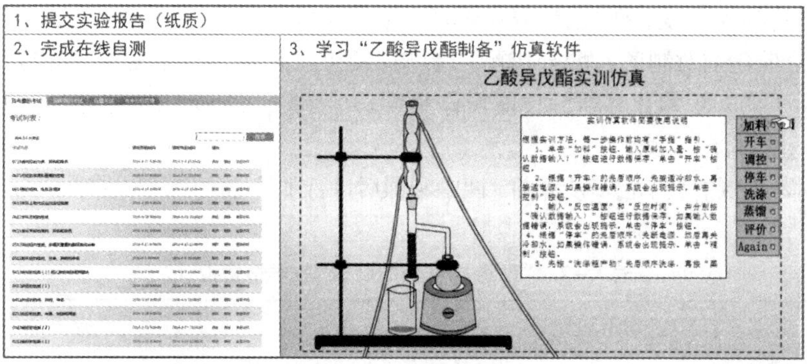

图4-27 课后学习任务

表4-6 多元过程化综合考评体系

姓名	过程性评价							结果性评价		综合性评价
	课前	课中			课后			教师	学生	
	仿真学习（10%）	实验操作（30%）	合作学习（10%）	回答问题（5%）	实验报告（5%）	在线测试（10%）	仿真学习（10%）	产品质量（10%）	产品质量（10%）	
刘林波	89	95	92	80	85	92	90	92	86	90.85
陈格	87	92	88	85	87	90	89	90	87	89.3
龚义	90	92	88	87	89	94	90	89	90	90.5
郭子明	86	88	85	80	82	81	87	82	88	85.4
黄波	82	80	80	75	78	83	81	76	78	79.65
李明良	83	90	87	87	80	86	86	85	84	86.45

4. 教学设计理论依据

"乙酸异戊酯的制备"是基于建构主义学习理论来进行教学设计的，理论依据请参考"4.1.3中3.教学设计理论依据"。

4.2.4 设计总结

"有机化学实验"是应用化工生产技术、工业分析与检验技术等专业学生必修的专业技术基础课程之一，通过实验培养学生掌握常用有机化学实验仪器和设备的使用，掌握有机化学药品使用规范和有机化学实验安全常识，正确选择有机化合物的合成、分离与鉴定的方法等操作技能和专业素养。刘老师以学生为主体，在自主合作学习的基础上，以"任务驱动教学法"展开教学，通过世界大学城云平台高度集成实验仿真软件、标准操作"微课"、碎片化视频、装置图片、在线测试等信息化教学资源，深度融入教学的各个环节，让学生课内课外随时随地的在线学习，有效达到了确定的教学目标。

1. 课程开发

刘老师的教学设计并没有局限于教材的限制，而是结合本专业学生的学习实际状况与本课程特色，进行二次开发，把"乙酸异戊酯的制备"教学内容和过程分解重构成"制备乙酸异戊酯"和"讨论催化剂对制备乙酸异戊酯的影响"两个子任务，循序渐进、由易到难、逐个突破，以降低学生的知识内化和掌握技能操作难度。

2. 教学情境设计

刘老师对本次课的教学情境从课前、课中和课后进行了精心的设计和安排，如表4-7所示。

表4-7　"乙酸异戊酯的制备"教学情境设计

教学进程	教学情境		教学功能
课前	学习"反应装置的组装"仿真软件		初步了解反应装置的组装
	学习"蒸馏装置的组装"仿真软件		初步了解蒸馏装置的组装
	学习"洗涤粗产物"二维动画		初步了解分液漏斗的使用
课中	课程引入	提问：如何区分水果？	活跃课堂气氛
		提问：如果是盲人该如何区分水果？	引入教学内容
	知识讲解	制备原理	掌握乙酸异戊酯的制备原理
		仪器药品	掌握乙酸异戊酯的制备仪器和药品
		示范操作	进一步了解反应装置的组装与拆除、蒸馏装置的组装与拆除和分液漏斗的使用
		注意事项	掌握安全操作规程
	学生操作	添加原料	学会添加原料
		组装反应装置	掌握反应装置的组装
		通水加热反应	学会通水加热和反应
		控温放液回流	掌握温度控制及回流操作
		停热冷却	学会停止加热并冷却
		拆除反应装置	掌握反应装置的拆除
		洗涤	掌握分液漏斗的使用和分离两相液体
		干燥	学会液体有机物的干燥
		组装蒸馏装置	掌握蒸馏装置的组装
		通水加热蒸馏	学会通水加热蒸馏
		控温收集馏分	掌握蒸馏温度的控制和收集馏分
		拆除蒸馏装置	掌握蒸馏装置的拆除
	产品评价	学生自评	学生参与考核，增强学生自主性
		教师点评	肯定优点，鼓励上进，摒弃缺点
		结果讨论	掌握催化剂对制备乙酸异戊酯的影响结果
		总结提问	巩固提升

续表 4 - 7

教学进程	教学情境	教学功能
课后	提交纸质实验报告	掌握实验报告的书写规范
	完成在线测试	测试知识掌握程度
	学习"乙酸异戊酯的制备"仿真软件	完整、系统性学习乙酸异戊酯的制备

3. 技术融合

刘老师基于网页开发的 Flash 仿真软件和二维动画、拍摄的标准操作"微课"和碎片化操作视频、制作的设备装置图片和化合物空间结构式图片等教学资源全部集成于世界大学城云平台，还开发了基于世界大学城云平台的在线测试题库，教学资源丰富，教学平台单一，使用简单、快捷、实用、有效。并把资源恰当地融合到学习任务和学习环节中，较好地实现了学习过程与技术应用的双向融合。

4. 考核评价

由课前仿真学习，课中实验操作、合作学习和回答问题，课后实验报告、在线测试和仿真学习而生成的过程性评价和学生参与评价的小组合作制备产品产量和产率的结果性评价，形成了由学生、教师共参与，课前、课中、课后相贯通的多元过程化综合考评体系。

4.3　基于工作现场环境的教学设计

4.3.1　设计基础

1. 教学环境分析

(1)工作现场环境的内涵。

工作现场环境的教学主要是指实训、见习、实习等实践性教学，教师需要在工作现场进行知识传授。比如生化与药品大类专业中的"化工制图与测绘"课程，就有在工作现场测绘工厂的工艺流程、设备布置等实训教学(图 4 - 28)；再如农林牧渔大类专业中的"经济林栽培学"课程，就有在田间、地头等工作现场嫁接果树、苗木等实训教学。

图 4 - 28　"化工制图与测绘"工厂现场测绘实训

通常情况下，工作现场环境，比如工厂、车间等，声音的传播效果都比较差。老师现场讲解时，站得较近的学生效果较好，而站得较远的学生，就有可能听不清楚。再加上学生人数较多，教师对学生的监管和指导就有可能不到位。这样的教学效果肯定会大打折扣。

（2）工作现场环境的特征。

直观趣味、多元互动、监管不易等都是工作现场环境的特征。

①直观趣味。

在工作现场环境教学中，学生在直接接触具体实物、获得丰富感性认识的同时，还能够更好地把握事实或事件的本质和规律。这不仅有助于发展学生的观察力和形象思维，而且有助于调动学生学习的积极性和主动性，正确而深刻的理解所学的理论知识。作为教师，在工作现场传授知识更加真切、生动、具体、可信。学生在看、听、问、做的基础上开展讨论，既有事实的对照，又有教师的指导；既有同学间的交流，又有当事者的答疑；既有广阔的思维空间，又有现实的实践借鉴；教与学的形式活泼多样，参与者热情广泛，摒弃了填鸭式教学的老生常谈和单调乏味，具有很强的趣味性和吸引力。

②多元互动。

工作现场环境教学集讲解、问答、操作和讨论于一体，以学生为主体、教师为主导、企业专家共同参与，充分体现了学生、教师和企业专家的高度互动。它克服了灌输式教学的"填鸭"缺陷，让学生通过自己在工作现场看、听、问、做、讨论，得出自己的结论，并在教师和企业专家的点评和指导下，升华认识，达成分析和解决问题的共识，从而更深刻地掌握知识，把握规律，实现了学与思、教与研、动与静的有机结合。

③监管不易。

虽然工作现场环境教学的优点非常多，但缺点也不少。比如：由于学生人数多、工作现场环境复杂，教师对学生的监管和指导有一定难度；再加上机器设备本身产生的声音，或者现场环境的杂音，学生听课、教师授课也不容易；有的工作现场甚至还存在安全隐患。能不能用信息化手段解决以上的缺点？

④必备硬件。

工作现场环境教学的信息化必须配备网络（包括无线和有线）、移动终端、智能监控、电脑、多媒体教学设备等多种硬件设施，特别是网络、智能监控和移动终端是必不可少的。教学过程中，需要通过网络在线实时呈现工作现场的教学场景，也可以让学生通过网络在线学习教学内容。如"水乳交融——素颜霜乳化工艺"中的"监管"就是利用网络和智能监控来实现的。生产的标准操作视频也是让学生通过在线学习的。

2.教学模式选择

基于工作现场环境的教学是以实训、见习、实习等实践性教学内容为主。主要涉及的教学模式有多种，比如自学辅导式教学、探究式教学、合作学习教学等，本案例以探究式教学模式为主，其他教学模式辅助。

（1）探究式教学模式内涵。

探究式教学模式是指在教学过程中，要求学生在教师指导下，通过以"自主、探究、合作"为特征的学习方式对当前教学内容中的主要知识点进行自主学习、深入探究并进行小组合作交流，从而较好地达到课程标准中关于知识、技能和素养目标要求的一种教学模式。

（2）探究式教学模式程序。

探究式教学模式通常包括以下五个教学环节。

①创设情境。

探究式模式的教学总是围绕课程中的某个知识点而展开。教师通过问题、任务等多种形式，使用适宜的教学手段来创设与此学习对象相关的学习情境，引导学生进入目标知识点学习。

②启发思考。

为了使探究式学习切实取得成效，需要在探究之前向全班学生提出若干富有启发性、能引起学生深入思考、并与当前学习对象密切相关的问题，以使全班学生带着这些问题去探究。

③自主（或小组）探究。

探究式教学模式因为采用"自主、探究、合作"的学习方式，所以在教学过程中特别强调学生的自主学习和自主探究，以及在此基础上实施的小组合作学习活动。一次课的教学目标主要靠学生个人的自主探究加上学习小组的合作学习活动来完成，因此，本环节成为探究式教学模式中的关键教学环节。在实施过程中要处理好教师、学生、信息技术之间的关系。教师起到引导、支持的作用，学生要充分发挥学习的主动性与积极性，信息技术要成为学生探究的认知工具。

④协作交流。

本环节是与前面的自主探究紧密相连。学生只有在经过了认真的自主探究、积极思考后，才可能进入高质量的协作交流阶段。也就是说，协作交流一定要建立在自主探究的基础之上，才能为学生提供思路交流、观点碰撞、成果分享的平台。教师在此过程中要起到组织、协调、引导的作用。

⑤总结提高。

教师引导学生对问题进行回答与总结，对学习成果进行分析归纳，并可联系实际，对当前知识点进行深化、迁移与提高。

4.3.2　设计思路

教学策略，它是在教学目标确定后，根据已定的教学任务和学生特征，有针对性地选择与组合相关的教学内容、教学组织形式、教学方法和技术形成的具有效率意义的特定的教学方案。它具有综合性、可操作性和灵活性等基本特征。

1. 设计要点

（1）设计学习任务。

重构教材或者教学过程是设计学习任务的关键。教师依据课程教学目标，分析单一学科的某一章或者多个学科知识之间的相互关系，围绕某一线索提炼关联的知识点而整合成为学习单元。然后根据学习单元的内容和学生的实际情况设计真实的学习任务。如"水乳交融——素颜霜乳化工艺"，余老师重构教学任务，把"水乳交融——素颜霜乳化工艺"的教学任务设计成四个学习子任务，分别是乳化工艺、乳化参数、乳化仿真和乳化实操，对应的教学环节分别是"识"乳化工艺、"定"乳化参数、"练"乳化仿真和"做"乳化实操。通过分析与学习任务相关的学习内容，再确定学生通过完成该任务后应该掌握的知识、技能和素养目标。最后依据学生的知识结构和操作实践能力，确定相应的教学模式和教学方法。如"水乳交融——素颜霜乳化工艺"，余老师采用的教学模式是以探究式教学模式为主，其他学习模式为辅的混合式教学模式，采用任务驱动、合作讨论等教学方法展开教学。

（2）设计网络资源和学习环境。

基于工作现场环境的教学需要丰富的网络教学资源、网络环境和相应的教学硬件作为支撑。设计网络资源和学习环境主要包含组织与提供学习的网络资源、设计学习工具和选择协作交流平台三个部分。

依据学生的信息化素养和信息技术应用能力，教师应该在相应的教学平台开发在线仿真、微课、动画、图片、音频、PPT、在线测试题库等网络教学资源。还可以在工作现场打造"二维码资源"嵌入，建立信息化教学工厂。如"水乳交融——素颜霜乳化工艺"，余老师教学团队开发了乳化工艺 3D 仿真软件、Emulsify 参数软件、微课、在线测试题库等多种信息化教学资源。

学习工具是指能为学生的学习过程提供支撑与帮助，促进学生获取知识，辅助高级思维活动的各种中介。如制作课件的 Microsoft PowerPoint 2010 软件，仿真教学软件，实时交流工具"QQ"、"微信"，等等，以及电脑、移动终端、摄像机、照相机等教学硬件。如"水乳交融——素颜霜乳化工艺"，余老师开发了标准操作视频、在线测试题库、图片、乳化工艺 3D 仿真软件和 Emulsify 参数软件，需要配备的硬件有运行乳化工艺 3D 仿真软件和 Emulsify 参数软件的 PC 终端和在线学习标准操作视频的智能手机。

协作交流平台是指学生需要提交作品，同时也需要与同学、老师、专家进行交流，而教师需要管理、归集、评价学生的作品，更需要与学生、同行、企业专家进行交流，所以协作交流平台的选择也很重要。目前，选择协作交流平台主要有三种方式，一是选择学校自主开发的网络教学平台，二是选择购买企业开发的网络教学平台，三是使用免费的网络教学平台。如"水乳交融——素颜霜乳化工艺"，余老师采用的协作交流平台是世界大学城云平台，师生每人一个账号，可实现 PC 终端和手机 APP 登陆，使用比较方便。

（3）组织与安排学习活动。

合理地组织与安排学习活动是保证按时完成教学任务，并优质达成学习目标的关键。精心设计教学情境是吸引学生学习兴趣的重头戏。为了有效地开展教学，教师需要根据实际情况，对整个学习内容及其进度做出圆满的规划和设计。如"水乳交融——素颜霜乳化工艺"，余老师分别在课前、课中和课后进行了详细的规划和设计，具体规划和设计请参照"4.3.3 设计案例"。

（4）设计学习评价方案。

伴随着信息化学习过程，产生了大量"过程性"信息和"结果性"内容，这些都属于学习评价的范围。因此，需要对学生进行学习过程和学习结果的评价。对于过程性评价，主要考核学生的探究能力、协作能力、学习能力等。对于结果性评价，主要考核学生作品完成的质量或随堂测验的成绩。如"水乳交融——素颜霜乳化工艺"，余老师制定了由教师、企业专家共同参与，课前、课中、课后相贯通的多元过程化综合考评体系，具体评价方案请参照"4.3.3 中考核评价"。

2.注意事项

（1）以学生为中心，注重学生学习能力的培养。

教师是作为学习的促进者，必须引导、监控和评价学生的学习进程。

在信息化教学中，教师不再维持自己作为"专家"的角色，而是通过帮助学生获得、解释、组织和转换大量的信息来促进学习，以解决实际生活中的问题。在这种模式中，学生承担着自我学习的责任，通过协同作业、自主探索的方式进行主动的知识建构。

（2）充分利用各种信息资源来支持学习。

在信息化教学设计中，教师要关注信息技术运用方式的变化，技术的关键任务不是以操练的形式来呈现信息，而是提供问题空间和探索问题的工具。

教师备课不再只是翻翻教参，一边有声有色地准备多媒体教材，一边考虑该给学生提供什么样的交互方式。还必须考虑什么样的学习材料有利于学生自己发现，自己得出结论；研究什么样的情境有利于学生充分展开讨论，认知水平能够得到升华等教学因素。过去单纯依靠教材、黑板、一切教师说了算的传统教学观念和教学方式，如今被书本知识与社会信息相结合、教师传授与学生自我探索相结合的教学结构所取代。充分利用各种信息资源又表现在对学校、社区特殊资源的吸取、整合与利用。除书本、网络所提供给学习者的共性资源，作为学习的组织者，必须充分挖掘学校、社区特有的自然、文化等资源来支持学习。

（3）合理确定和教授学习策略与技能。

以"任务驱动"和"问题解决"作为学习和研究活动的主线，在相关的有具体意义的情境中确定和教授学习策略与技能。所谓任务驱动的教学策略，是指以师生讨论为载体、以贯彻问题设计为引线、以学生自主和分组协作相结合为具体实施方式进行的教学。所以，信息化教学设计的核心是问题设计。一般情况是首先创设问题情境，形成自主学习的任务，通过学习者合作解决真实性问题，来学习隐含于问题背后的科学知识和解决问题的技能，形成自主学习能力。这样，学习者能够批判性地学习新的思想和事实，并将它们融入原有的认知结构中，能够在众多思想间进行联系，并能够将已有的知识迁移到新的情境中，做出决策并最终解决问题。这就是信息时代倡导的深度学习。

（4）强调"协作学习"。

这种协作学习不仅指学生之间、师生之间的协作，也包括教师之间的协作。教师按照某种合作形式组织学生进行学习，比如简单的学习小组、专家组等各种形式，就是一种很好的协作学习的教学策略。

4.3.3　设计案例

1.案例引入

基于工作现场环境
的教学设计

陈老师硕士毕业后进入某理工类高职院校任教，主授专业核心课程。理论教学中，他声情并茂、循循善诱、深入浅出，让学生学习起来毫不费力，深受学生欢迎。由于该课程涉及生产实操，需要经常在工作现场对学生授课，陈老师虽然付出了极大的努力，但是仍然没有达到理想的教学效果。于是他选择走进余老师"水乳交融——素颜霜乳化工艺"信息化课堂学习。

2. 教学设计方案

（1）教学案例。

"水乳交融——素颜霜乳化工艺"

（2）案例及获奖情况。

此案例是 2017 年全国职业院校信息化教学大赛高职组信息化教学设计轻工与纺织大类的二等奖作品。参赛内容为化妆品技术专业的"日用化学品生产技术"课程中的"水乳交融——素颜霜乳化工艺"，教学时长为 6 学时。

（3）参赛教师情况。

余小光，硕士，讲师，湖南化工职业技术学院化学工程学院教师。

刘小忠，本科，高级实验师，湖南化工职业技术学院化学工程学院教师。

张翔，博士，讲师，湖南化工职业技术学院化学工程学院教师。

（4）案例教案

"水乳交融——素颜霜乳化工艺"详细教案如表 4 - 8 所示。

表 4 - 8 "水乳交融——素颜霜乳化工艺"教案

教学课题	水乳交融——素颜霜乳化工艺		
所属课程	日用化学品生产技术	采用教材	校本教材
授课学时	6 学时	授课对象	高职化妆品技术专业二年级学生

一、课程分析

"日用化学品生产技术"是化妆品技术专业的核心课程，前导课程为"化妆品原料""化妆品配方设计"，后续课程为"化妆品生产管理"，旨在培养学生掌握化妆品配方分析、生产控制等职业能力，树立洁净生产、创新创业、成本估算等意识。同时，参考"十二五"规划教材《洗涤剂与化妆品生产技术》，根据专业教学标准、行业规范，结合职业资格证书和创新创业能力需求，编写了校本教材，重组教学内容，与企业相关人员共同探讨确定出了 8 个为学生创新创业提供助力的学习项目，将新技术、新知识以及成本控制等创新创业内容融入教学。同时，在教学实施时，将成本估算方法等创新创业能力训练融入课堂活动；将参与创新创业成效融入学习效果考核评价，在一个个的项目教学过程中逐步培养学生的创新意识及创业必备的基本能力

二、课业内容、教学目标、重难点

1. 课业内容

本教学内容选自校本教材项目五、任务四水乳交融——素颜霜乳化工艺，包括水乳交融——素颜霜乳化工艺流程、乳化核心设备工作原理、乳化控制的关键参数与确定准则、乳化生产操作的标准流程及关键参数的调节控制，共 6 学时

2. 教学目标

（1）知识目标：懂工艺、知原理。

①掌握乳化工艺及设备原理；②掌握乳化工艺参数的确定方法。

（2）技能目标：定参数、会生产。

①能根据配方确定乳化工艺参数；②学会乳化生产操作。

（3）素质目标：固理念、树意识。

①巩固 GMP 车间洁净标准理念；②树立沟通、协作、创新意识。

续表 4 – 8

二、课业内容、教学目标、重难点
3. 教学重难点 教学重点：学习乳化工艺、掌握乳化操作；教学难点：确定乳化参数

三、学习者特征分析
优势：熟悉乳化现象及作用原理，具备配方分析及化工基础操作，会使用仿真软件。 不足：对乳化工艺、参数及设备缺乏清晰认识，乳化生产成本控制意识薄弱。

四、教学方法与设计依据
1. 教学方法：任务驱动、理实结合 以创新团队素颜霜配方的乳化生产任务为主线，遵循学生技能习得规律，理论与实践相结合，校企专家共建课堂，将教学内容设计为"识"乳化工艺、"定"乳化参数、"练"乳化仿真、"做"乳化实操四个环节。由于乳化工艺难呈现、乳化参数难确定、乳化操作难控制、乳化生产难监管，因此分别采用 3D 动画、Emulsify 软件、3D 仿真软件和智能监控辅助教学；并利用空间平台整合电子教案、微课视频、测试题库等资源，突出重点，突破难点，达成教学目标 2. 设计依据 教学目标、学情分析、教学环境和资源配备。

五、教学环境与资源准备
1. 学习环境（1）智慧教室（识乳化工艺、定乳化参数、练乳化仿真环节的教学场所）。 无线网络覆盖、智能监控教学管理平台辅助的理实一体化多媒体教室。 （2）校内化妆品 GMP 车间（做乳化实操环节的教学场所，校企共建）。 根据国际化妆品 10 万级 GMP 标准，校企共建生产车间，同时严格按照 ISO22716 国际质量体系认证规范运行，全程服务学生学习、实训、研发和生产过程。 2. 学习资源 （1）使用教材；（2）微课视频；（3）2D 和 3D 动画；（4）Emulsify 软件；（5）3D 仿真软件；（6）测试题库；（7）二维码资源库。 3. 学习资源内容简要说明 （1）使用教材：主教材——《日用化学品生产技术》（校本教材）；参考教材——《洗涤剂与化妆品生产技术》（国家"十二五"规划教材）。 （2）微课视频：标准着装视频（介绍进入化妆品 GMP 车间的标准着装与杀菌消毒流程）、乳化生产真实生产视频（某工厂乳化生产全流程剪辑视频）、乳化操作对比视频（记录在不同的溶解温度、搅拌时间和速度条件下乳化的渐变过程，对比正常与不正常乳化的现象）、岗位标准操作视频（呈现乳化生产中的岗位分工和规范操作流程）。 （3）2D 和 3D 动画：乳化工艺流程 2D 动画（呈现乳化工艺流程的三个核心过程）和乳化机工作原理 3D 动画（呈现乳化工艺核心设备均质器的工作原理）。 （4）Emulsify 软件：自行开发的 Emulsify 参数设定软件，具备溶解温度计算、加料顺序判定和搅拌速度时间辅助确定等功能。 （5）3D 仿真软件（校企联合开发）：与东方仿真公司联合开发的化妆品乳化工艺 3D 仿真软件，实现乳化工艺参数控制与生产操作 3D 真实呈现，身临其境。 （6）测试题库：课前预习测试、工艺测试、参数测试、仿真操作测试、课后巩固测试。 （7）二维码资源库：通过二维码，对接现场设备，实现了学习资源资讯的及时获取。

续表 4 − 8

六、教学活动

教学过程	教学设计	时间分配
课前导学	学生：观看 GMP 车间标准着装视频，参观 GMP 车间，绘制工艺流程示意图，完成课前预习测试。 教师：接受学生咨询，测试成绩进行个性化辅导，及时调整教学策略。 专家：讲解 GMP 车间乳化工艺。 1. 进入化妆品 GMP 车间标准流程 换鞋→更衣→戴口罩→戴帽→洗手→吹干→风淋 2. 乳化车间的基本概况 乳化车间包含八个部分，分别是蒸汽发生器、水相锅、油相锅、乳化锅、真空系统、液压升降系统、管路系统和控制面板。	
"识"乳化工艺	学生：观看乳化车间生产视频，展示乳化工艺流程示意图，观看乳化工艺核心设备乳化剂工作原理 3D 动画，完成工艺测试。 教师：总结水乳交融——素颜霜乳化工艺流程，结合 3D 动画讲解乳化剂工作原理，讲解习题。 1. 水乳交融——素颜霜乳化工艺流程 乳化工艺的三个过程：即溶解过程、混合过程和均质分散过程。 2. 乳化机工作原理 水、油相粒子在均质头旋转作用下被轴向吸入，随后在高剪切力作用下，被分散成更加细小的粒子从径向排出，并在乳化剂的作用下，形成均一稳定的乳液体系。	25 分钟
"定"乳化参数	学生：观看乳化操作对比视频，讨论影响乳化效果的主要参数及其影响，根据参数确定的流程，利用 Emulsify 软件完成水乳交融——素颜霜乳化工艺参数的确定。完成参数在线测试。 教师：播放视频，设计两个问题引发学生结合视频现象的差异思考讨论，讲解乳化工艺参数的确定原则与方法步骤，演示 Emulsify 基本使用方法，针对出错率较高的试题进行讲解。 1. 问题引导 问题 1：视频中引起不正常乳化的主要参数是什么？ 溶解过程中的加热温度、混合过程中的加料顺序及乳化过程中的搅拌速度与时间。 问题 2：不同参数为什么会引起不正常乳化？ 温度过高，水、油相原料易氧化变质导致乳化发黄；温度过低，水、油相原料中的固体未充分溶解，导致乳化不完全，乳液易产生沉淀物质。 加料顺序的不同影响乳液类型，如先加油相后加水相易形成油包水型，反之易形成水包油型乳液。 搅拌速度过慢或时间过短，乳化不完全，静置后易分层，适当加快搅拌速度或延长反应时间有助于形成更加稳定的乳液。	40 分钟

续表 4 – 8

六、教学活动

教学过程	教学设计	时间分配
"定"乳化参数	2. 乳化参数的确定原则 溶解温度：由水、油相原料最高熔点确定，一般比最高熔点高 5 ~ 10℃，且水相温度比油相高 5 ~ 8℃。 添加顺序：与乳剂类型、HLB、相比紧密相关。水包油型：先加水相，后加油相；油包水：先加油相，再加水。 搅拌时间：与生产量、黏度、设备、乳化剂用量紧密相关，一般乳化均质时间为 3 ~ 10 分钟。 搅拌速度：与乳化剂量，物料温度相关，一般均质搅拌速度为 0 ~ 3000 r/min，中央搅拌速度为 20 ~ 50 r/min。 3. 软件操作展示(以溶解温度为例) ①输配方；②分相态；③查熔点；④算温度。	40 分钟
"练"乳化仿真	学生：熟悉仿真软件界面，学习基础操作，根据操作提示完成乳化仿真操作和仿真测试题库。 教师：讲解乳化工艺参数的确定原则与方法步骤，演示 Emulsify 基本使用方法，并巡回指导操作，针对出错率较高的试题进行讲解。 1. 仿真界面、场景熟悉 软件真实还原生产场景，包含 5 大组成部分，依次高亮显示帮助学生再次认识整体环境和设备外部和内部剖析结构。 2. 基本操作步骤教学 (1)阀门启闭操作；(2)温度调节操作；(3)转速调节操作；(4)液压升降操作；(5)出料操作。	25 分钟
"做"乳化实操	学生：扫描二维码观看岗位标准操作视频，分岗位、按流程完成素颜霜乳化生产操作，根据操作记录单，综合考虑原料、水电等因素，形成成本估算单。 专家：为学生讲解称量、溶解、乳化等岗位的基本操作和安全注意事项，巡回指导学生操作，对关键步骤进行提示，结合生产实际对学生操作和产品质量进行总结评价。 教师：通过工厂智能监控系统对学生的不规范操作及时提醒改正，记录总结不规范操作，结合监控过程中的不规范操作进行总结评价。 1. 岗位操作注意事项 (1)称量岗位： ①强调双人复核，即一人按照生产配方单称量，一人帮助校核物料种类和重量。 ②按水相和油相原料不同，将原料分开置放，为溶解准备。 (2)溶解岗位： ①水相和油相原料分别安排两位同学完成，两位同学一人进料，一人校核物料是否按照添加顺序进行。 ②溶解温度的控制是水、油相原料充分溶解的关键，蒸汽阀门调节和操作面板温度设定配合操作很重要。	180 分钟

续表 4 - 6

六、教学活动

教学过程	教学设计	时间分配
"做"乳化实操	（3）乳化岗位： ①为防止高温氧化、保证洁净生产和实现水油相原料的进料，真空体系的建立至关重要。 ②按照设计的乳剂类型先后抽取水、油相原料确保乳化效果。 ③合理调节乳化搅拌转速、设置乳化操作时间。 ④乳液体系冷却和辅料添加操作。 （4）出料岗位： 两人协作完成，一人负责液压升降操作，一人负责出料摇杆的控制（注意装料桶的清洁消毒），将产品运送到静置间存放待检。 2. 操作规程 （1）操作前准备：按照配方要求准确称量物料，并检查设备运行情况、检查电源、水源、阀门开闭情况是否正常。 （2）蒸汽发生：打开蒸汽发生器进水阀，进水至2/3液位后关闭进水阀门。开启加热按钮，全功率加热至 0.15 MPa 后，关闭加热按钮，蒸汽制备完成待用。 （3）水相溶解：将预先称取的水、油相原料加入水、油相锅中，打开搅拌电机开始搅拌，设置加热温度为85℃和80℃，打开水、油相锅蒸汽进口阀开始加热，温度稳定后保温 30 min 至水、油相物料完全溶解。 （4）混合进料：开启乳化锅真空泵和真空阀，达到指定真空度（ - 0.05 MPa），打开抽料阀门，用抽料管先后从水相锅和油相锅抽取水、油相原料后，关闭抽料阀门、真空阀和真空泵。 设置水、油相加热温度为0℃，关闭水相锅蒸汽进口阀和油相锅蒸汽进口阀，关闭水、油相搅拌电机。 （5）乳化均质：打开乳化锅主锅搅拌，调节转动速度至 50 r/min。设置乳化锅加热温度为85℃，开启乳化锅蒸汽进口阀门。温度稳定后，开启乳化锅均质搅拌，调节转速至 3000 r/min，搅拌 300 s。关闭乳化锅均质搅拌，调节主搅拌速度至 25 r/min，保温 30 min。 （6）冷却降温：设置乳化锅加热温度为0℃，关闭乳化锅蒸汽进口阀门，打开乳化锅冷却水进口阀门和出口阀门，降温至45℃。 （7）辅料添加：打开乳化锅排气阀门，排气完毕后打开辅料进口阀门，完成辅料添加，关闭辅料进口阀门。开启乳化锅真空泵和真空阀，达到指定真空度（ - 0.05 MPa）后，关闭乳化锅真空阀和真空泵，搅拌 3 min。 （8）出料：打开乳化锅排气阀，排气完毕后关闭排气阀，关均乳化锅主搅拌。开启乳化锅液压上升按钮提升乳化锅盖，操纵摇杆倾斜出料。出料完毕，清洗水锅、油锅、乳化锅。关闭设备电源，按 6 s 标准清理工作台面。 3. 成本估算 直接成本（原料消耗、水电消耗）、间接成本（人力成本、设备折旧与损耗）。 4. 质量评价 望其色（乳白、均匀、光泽）、闻其味（柠檬芳泽）、感受效果（细腻度与美白作用）	180 分钟

续表 4 - 8

六、教学活动

教学过程	教学设计	时间分配
课后拓展	学生：完成课后测试，运用 Emulsify 软件，选择创新团队其他乳剂产品配方进行工艺参数确定，在校内开放实验室中开展创新性实验，控制成本，并进行成果孵化。 专家：检查学生确定的工艺参数，对参数的优化提供指导意见。 教师：对学生实验室产品进行评价，指导完成成果孵化项目。并根据过程考核结果和素养评价，对学生进行总评；运用雷达图分析总体教学目标的达成度和个体学情，为后续教学策略调整提供参考。 (1)内化课堂中的识工艺、定参数、做实操等知识与技能。 (2)根据课堂所学的参数确定原则和控制方法，完成新配方的工艺参数确定并小试生产。 (3)选择成熟配方的生产工艺进行创业孵化。	
考核评价	将阶段性的测试贯穿教学始终，借助仿真系统和世界大学城云平台的成绩统计功能，结合教师、专家对学生规范操作、洁净生产和创新意识的综合考评，形成多元过程化科学考评体系，并通过雷达图对比分析，有效检验教学目标知识、技能和素质的达成度。	

七、教学反思

不足之处 改进措施	(1)开发的 Emulsify 软件的功能有待升级，要加强课程教学整改。 (2)根据教学目标须不断优化软件数据统计、分析功能，促进课程教学整改。

3. 教学设计分析与实现

"水乳交融——素颜霜乳化工艺"是化妆品技术专业学生必修的专业技术核心课程《日用化学品生产技术》的内容之一，授课对象是大学二年级学生。教学目标是让学生掌握乳化工艺、设备原理及工艺参数的确定方法，能根据配方确定乳化工艺参数及乳化生产操作，进而巩固学生 GMP 车间洁净标准理念，树立沟通、协作、创新意识。教学重点是学习乳化工艺、掌握乳化操作，教学难点是确定乳化参数。

余老师是如何应用信息技术来突出本次课的教学重点和突破本次课的教学难点？他又是如何进行教学设计来达到确定的教学目标？

(1)教学地点设计。

"水乳交融——素颜霜乳化工艺"，余老师采用校企专家共建课堂，教学地点涉及三个：一是化妆品 GMP 工厂乳化车间(图 4 - 29)，二是智慧教室(图 4 - 30)，三是化妆品 GMP 工厂的监控室(图 4 - 31)。那么，余老师又是如何应用信息技术把三个教学点联系在一起并构建信息化课堂？

(2)教学策略。

1)教学思路与方法。

余老师以学生创新团队研发的"素颜霜生产任务"为主线，将教学过程设计为"识"乳化工艺、"定"乳化参数、"练"乳化仿真、"做"乳化实操四个环节，分别在智慧教室和校内校企共建的化妆品 GMP 工厂乳化车间进行，以任务驱动、合作讨论等教学方法展开教学。

图 4 – 29　教学地点一：乳化车间

图 4 – 30　教学地点二：智慧教室

图 4 – 31　教学地点三：监控室

2）教学资源与手段。

乳化是"素颜霜生产"的关键技术，也是化妆品技术专业学生必须掌握的专业核心技能。由于乳化工艺难呈现、乳化参数难确定、乳化操作难控制、乳化生产难监管，因此余老师团队分别采用 3D 动画、Emulsify 软件、3D 仿真软件和智能监控辅助教学；并利用大学城云平台整合教学资源，贯穿教学过程，突出重点，突破难点，达成教学目标。

（3）教学过程组织。

余老师采用翻转课堂的教学模式，精心组织与安排了学生在课前、课中和课后的学习活动。在校企专家共建课堂中，他与企业专家密切配合，各司其职，各尽其责。

1）课前。

布置课前学习任务（图 4 - 32），要求学生从世界大学城云空间观看化妆品 GMP 工厂标准着装视频，以固化洁净生产理念；由企业专家引导学生参观乳化车间，了解乳化设备、认识乳化工艺、绘制乳化工艺示意图；完成在线测试。

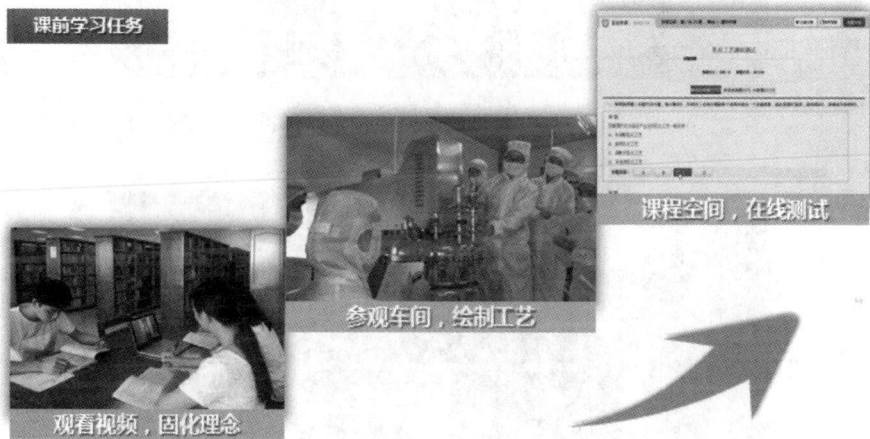

图 4 - 32　课前学习任务

2）课中。

①情境引入。

播放"乳化车间生产"真实生产场景微课，让学生熟悉提前岗位环境，进入学习情境（图 4 - 33）。

图 4 - 33　播放"乳化车间生产"微课

②教学环节一："识"乳化参数。

抽查学生展示乳化工艺示意图(图4-34)来检验学生课前学习成果;教师结合2D动画讲解乳化工艺(图4-35),利用3D动画讲解乳化机的工作原理(图4-36),以加深学生对乳化工艺和设备原理的理解,将抽象的工作原理直观化;学生完成"乳化工艺"在线测试后,进入"教学环节二:'定'乳化参数"。

图4-34　学生展示乳化工艺示意图

图4-35　乳化工艺2D动画

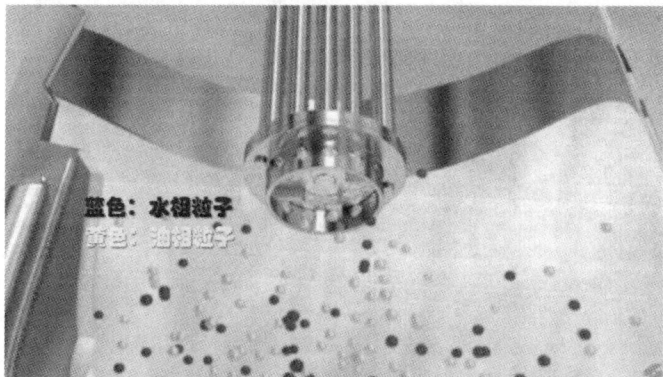

图4-36　乳化机的工作原理3D动画

③学环节二："定"乳化参数。

学生观看实验室乳化操作对比视频(图 4-37),并让学生讨论总结影响乳化操作的主要参数是溶解过程中的加热温度、混合过程中的加料顺序及乳化过程中的搅拌速度与时间(图 4-38);教师引导学生根据现象分析讲解乳化参数的确定原则,理解乳化参数的正确确定是生产合格产品的前提;余老师示范操作、讲解课程团队自行开发的 Emulsify 参数软件(图 4-39)后,让学生利用该软件掌握"分相态、查熔点、算温度"三步法原则的同时,完成乳化参数的确定,有效缩短了教学时长,突破了教学难点;学生通过"乳化参数"在线测试后,进入"教学环节三:'练'乳化仿真"。

图 4-37 乳化操作对比视频

图 4-38 学生讨论总结影响乳化操作的主要参数

④学环节三："练"乳化仿真。

余老师利用课程团队开发的 3D 仿真软件(图 4-40),示范操作并讲解模拟乳化生产过程,学生在 3D 沉浸式情境中,根据个性化需求,练习工艺操作与参数控制。比如通过调节蒸汽流量大小控制溶解加热温度,通过设置乳化机转速高低控制搅拌速度,以及液压升降、出料等工艺操作(图 4-41),以掌握乳化操作,形成规范操作意识;学生通过 3D 仿真软件测试后(图 4-42),进入"教学环节四:'做'乳化实操"。

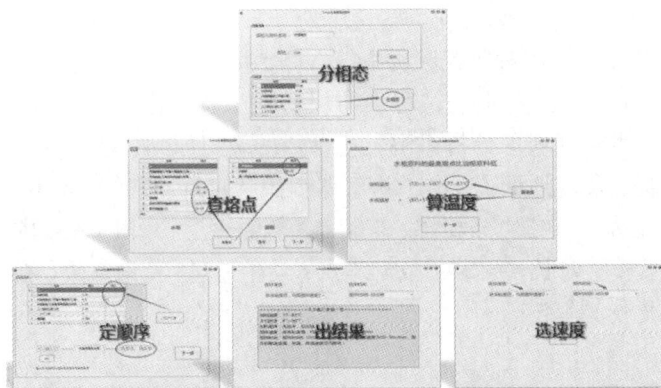

图 4 - 39　Emulsify 参数软件

图 4 - 40　3D 仿真教学场景

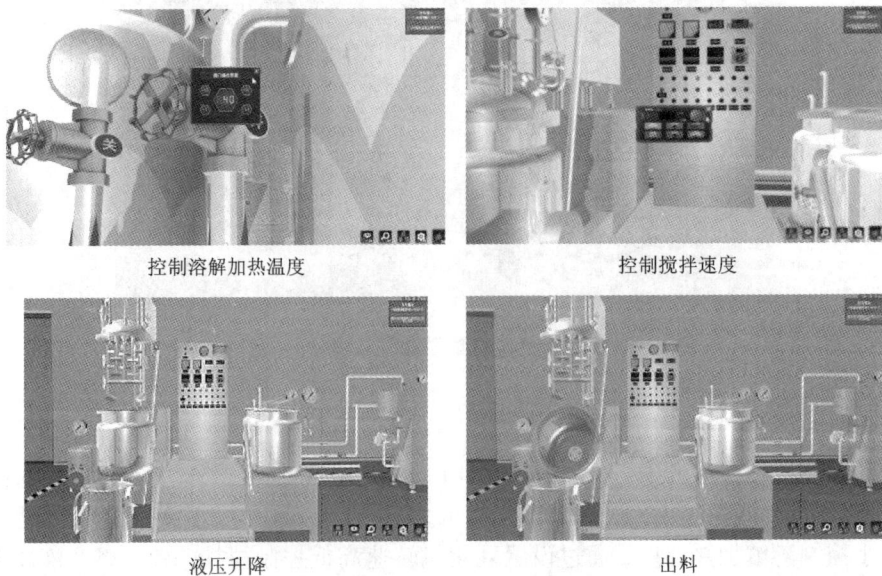

控制溶解加热温度　　　　　　　　　　控制搅拌速度

液压升降　　　　　　　　　　　　　出料

图 4 - 41　练习参数控制与工艺操作

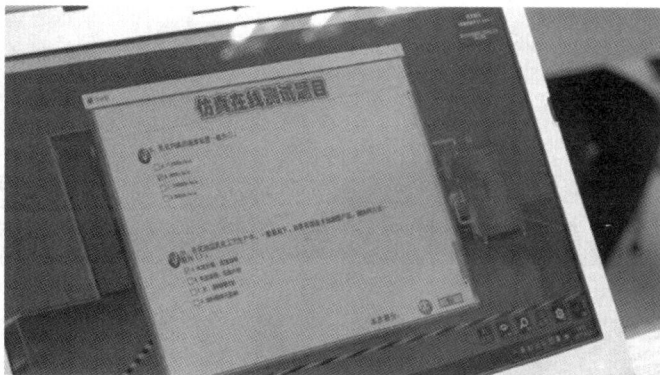

图 4 - 42　3D 仿真软件测试

⑤学环节四："做"乳化实操。

学生在企业专家的指导下按标准着装要求进入车间,扫描设备二维码,在线观看标准操作视频(图 4 - 43);接着由企业专家分配岗位,学生团队合作完成"素颜霜生产"过程中的称量、混合、溶解、抽料、乳化、出料等操作步骤(图 4 - 44);教师则通过工厂智能监控系统对学生的不规范操作及时提醒改正(图 4 - 45),企业专家现场巡回指导学生操作(图 4 - 46);生产结束后,学生根据操作记录单,综合考虑原料、水电等因素,制作成本估算单,以培养学生的成本控制意识(图 4 - 47);教师和企业专家则分别对学生的现场实操做总结评价(图 4 - 48),从而突出教学重点。

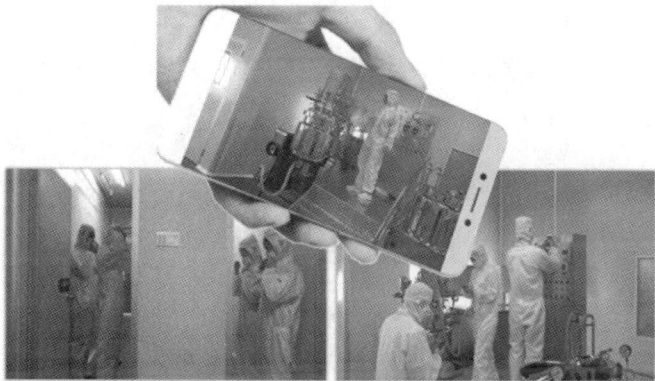

图 4 - 43　扫描二维码观看标准操作视频

3)课后。

学生运用 Emulsify 参数软件,选择创新团队开发的其他乳剂产品配方进行工艺参数确定,并在校内开放实验室中开展创新性实验;针对问题与教师、专家交流(图 4 - 49),并进行成果孵化,培养学生知识迁移和创新创业能力。

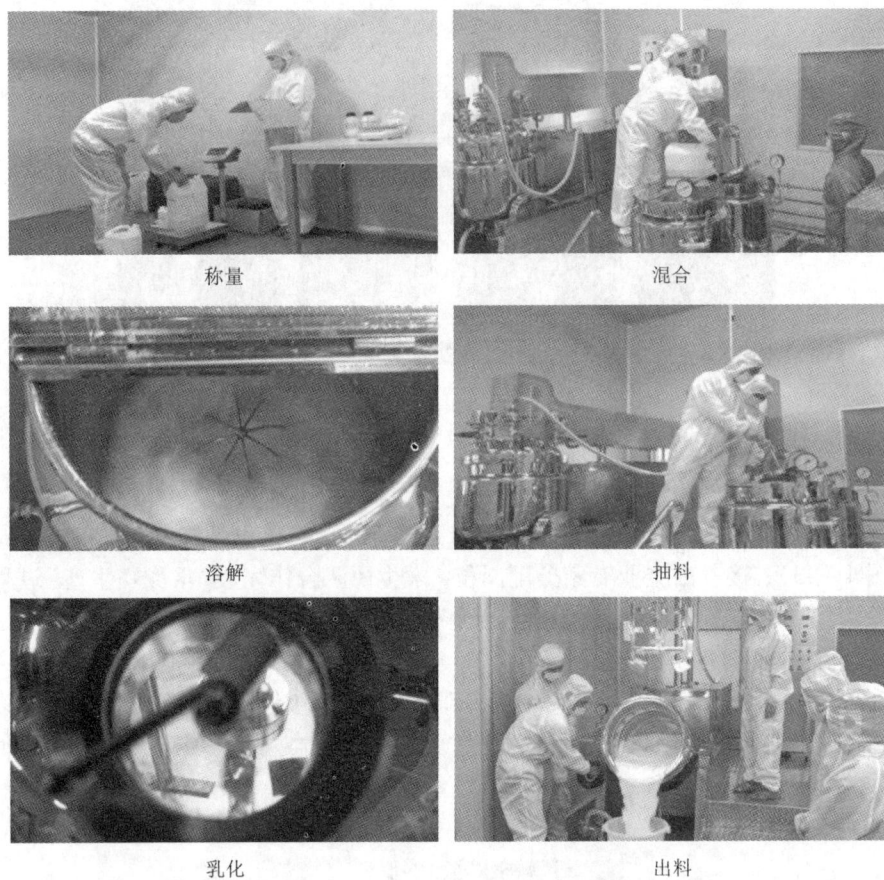

称量

混合

溶解

抽料

乳化

出料

图 4 – 44　生产过程中的称量、混合、溶解、抽料、乳化、出料等操作步骤

图 4 – 45　教师通过工厂智能监控系统对学生的不规范操作及时提醒改正

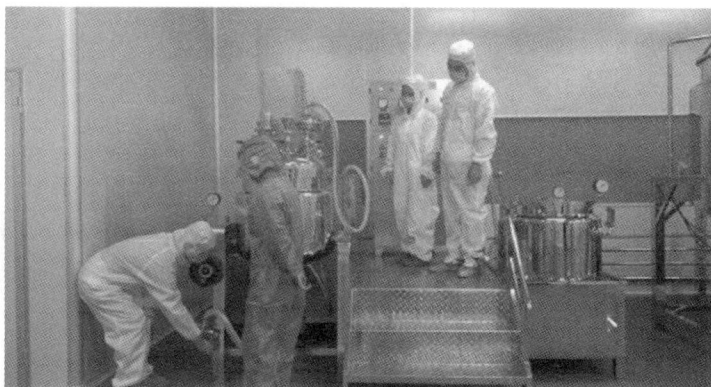

图 4 - 46　企业专家巡回指导

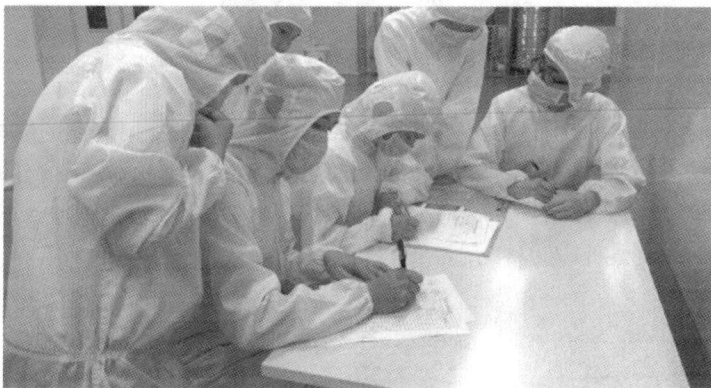

图 4 - 47　学生成本估算

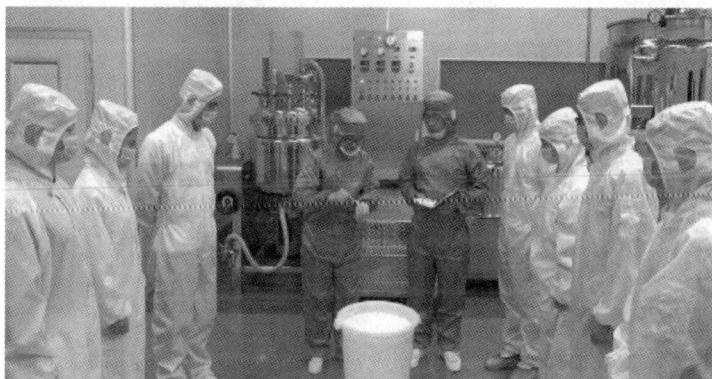

图 4 - 48　教师、企业专家生产点评总结

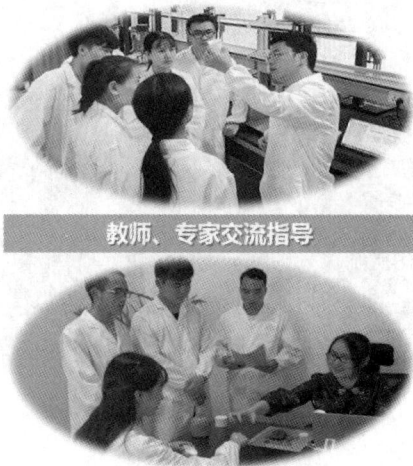

图 4-49　与教师、专家交流

（4）考核评价。

余老师制定了由学生、教师、专家共参与，课前、课中、课后相贯通的多元过程化综合考评体系。将阶段性的测试贯穿教学始终，借助仿真系统和世界大学城云平台的成绩统计功能，结合教师、专家对学生规范操作、洁净生产和创新意识的综合考评（图 4-50），形成了多元过程化科学考评体系，并通过雷达图对比分析，有效检验了教学目标的达成度（图 4-51）。

图 4-50　多元过程化综合考评体系

4. 教学设计理论依据

"水乳交融——素颜霜乳化工艺"是基于建构主义学习理论来进行教学设计的，请参考"4.1.3 中 3. 教学设计理论依据"。

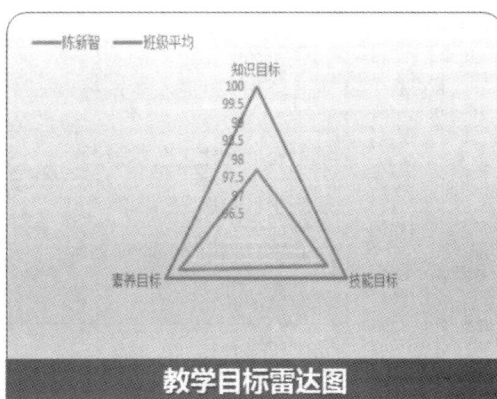

图 4-51　成绩汇总表和教学目标雷达图

4.3.4　设计总结

"日用化学品生产技术"是化妆品技术专业的核心课程之一。余老师的教学设计以校内校企共建的化妆品 GMP 工厂为平台，以创新团队研发的"素颜霜生产"任务为主线，以任务驱动、合作讨论等教学方法展开教学，利用 3D 动画、Emulsify 软件、3D 仿真软件和智能监控系统，通过世界大学城云平台促进信息技术深度融入教学的各个环节，从而突出重点，突破难点，有效地达到了确定的教学目标。

1. 课程开发

余老师的教学设计并没有局限于教材的限制，而是结合本专业学生的学习实际与专业课程学习进度，与企业专家在研究原教材的基础上，进行了二次开发，把"水乳交融——素颜霜乳化工艺"的教学内容分解重构成"识"乳化工艺、"定"乳化参数、"练"乳化仿真和"做"乳化实操四个教学环节，环环相扣、循序渐进、系统性地逐个突破，以降低学生的知识内化和掌握技能操作的难度。

2. 教学情境设计

余老师从课前、课中和课后进行了精心的设计和安排次课的教学情境，如表 4-9 所示。

表 4-9　教学情境设计

教学进程	教学情境	教学功能
课前	观看化妆品 GMP 工厂标准着装视频	掌握标准着装与清洁消毒流程
	参观化妆品 GMP 乳化车间，绘制工艺流程示意图	熟悉乳化车间工作环境，初步了解乳化工艺
	完成课前预习测试	检测课前预习效果

续表 4 – 9

教学进程		教学情境	教学功能
课中	情境引入	观看乳化车间真实生产视频	让学生了解真实生产状况，从而吸引学生的学习兴趣
	识乳化工艺	学生展示乳化工艺示意图	检验课前学习成果，了解乳化工艺
		播放 2D 乳化工艺动画	辅助学生学习乳化工艺
		播放 3D 乳化设备原理动画	辅助学生学习乳化设备工作原理
		教师总结乳化工艺	让学生系统性地学习乳化工艺
		完成在线乳化工艺测试	检测学生学习乳化工艺效果
	定乳化参数	观看乳化操作对比视频	让学生直观了解影响乳化的因素
		组织学生讨论影响乳化效果的主要参数	让学生自主讨论得出影响乳化效果的主要参数
		教师总结提炼乳化参数的确定原则	让学生系统性地学习乳化参数确定原则
		教师示范和讲解 Emulsify 参数软件	学生在学会乳化参数确定原则的基础上，学习 Emulsify 参数软件
		根据素颜霜的配方，学生完成乳化参数的确定	学生学会应用 Emulsify 参数软件
		完成乳化参数在线测试	检测学生学习确定乳化参数效果
	练乳化仿真	教师示范讲解 3D 仿真软件	系统性地教学生使用 3D 仿真软件
		学生练习乳化工艺操作与参数控制	让学生在 3D 沉浸式情境中学会乳化工艺操作与参数控制
		完成仿真操作测试	检测学生乳化工艺操作与参数控制效果
	做乳化实操	扫描二维码观看操作视频	自主学习素颜霜乳化生产标准操作
		分岗位、按流程完成素颜霜乳化生产操作	让学生团队合作完成素颜霜乳化生产
		根据操作记录单，综合考虑制作成本估算单	培养学生成本控制意识
		教师智能监控学生的不规范操作并及时提醒改正	有效解决实训教学过程中学生过多监管不到位的难题
		企业专家讲解、指导学生完成素颜霜的生产	指导学生系统性地完成素颜霜的生产，并生产合格产品
		教师和企业专家总结点评	鼓励和整改
课后		完成课后测试	检测"水乳交融——素颜霜乳化工艺"学习效果
		在校内开放实验室中开展创新性实验	创新、创业
		教师和企业专家创新指导	成果孵化

3. 技术融合

余老师在世界大学城空间集成了微课、动画、在线测试题库等教学资源，在智慧教室应用了自主开发的 Emulsify 参数软件和 3D 乳化参数控制和工艺操作仿真软件，在化妆品 GMP 工厂生产现场还嵌入了"二维码资源"库和调用智能监控系统，打造多维立体化教学资源，并恰当地融合到学习任务和学习环节中，较好地实现了学习过程与技术应用的双向融合。

应用 2D 和 3D 动画、3D 仿真软件，有效地突出了"学习乳化工艺"和"掌握乳化操作"的教学重点；应用乳化参数对比视频和 Emulsify 参数软件，有效地突破了"乳化参数确定"的教学难点；应用智能监控系统，有效地解决了工作现场监管不易的教学难题。

4. 考核评价

将阶段性的测试贯穿教学始终，借助仿真系统和世界大学城云平台的成绩统计功能，结合教师、专家对学生规范操作、洁净生产和创新意识的综合考评，形成多元过程化科学考评体系，并通过雷达图对比分析，有效检验教学知识、技能和素质目标的达成度。

【思考与探索】

1. 有没有更好的教学策略与手段进行基于现场实践环境的教学设计？
2. 在基于现场实践环境的教学设计中，如何应用 VR、AR 和 AI 技术？

【本章·小结】

基于现场实践环境的教学设计概述

综合分析当前职业学校的实践环境，本章基于远程实时环境、理实一体化环境和工作现场环境，以详细的案例讲述了在不同实践教学环境中，该选择什么样的教学方法、教学策略、教学资源等，从而突出重点、突破难点、有效达成教学目标、提升教学效果。

在远程实时环境教学中，详细地分析了远程实时环境的内涵和远程实时环境的特征，并以抛锚式教学模式为主，其他教学模式辅助的"乙烯单体合成中水煤浆制备技术"的教学案例。

在《乙烯单体合成中水煤浆制备技术》教学案例中，张老师根据往届学生学习情况和课前信息反馈，采用了任务驱动法，并重构教学任务为工艺认知、岗位体验和开车操作三个子任务，以逐个突破，降低学生知识内化和技能习得难度；他针对学生岗位意识较模糊的特点，采用角色扮演法，创设生产现场的学习情境，设计了岗位定位、体验、操作和轮换的教学模式，以实现做中学、做中教；他基于学生的信息化素养普遍较高和喜欢操作实践的情况，在世界大学城云平台开发了在线仿真、微课、动画、设备图片、在线测试题库等教学资源，并在生产现场嵌入二维码，打造了多维立体信息化教学工厂；他利用 QQ 空间在线直播平台及时传送三个教学地点的教学场景，让学生实时观察对方岗位的操作和接受企业专家在线指导与点评。

在理实一体化环境教学中，详细地分析了理实一体化环境的内涵和理实一体化环境的特征，设计了以合作学习教学模式为主，其他教学模式辅助的"乙酸异戊酯的制备"的教学案例。

在"乙酸异戊酯的制备"的教学案例中，刘老师采用了以学生为主体、合作为基础、任务为驱动、信息技术相辅助的教学策略。依据课程特色和课前学生信息反馈，他采用了任务驱动教学法，并把"乙酸异戊酯的制备"的教学内容重构成"制备乙酸异戊酯"和"讨论催化剂对制备乙酸异戊酯的影响"两个子任务，循序渐进、由易到难、逐个突破，以实现做中学、做中教；基于学生的信息化素养普遍较高和喜欢操作实践的特性，在世界大学城云平台集成了在线仿真软件、模拟动画、微课、碎片化视频、设备图片、在线测试题库等教学资源，以提升教学效果；利用智能手机及大学城空间云平台APP，让学生随时随地在线学习、交流和接受教师的指导。

在工作现场环境教学中，详细地分析了工作现场环境的内涵和工作现场环境的特征，并以探究式教学模式为主，其他教学模式辅助的"水乳交融——素颜霜乳化工艺"的教学案例。

在"水乳交融——素颜霜乳化工艺"的教学案例中，余老师以学生创新团队研发的"素颜霜生产任务"为主线，将教学过程设计为识乳化工艺、定乳化参数、练乳化仿真、做乳化实操四个环节，分别在智慧教室和校内校企共建的化妆品GMP工厂乳化车间进行，以任务驱动、合作讨论等教学方法展开教学；依据乳化工艺难呈现、乳化参数难确定、乳化操作难控制、乳化生产难监管的情况，余老师教学团队分别开发相应的3D动画、Emulsify软件、3D仿真软件，以及应用智能监控来辅助教学，从而突出重点，突破难点，有效达成教学目标。

第5章
基于虚拟仿真环境的教学设计

【教学情境】

在冶炼、化工、医药、航空航天等专业教学中，专业课程教学的操作和实践性较强，而许多实践性教学又因环境、场地、安全、污染、不可控等因素影响，难以实现现场有效教学。如"有机化学""化工单元操作""高铁驾驶技术""防爆排雷技术"等，其课程涉及的工作原理、技术工艺和操作技能训练等问题的制约导致教学模式单一、方法陈旧，一般为"教师演示—学生练习—教师指导"，远远不能满足学生动手实操的要求，教学效果不理想，毕业生职业能力离工作岗位的实际需求还有一定的距离。

【解决方案】

针对此种教学困境，近年来国家教育部门大力提倡开发仿真软件辅助实践教学。虚拟仿真辅助教学具有沉浸性、交互性、虚幻性、逼真性等特点，学生在一系列虚拟场景中模拟实际操作，进行反复练习，掌握实际操作技能，克服传统教学场地、时间、设备的限制，使技术知识的获得和创新成为实践教学重要的组成部分和提高教学质量的重要手段。

目前虚拟仿真教学大致可分为大型系统在线仿真平台教学、自制仿真软件交互式教学和虚拟场景沉浸体验式教学三种。教师需根据教学内容的特点选择合适的虚拟教学环境，并通过基于工作场景的教学情境创设、难度适中的任务驱动，采取合适的教学策略，制作适合的教学资源，做中学、学中做，教学做评合一，有效地提升了学生学习积极性和主动性，提高了教学效率。

【能力目标】

知识目标：根据虚拟仿真教学环境的内涵和特点，掌握三种环境下教学设计的基本要素和教学设计流程。

技能目标：能够根据教学内容的特点，选择适合的虚拟教学环境、教学资源，组织开展教学过程设计以及教学组织与实施。

素质目标：具备信息化教学分析与设计意识，强化"以学生为主体"的教学设计以及组织与实施的理念。

5.1　基于大型系统仿真教学平台的教学设计

虚拟仿真教学技术在理论教学和实验实训教学中都非常广泛，它能充分结合行业特色，将计算机仿真系统或真实装备与计算机仿真综合系统组成仿真环境，设置情境教学环境，进行模拟操作与控制，强化职业操作技能，有效提高了学习者的学习积极性，使学习由被动的填鸭式变成了主动的训练式。

基于大型系统仿真教学
平台的教学设计

早年的仿真软件一般应用于单机教学，随着信息网络技术的飞速发展，这种单机仿真教学模式已逐步被网络仿真教学模式取代，学院企业相继联合开发出各种大型系统仿真教学平台，有效解决了单机仿真教学受时间和空间限制的问题，使课堂在时空上得到了延伸和扩展，真正实现了时时可学、处处能学、人人皆学的仿真学习和训练。

什么是基于大型系统仿真教学平台的教学设计呢？它是指在教学实施过程中，学习者利用大型系统仿真教学平台进行知识学习和仿真操作训练，教师通过仿真平台构建学习情境，完成教学任务，促进学习者全面发展的一种教学方式。

如何利用大型系统仿真教学平台进行教学设计？我们先来了解设计基础和设计要点，然后再以一位老师的传统教学到基于大型系统仿真平台"线上＋线下"教学的转变为例，详解基于大型系统仿真平台教学设计的理念、实施与效果。

5.1.1　设计基础

基于大型系统仿真平台的教学设计是依据建构主义教育学习理论，在"线上"虚拟仿真和"线下"真实场景的教学环境下，运用系统科学的方法，对教学目标、教学内容、教学策略、教学评价等教学要素和教学环节进行分析、计划并做出具体安排的过程。其根本目的是获得解决教学问题的最优方法和策略，促进学生的学习和发展。设计前期应充分了解虚拟仿真的教学环境特点，根据教学目标、教学内容及学习者特征确定合适的教学模式。下面就该类教学设计进行简单的教学环境分析及教学模式选择。

1. 教学环境分析

职业教育一般具有较强的实践性，尤其是航空航天、冶炼、化工、医药、汽车工程等工程性较强的专业，其实践教学约占专业课程总学时的1/2，对实训场地的大小及实训设备的数量有较高的要求。随着职业教育的规模逐渐壮大，其有限的实训场地、设备、仪器更难以满足学生实践训练的需求，尤其是部分工科类专业面向的产业环境复杂、设备庞大、甚至有毒有害，因此对于实践教学的改革和创新迫在眉睫。如化工生产过程中，其涉及的化学物质绝大多数具有易燃、易爆、有毒等特点，且绝大多数化学反应均是在高温、高压等条件下进行的，存在诸多不安全因素。另外，随着化工企业的现代化进程，生产操作自动化程度变高。因此，大多数化工企业不愿意没有工作经验的学生到现场学习，即使进入实习企业，大多数也以见习、参观为主，学生无法真正地了解化工生产过程，更不能有效提高其实践动手能力。因此，对于学生的实践操作教学亟须一个安全的、可操作的，尤其是运行成本不高可反复操作的实训环境，而虚拟仿真环境正好满足了此种需求。学生在虚拟环境中反复训练，掌握原理，熟悉流程，优化操作方案；在真实场景中熟悉设备，掌握流程，动手实操，强化操作规范，既可有效提升学生的岗位操作技能，又能培养学生工程观念，还可强化学生安全生产、节能环保、规范操作的职业素养。下面就仿真软件及现场实操设备做简单介绍。

（1）仿真系统。

仿真技术与计算机技术密切相关，它是以相似理论、模型理论、系统技术、信息技术以及仿真应用领域的相关专业技术为基础，以计算机系统、与应用相关的物理效应设备及仿真器为工具，利用模型系统进行研究的多学科综合性技术。

根据所用模型的分类，仿真可分为物理仿真和数字仿真，物理仿真是以真实物体和系统，按一定的比例或规律进行缩小或扩大后的物理模型为实验对象进行的仿真研究；数学仿真是以真实物体或系统规律为依据，构建数学模型后，在仿真机上完成研究工作。

根据所服务的对象不同，又可划分为航空航天、核能发电、火力发电、石油化工、冶金、轻工等。如石化仿真系统是以计算机软硬件技术为基础，在深入了解石油化工各种工艺过程与设备的动态数学模型，并将其软件化的同时设计出易于在计算机上实现而在传统教学与实践中无法实现的各种培训功能，创造出与现实生产操作十分相似的培训环境，从而让从事石油化工生产过程操作的各类人员在这样的仿真系统上操作与试验。大量统计数据表明，学员通过数周内的系统仿真培训，可以使其取得实际现场 2～5 年的工作经验。其诸多优势使其成为当前众多新员工和人员培训的必要技术手段，已渗透到职业教育教学的各个领域。无论是理论教学、实验教学，还是实习实训教学，都有着传统教学手段无法比拟的强大优势。如化工仿真实训系统，它再现了一个真实的化工过程，学生在课堂上就能操纵与管理生产中流量、温度、压力、液位、组分等数据的生成及变化（见图 5-1），轻松解决了因化工生产环境复杂而导致的实训场地、时间受限，学生动手操作机会几乎为零的难题。

图 5-1　仿真操作界面

石油炼制中催化裂化工艺反应—再生系统的仿真实训软件，实现了化工类专业学生工艺实训的反复模拟实操，从根本上解决了化工类专业实习实训难的大问题。

仿真软件的应用是教育教学一次质的飞跃，尤其是将实操搬进课堂，学生零距离动手操作，既实现了其职业操作技能的提升，同时也进一步加深了其对理论的理解。但实操需要时间，只有反复练习，才能渐入佳境，进而熟能生巧，故有限的课堂教学时间并不能满足学生训练的需求，一种跨越时空的训练模式亟待产生。

（2）在线仿真系统。

恰逢信息网络技术的飞速发展，在线仿真平台应运而生。下面以湖南化工职业技术学院与东方仿真软件技术有限公司联合开发的化工仿真教学平台（见图5－2）为例来介绍在线仿真在教学中的应用。该平台是一个集理论学习、交流沟通和在线仿真等多种功能于一体的新一代学习交流平台，它充分利用"世界大学城"这个大平台，通过用户名和密码登录，把分散于各地的学员聚集在一起，实现不分地点、不分时间进行相互之间的交流探讨，兼具省时省事、组织管理方便、费用低廉等优点，为学校实验实习、企业员工培训及远程教学提供了一条简洁实用的方式，有效解决了单机仿真教学受时间和空间限制的问题，使课堂在时空上得到了延伸和扩展，真正实现了时时可学、处处能学、人人皆学的仿真学习和训练。在线仿真教学平台一般由学校企业联合打造，学校拟定平台构架，整合教学资源，企业提供技术支持，满足学校专业教学的个性化需求，极大地提高了教学的灵活性。平台有资源学习、仿真训练、反馈交互，还兼顾画面性、趣味性，使学生学习的自主性得到了有效提升。目前平台大多还处在建设期或优化期，国家也在大力支持在线共享教学平台的建设，整合优质资源，开放平台实现全民共享。

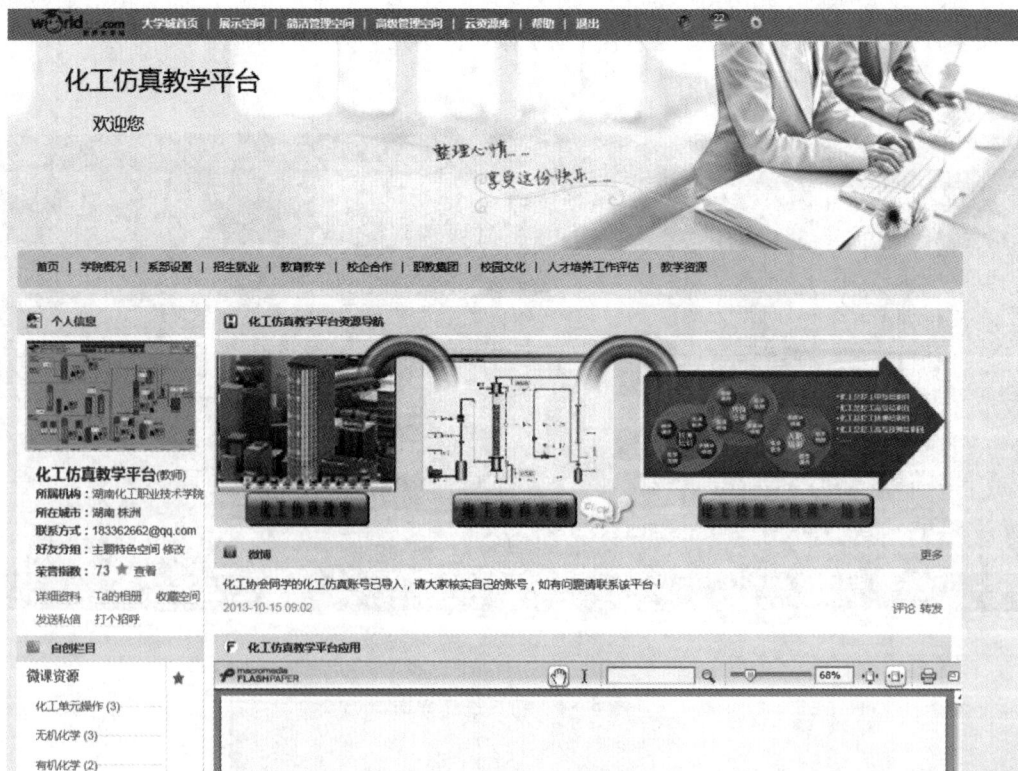

图5－2 化工仿真教学平台

虽然在线仿真平台能实现人人皆学、时时可学、处处能学的仿真训练，但仿真毕竟是虚拟的场景，与真实场景存在着一定的差距，如安全操作、节能环保以及协作生产等在仿真中并不能很好的体现，因此要达到零距离上岗，必须有真实场景的操作训练，就需要学院配备有完备的现场实训基地。

（3）现场实操环境。

实训基地是培养学生理论应用能力、技术应用能力的实践训练场所。它把学生的课堂学习与有计划和有指导的实际工作经历相结合，既是理论与实践结合的媒介，又是学习与产业企业、科研相结合教学形式的基础，是职校开展课程专业实践教学，提高学生实践能力的必备场所。近年来，国家及地方政府均加大了对各高职院校实训基地的投入，石油化工、机电、制药等各类大型实训基地相继建成（见图 5－3），基本满足了对应专业的技能训练要求。基地提供给对应专业学生动手操作、亲自实践的机会和场地，开展对应理论课程的应用训练，对应专业基础课的一般性技能训练，对应专业课程的专业技能训练，对应课程设计与毕业设计的综合技能训练，对应素质教育的工业化训练以及对应工种考核的专门化训练。但基地实操环境始终存在着工位有限、环境复杂、操作可能不安全等问题，设备容易损坏，运行成本较高，教学过程较难监控，无法满足技能提升需要反复多次训练的要求。

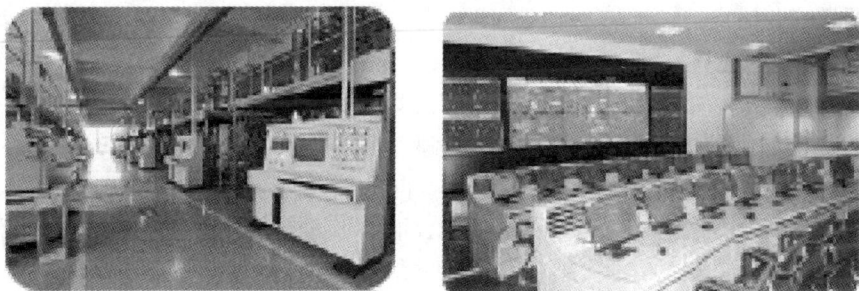

图 5－3　大型实习实训基地

2. 教学模式选择

仿真软件和实训设备的建设是目前职业教育实践教学的基础，那如何将仿真软件和实训设备有机结合、行之有效的应用于实践教学中呢？这个问题长期以来一直都困扰着一线的实践教学老师，为此他们也积极地进行了这方面的教学改革，并取得了一定成效。目前正被广泛采用的是"线上虚拟仿真＋线下实操训练"虚实结合的教学新模式，它能结合虚拟仿真反复多次训练和真实场景亲自动手体验的优点，最大程度地发挥各实训装置的作用，达到教学事半功倍的效果。

"线上虚拟仿真＋线下实操训练"虚实结合的教学模式所具有的优势目前已经得到业界认可，然而，该教学模式的优势并非自然而然就能产生，它离不开精心地设计和实施。因而关于虚实结合的教学设计与实施就成了教学效果好坏、能否达成教学目标的重点与关键所在。在设计过程中，教学策略的选取以及教学方法的选择成为其重中之重，以下是对该模式常用的教学策略和教学方法进行的简单分析介绍。

（1）教学策略的选取。

虚实结合的教学模式是通过学生反复多次的仿真训练深化理论原理的理解、熟悉复杂的工艺流程、操作流程，通过真实场景的现场实操训练零距离对接企业岗位，培养学生的动手操作技能，以工程项目的视角考虑操作的稳定、安全、环保、节能、成本等。

该模式一般采用抛锚式教学策略，即以建构主义学习理论为基础，以真实事例或问题为"锚"将教学内容囊括其中，以学生为绝对中心解决问题或完成任务而开展的教学过程。教学环节主要由创设情境、确定任务、自主学习、实施任务、效果评价五个部分构成，即结合虚拟仿真软件创设真实的工作情境，明确工作任务或任务主线，下发学习资源清单，学生线上自主学习、训练并完成自测、考核，教师针对学生自学反馈及考核结果设计相应的线下教学活动，重点解决学生自主学习的难点，优化仿真操作并高质量地完成现场实操，学中做，做中学，理实相辅，提升操作技能，强化理论知识。

其中，仿真训练结果的分析可促进学生掌握理论，熟悉操作流程，从而进一步优化操作，为现场的任务实施做好充分准备。现场实操训练一则可锻炼学生的动手操作能力，培训学生严格按操作规程实施操作的职业素养，强化安全、节能、环保意识；二则可从现场实操的效果进一步强化对理论和操作规程的理解。虚实结合的训练方式，可有效提升现场实践教学的效率，大大降低实践教学的成本。理实深度融合的学习方式，使学生的实践操作不再是依葫芦画瓢，只知其然而不知其所以然；理论学习也不再是纸上谈兵，空泛抽象难以理解。线上线下相结合的混合式学习则可有效提高线下课堂的学习效率，满足不同基础、不同层次学生线上学习的个性化需求。

（2）教学方法的选择。

抛锚式的教学策略是以学生为绝对中心，因此需要教师充分有效地引导，激发学生的学习兴趣，使学生由传统的"填鸭"被动式学习转变为积极的自主探究式学习，一般采用的教学方法有任务驱动法、小组协作法、角色扮演法、自主学习法、现场教学法等。实际教学过程中，通常是多种教学方法有机整合、综合运用，根据不同教学方法的特点、针对不同的教学内容选用合适的教学方法，在虚实结合的教学过程中通常采用的是任务驱动与小组协作的教学方法组合，以下是任务驱动教学法的简单介绍。

任务驱动教学法是一种建立在建构主义学习理论基础上的教学法，它将以往以传统知识为主的传统教学理念，转变为以解决问题、完成任务为主的多维互动式的教学理念；将再现式教学转变为探究式教学，使学生处于积极的学习状态，每一位学生都能根据自己对当前问题的理解，运用共有的知识和自己特有的经验提出方案、解决问题。

如化工生产中干燥过程的实践教学，采用任务驱动法，其基本环节如下：创设一个真实的产品干燥的情境；提出干燥的要求，即明确干燥的任务；提供相应的学习资源与训练工具供学生自主学习、协作训练、完成任务；对任务完成情况进行评价分析，梳理干燥理论，总结操作流程，并全方位多维度评价学生学习情况。通过以上四个环节，以浅显的实例入手，带动学生对理论的学习和对应用软件的操作，提高学习效率和兴趣，培养他们独立探索、勇于开拓进取的自学能力。"任务"的完成使学生获得极大的满足感以及成就感，激发了他们的求知欲，于是伴随着一个跟着一个的成就感，使教师的"教"与学生的"学"逐步形成一个互相促进的良性循环。

5.1.2　设计思路

基于大型系统仿真平台而进行的教学设计应以"学生为主体"为原则，遵循教学设计的基本流程，首先对教学目标、学习者特征及教学内容进行分析，确定教学目标及教学重难点；然后根据现有的"线上虚拟仿真平台＋线下现场实训设备"的教学条件选择合适的教学模式、教学策略、教学方法，并进行相应教学资源的开发或重构；再次根据确定的教学策略及方法进行教学组织与实施的过程设计，确定具体的教学实施步骤及教学考评模式；最后对教学实施效果进行评价总结及教学反思，进一步优进而化教学设计。

1. 设计要点

针对此类教学环境的教学过程，其教学设计的要点在于教学策略的选取、考评方式的选择及教学过程的组织实施，即采用何种方式、何种方法、何种手段、何种考评最大化利用"线上虚拟仿真平台＋线下现场实训设备"的优质教学条件，有效激发学生学习兴趣，提高学习效率，促使高效达成三维教学目标。以下是对设计要点的具体介绍：

（1）虚实结合的方式。

教学过程应充分发挥虚拟仿真平台与现场实训设备的优势，取长补短，优势互补。

在线虚拟仿真可实现线上跨越时空的学习和训练，其学习训练情况还可远程监控；但由于是软件虚拟，极易造成对质量安全等实际操作问题的忽略，如操作规范、节能环保、安全意识等，故需在线上学习过程中提供相应的学习资源，如理论原理、设备结构、操作规程、质量安全等，并尽可能以图文并茂的资源形式展示，形象生动易于学生的理解和学习。

现场实操可实现线下学生与真实设备的零距离接触，学生既认识了真实的设备及流程，又完成了特定工艺的现场操作，其实践动手操作能力得到大幅度提升。但实训过程中也会存在一些不安全因素，如动火、超压等，导致实训过程难监管，同时也因受到工位、设备状态、运行成本等的限制，而无法实现反复多次的训练巩固，故需在充分的线上仿真训练及操作规程学习后，再完成线下的现场实操训练，以保证现场实操训练的高效性。

（2）任务驱动的方法。

教学过程应创设与教学内容相对应的情境，并设定难度适中的任务，提供一定的思路及资源，引导学生按部就班地掌握岗位操作所需要的职业素养、理论知识和操作技能。教学中应注意对学生学习的过程性评价考核，既能及时了解学生的学习情况，有针对性地进行教学调整，又能有效提升学生学习的主观能动性，高效率地达成教学目标。

（3）信息化教学的手段。

教学过程中应尽可能提供形象生动、图文声并茂的电化资源如图片、音频、动画、视频、微课、仿真等。通过直观的资源展示可有效促进学生对抽象的理论或原理及不可视的内部或微观结构理解掌握，提高学生学习的自我成就感，使之学习专业知识和技能的热情高涨。因此，丰富多彩、形象生动的教学资源是吸引学生眼球的关键，教师应结合专业岗位需求及学生学习特点有针对性地开发数字化教学资源，以满足学生学习的个性化需求。

（4）多元多维度的考评。

教学过程中应注重学生全方位的评价，即评价对象的多元化和评价过程的多维度，确保评价的全面性、合理性、公正性，促进学生评价意识的养成，提升学生学习的自我认同感，提高学生学习的主观能动性，由"填鸭式"被动学习转变为"进取型"主动学习。多元多维度的考评既是检验学习效果，也是激发学习兴趣。较之传统的单一考评模式，其目的更在于成就全体学生的学习成就感，有效地激励和督促学生学习，形成"你追我赶"的良性学习态势，激发学习潜能。

2. 设计原则

在此类教学环境的设计过程中，因教学内容多涉及职业岗位实践动手能力的培养，故需坚持以下几点基本原则：

（1）学生为主体的原则。

学生是学习的主体，一切教学活动应坚持以"学生为主体"的原则来开展，教师根据职业岗位的需求、学习内容的特点及学生的学情创设合适的工作情境，布置合理的工作任务，提供相应的学习资源，引导学生逐步完成工作任务，帮助学生进行知识内化，学生为主，教师为辅，促进学生自主学习能力的提升。

（2）小组协作的原则。

职业岗位多为班组工作模式，需要有较强的团队协作能力。故在教学过程中应有意识地多采用分组模式教学，即坚持"小组协作"的原则，学生分组学习、分组完成任务、分组进行考核；开展组间评比、组内评比，既强化了团队合作意识，又通过组内良性竞争促进了自身能力的提升。

（3）能实不虚的原则。

教学中因考虑场地、安全、环保、教学管理等因素，多采用图片、动画、仿真、4G 同屏传输等资源或技术手段将现场教学搬进课堂教学，有效缓解了现场教学环境差与现场教学要求高的矛盾，学生既能在安全的环境中进行学习，又能有相对真实的现场体验感。但在教学中应注意这些资源及技术手段并不能真正地替代现场教学，需有真正的现场教学与之配合，即教学设计需坚持"能实不虚"的原则。

（4）多方评价原则。

教学中应注意考评方式的选择，传统的考核多以教师为主，教师组织、教师考核、教师评定，无论从考评对象还是考核方式都具有一定的片面性，容易造成部分学生因考核失利而失去对学习的兴趣。这对于职业教育来说是至关重要的，它将直接影响学生的就业以及在工作岗位中的表现。因此，职业教育的考核应坚持多方评价的原则，既包括师—生、生—生评价，也包括企业专家、社会人士等的评价。

3. 注意事项

（1）教学情境契合专业需求，但切忌过于庞大，而对知识点或技能点没有针对性。

（2）任务驱动法其设计任务难度应适中，切忌难度过低而没有学习成就感，难度过高而没有学习积极性。

（3）注意线上资源的趣味性，通过时时交流及考评及时了解学习反馈并优化资源。

（4）注意小组成员的合理搭配，进行轮岗训练，促进学生能力的全方位提升。

（5）注意虚拟仿真与现场实操的优势互补，最大限度地利用虚拟仿真反复训练，并同时提供相应地实操训练。

5.1.3　设计案例

1. 案例引入

某职业院校周老师从教数十年，一直担任化工类专业《化工单元操作》课程的教学工作。"化工单元操作"是化工类专业必修的核心课程，包括流体流动、传热、精馏、干燥等十一个教学项目，每一个项目都是化工生产流程的重要组成部分。为此，学院配备了相应的化工单元仿真软件以及相应的单元实训中心供教学使用，表 5-1 为周老师就干燥项目操作与控制进行的教学设计。

表 5-1 干燥操作与控制教学设计表

干燥操作与控制				
地点	机房 + 实操基地	教学方法	提问法、讨论法、归纳法	
课业内容	熟知干燥工艺流程；掌握干燥单元操作与控制			课型
				理实课
教学目标	知识： 熟知干燥工艺流程； 掌握干燥操作与控制基本要点	技能： 能够进行干燥工艺开停车操作及故障处理	态度： 培养学生工程技术观念；培养学生应用所学知识解决工程实际问题的能力	
教学重点	干燥工艺仿真开车操作	教学难点	仿真事故分析及处理	
教学步骤	**教学设计**	**学生活动**		**时间分配**
课前准备	下发工艺流程图及操作规程	预习流程及操作规程		—
干燥原理复习	1. 教师提问： 干燥有哪些方式？ 干燥设备有哪些？ 简述干燥的基本流程？ 2. 总结学生问题回答情况，引入本次课主题干燥流程仿真操作。	1. 回答问题： 要求掌握干燥方式，熟知设备种类； 2. 讨论后总结回答干燥基本流程。		10 分钟
仿真开车操作讲解	通过仿真软件演示仿真操作开车过程并进行详细讲解，说明操作要点、参数控制及其原理	熟悉开车流程，了解操作要点操作参数控制		20 分钟
仿真操作练习及发现故障	巡回指导，总结学生操作方案； 发现学生操作故障并进行相应处理	练习仿真开车操作； 总结操作方案及操作问题		30 分钟
仿真故障处理及操作总结	针对学生操作问题，进行操作要点强化； 分析故障产生原因并组织学生讨论处理措施，优化操作方案	分析开车操作问题，进一步明确操作要点； 讨论故障发生原因及应对措施，优化开车方案		30 分钟
现场实操及总结	讲解工艺流程，强化操作规程； 演示操作过程； 学生训练巡回指导； 点评总结学生操作情况	熟悉工艺流程； 熟练掌握操作规程； 现场实操训练； 总结操作经验		90 分钟
课后作业	总结操作经验，完成实训报告一份，仿真演练并进一步优化操作方案。			
教学小结	学生对实操兴趣高，教学效果较好，但知识多以讲授为主，未能有效激发学生自主学习，教学效率偏低			

　　该教学内容为化工生产实际工程问题，理论知识抽象，设备内部结构不可视，工艺流程复杂，实操机会少，学生学习难度大，教学效果不佳。虽然，传统的多媒体教学已能图文并茂地利用设备图片、流程动画、操作视频展示出干燥设备内部结构及其工艺流程，较好地解决了原理抽象和设备不可视这一教学难题，但却无法有效解决工艺实操训练难这一教学关键难点。该教学设计利用仿真软件具有模拟现场操作的特点，将干燥实训教学由实训基地搬进机房，解决了因基地工位紧张，难以满足学生同时进行实操训练的难题。学生可通过学员机反复进行干燥工艺开停车及故障处理操作，其操作评分由软件后台实时评定，教师可通过教师站实时监控学生得分及扣分点，了解学生操作问题，分析原因并进行操作方案的优化，使单元实训教学的效果得到有效提升，使实训教学评分得已量化、客观化，解决了教学效果难监控的问题。该设计采用机房教学，受机房电脑数量及开放时间的影响，学生的训练时间、训练地点也受到了限制，影响了预期教学目标的实现。于是不受时空限制的仿真训练模式登上实训教学的舞台，该如何基于在线仿真平台与现场实训基地设计教学过程并有效地实施呢？

　　2. 案例分析

　　（1）教学内容分析。

　　该课程为化工类专业核心课《化工单元操作》，上承化工基础课程，下启化工工艺课程，在专业学习中具有重要地位。教学内容为干燥技术的工艺操作与控制，由于其设备原理、物料流程抽象难理解，工艺操作复杂难控制，工程性、实践性、技术性较强，学生学习难度较大，故需采用先进的信息化手段如设备动画模拟、工艺仿真模拟等辅助教学，将抽象变形象、将不可视变可视，拨开生产设备神秘的面纱，全方位剖析设备内部结构，促使学生掌握其工作原理；并且通过反复多次的工艺仿真操作，熟练掌握工艺流程及其操作，掌握其开停车操作步骤，了解其操作关键指标，通过工艺实操掌握现场设备的操作及指标控制。课程采用线上线下联合教学，工艺认知及仿真训练在线上进行，工艺及仿真内化、工艺实操则由线下完成，采用"线上＋线下"的方式教学，共2课时。

　　（2）学生学情分析。

　　授课的对象为化工类专业大二学生，通过前期学习，学生对物料性质、流动及传热技术、化工仿真软件操作等较为熟悉；喜好形象生动的信息化课堂和实践动手操作，具备一定的自主学习能力；但对抽象的干燥理论学习兴趣不高。

　　（3）教学目标分析。

　　在化工行业及职业岗位群的需求调研基础上，结合企业专家意见，依据专业人才培养方案、课程标准确定本次课的知识、技能、态度三维教学目标。知识目标掌握干燥工艺流程及流化的原理，掌握关键参数分析；技能目标为能初步确定干燥操作关键参数，能操作干燥设备；素质目标为培养工程技术观念，增强节能、环保意识和严格按操作规程实施安全生产的职业操守。

　　（4）教学重难点分析。

　　教学内容为干燥工艺的操作与控制，因此需要重点掌握干燥工艺的操作流程以及关键参数的确定。因关键参数对操作的稳定性以及产品质量的好坏影响较大，故关键参数合适与否决定了产品的品质及利润。而关键参数的大小一般由原料性质、产品要求、干燥时长、设备结构、工艺计算、工艺流程等因素共同决定，其决定因素繁多复杂，抽象难解，学生学习难度相对较大，故教学的难点为关键参数的确定。

（5）教学策略分析与设计。

根据教学内容特点创设小米干燥的真实情境，确定课堂任务为湿小米的工业干燥，即以学院食堂一批返潮小米为载体，以工艺认知掌握工艺流程—仿真分析找出关键参数—工艺实操确定关键参数为任务主线，依托化工单元实训中心，采用任务驱动、情境创设、问题引导、小组协作等方法，利用云班课、微课、动画、二维码、在线化工仿真软件、实训设备等资源，课前通过班课导学学习干燥工艺流程、进行仿真训练、课中知识内化掌握工艺流程和仿真操作、确定关键参数、完成小米干燥实操，课后通过实操报告撰写、仿真操作优化及考核自测巩固关键参数确定及操作。利用微课、动画等资源展示原理及流程，利用仿真操作结果及动画分析引导学生找到关键参数，利用现场实操数据直接确定关键参数范围，结果直观可视，学生易于理解，做中学，学中做，理实一体，虚实结合，化解教学重难点；借助云班课实时评价学生表现，实现教学做评合一，有效激发学生学习兴趣，提升自主学习能力，达成教学目标。

（6）教学资源设计与准备。

①微课动画资源。

任务一设备选择确定流程，因设备内部结构不可视，造成设备原理、工艺流程抽象难理解，需要动画动态展示设备内部结构和工艺流程，因此需要搜集、开发或制作相应设备动画图、视频及工艺流程讲解微课。任务二仿真训练确定关键操作参数，因仿真为技能型训练，需循序渐进、熟能生巧，故需录制操作视频供学生课前反复练习，提高课堂教学效率。

②二维码。

任务三现场操作，学生需先熟悉现场设备，通过二维码转换技术，对接现场设备原理、工艺流程，实现学生学习资源资讯现场的及时获取。

③在线仿真实训平台。

http：//www. worlduc. com/SpaceShow/Index. aspx？ uid = 183768

该平台集资料（动画、视频、课件等）下载、在线交流、考试、在线仿真实训等众多功能于一体，便于学生的主动学习，满足了学生的个性化学习需求。

④单元实训中心。

该实训室配有 8 大单元操作设备 32 套设备及中控室理实、一体化教室，满足了化工类专业学生实习实训的需求，专业技能得到提升。

⑤云课堂。

及时推送学习任务及资讯、技术前沿、专业就业信息等，资源高度共享，能实现课前、课中、课后全过程学习的实时智能管理，加强了学习过程的考核，学习任务犹如游戏闯关，完成可得积分；最后的总评分则由平时的课堂考核成绩和期末考试成绩按一定比例综合而得，即过程性评价和终结性评价，一般根据课程性质调整其分配比例，一般过程性评价占到 40% 至 80% 不等，理实课、实践课略高一些，本课程所占比例为 50%。

（7）教学活动与组织设计。

①课前导学，下发任务。

课前，学生通过手机领取任务——湿小米干燥脱水，要求学生确定干燥设备及操作流程。

点击链接进入化工仿真教学平台，查看各干燥设备动画、视频等资源，自主学习完成干燥设备选择。

点击链接进入化工仿真实训学生端，登录进入干燥工艺仿真项目。该项目设有 DCS、实训装置等界面，学生可通过"质量评分系统"的提示，自主开车、停车，实时查看操作成绩。这样，学生通过手中的鼠标就能随时随地自主实施干燥工艺仿真操作，确定干燥实操步骤。教师则在教师端实时查看学生项目实施进度及效果，必要时进行适当的远程协助，并记录评分。教师通过学生提交方案、工艺仿真及在线交流，及时了解学生任务完成情况，掌握学生存在的问题和困难，有针对性地对教学预设做出调整。

②课中释惑，完成任务。

A.任务承上引入。

对已学相关知识进行梳理，自然过渡至新课内容，以学院食堂一批返潮小米需进行干燥处理为载体，要求学生从安全、节能、环保等实际生产需求来完成此任务，确定教学环节为设备选择确定工艺流程、仿真训练确定关键参数、现场实操完成小米干燥。

B.任务分配实施。

环节一：设备选择确定工艺流程。

课上回顾课前推送的小米干燥工艺，针对学生课前学习提出的问题进行详细的讲解。采用课堂翻转的模式，利用生动形象的动画及视频资源直观的展示各设备内部结构及物料流程，解决传统设备认知教学中不可视、不具体、不直观的难题，便于学生了解设备、分析设备，同时也能极大提高教学的效率，满足不同层次学生的个性化学习需求。要求学生课后讨论各干燥设备特征、优缺点及适用物料，得出干燥设备选择原则表。

环节二：仿真训练确定关键参数。

组织学生考核流化床干燥工艺仿真训练操作，结合课前仿真训练情况，了解到学生存在的主要问题是操作顺序错误、指标控制不当。组织学生讨论操作错误原因，明确干燥工艺操作步骤。引导学生用物料及能量衡算法确定工艺参数，培养安全质量生产意识。设定故障培养学生分析及处理干燥故障的能力。学生在虚拟世界中可任意改变条件，观察物料状态，查看产品质量，解决了因化工现场环境复杂，错误操作造成生产异常甚至安全事故而难教学的难题，为湿小米干燥现场实操打下了基础。

环节三：现场实操完成小米干燥。

学生分小组熟悉现场，通过扫描二维码了解现场设备结构及工作原理，通过对照流程图熟悉现场工艺路线，讨论确定实操方案，经教师确认后，进入湿小米干燥实操环节。教师巡回指导，保证操作安全，从质量、产量、操作、数据记录等多方面进行考核评价。虚拟仿真软件辅助现场实操教学，学生在做中学，轻松实现了流化床干燥工艺操作技能的提升，突出了重点，化解了难点。学生展示所获产品，陈述操作过程及技术要点，质疑并提出改进措施。教师总评学生在任务实施中的成功与不足之处，并提出改进的方向。

C.任务总结评价。

归纳小结课堂教学内容，一为设备原理、结构、工艺流程；二为仿真操作规程、干燥结果影响因素及关键参数确定；三为现场操作流程、操作注意事项、参数调节、工艺正常运行及故障处理。通过云平台评价各小组任务完成情况，进行小组评分和个人评分，激励每位同学积极参与课堂教学，激发学生学习主观能动性，强调过程评价的重要性。

D. 任务强化拓展。

课后，学生总结操作经验，利用在线化工仿真实训平台反复练习干燥工艺操作与控制，优化操作过程，确定最优操作方案。完成干燥技术综合自测，强化巩固已学知识。

（8）教学评价设计。

通过云课堂平台对学生课前、课中、课后的课前自测、设备方案、仿真训练、关键参数讨论、现场实操、课后仿真、课后自测等多环节全过程评价学生学习效果，引导学生质疑探究，积极实践，促进学生主动学习。

3. 案例实现

以下是通过案例分析最终设计得出的教学方案，详细的教学过程、时间分配及相关的教学资源、评价方案见表5-2。

表5-2　干燥技术—工艺实操教案

标题	干燥技术—工艺实操	学时	45分钟	课程	化工单元操作	授课班级	应用化工专业大二学生，化工1611
教学内容	干燥技术—工艺实操 固体产品为便于贮藏、运输、加工或应用，利用加热汽化的方法去除湿分的单元操作为干燥，它在国民经济中占重要地位。前几次课已经学习了干燥的原理、分类、湿空气的性质、工艺计算及速率控制，学生已具备工艺实操的理论基础，故本次课的教学内容是干燥技术—工艺实操，通过对学院食堂一批返潮小米的干燥过程学习，包括工艺流程认知、仿真训练、关键参数确定及现场实操，使学生初步具备干燥工艺关键参数确定及工艺操作与控制能力						
教学目标	知识目标		能力目标		素质目标		
	(1)掌握干燥工艺流程及流化的原理； (2)掌握关键参数分析。		(1)能初步确定干燥操作关键参数； (2)能操作干燥设备		(1)培养工程技术观念； (2)增强节能、环保意识和严格按操作规程实施安全生产的职业操守		
学习者特征	优势：通过前期学习，学生对物料性质、流体流动等传质技术，化工仿真软件操作等较为熟悉；喜好形象生动互动较多的信息化课堂和实践动手操作，具备一定的自主学习能力。 不足：抽象思维及空间想象能力较弱，对抽象的理论学习兴趣不高						
教学重点难点	教学重点				教学难点		
	关键操作参数分析及流化原理				干燥操作关键参数确定		
教学策略选择与设计	以学院食堂一批返潮小米为载体，以工艺认知掌握工艺流程—仿真分析找出关键参数—工艺实操确定关键参数为任务主线，依托化工单元实训中心，采用任务驱动、情境创设、问题引导、小组协作等方法，利用云班课、微课、动画、二维码、在线化工仿真软件、实训设备等资源，课前通过班课导学学习干燥工艺流程进行仿真训练，课中知识内化掌握工艺流程和仿真操作、确定关键参数、完成小米干燥实操，课后通过实操报告撰写、仿真操作优化及考核自测巩固关键参数确定及操作。利用微课、动画等资源展示原理及流程，利用仿真操作结果及动画分析引导学生找到关键参数，利用现场实操数据直接确定关键参数范围，结果直观可视，学生易于理解，做中学，学中做，理实一体，虚实结合，化解教学重难点；借助云班课实时评价学生表现，实现教学做评合一，有效激发学生学习兴趣，提升自主学习能力，达成教学目标						

续表 5 – 2

教学环境 与资源准备	教学准备		授课教材	教学场地与资源平台
	1. 教学课件		十二五规划教材《化工单元操作》、《化工单元操作实训》、《化工生产仿真实训》	教学场地： 化工单元实训中心
	2. 微课资源			
	工艺流程微课； 仿真操作微课； 实操规范微课			
	3. 微课学习问题整理			资源平台： （1）蓝墨云班课教学平台。
	工艺认知问题； 仿真操作问题			
	4. 动画资源			（2）化工仿真教学平台（在线仿真教学软件，与东方仿真软件技术有限公司合作开发）。
	干燥设备动画； 流化原理动画			
	5. 二维码资源			

教学流程图	

教学环节 时间分配	教学内容及目标	教师引导	学生活动	资源及 手段应用
课前导学	1. 课前学习任务单下发	下发学习单	自主学习	微课； 动画； 蓝墨云班课平台学习、自测、成绩统计； 在线仿真训练并后台成绩统计分析
	▪ 小米干燥工艺微课　▪ 干燥设备（动画） ▪ 干燥仿真操作微课　▪ 干燥仿真操作微课 ▪ 干燥在线仿真　　　▪ 干燥实操视频 学生通过云班课平台资源学习初步掌握工艺流程、仿真操作、现场操作规范，并提出问题。	上传资源于平台，统计分析学生自测情况和仿真训练情况，了解学生自主学习疑问，有针对性地在课堂教学设计了工艺认知答疑和仿真演示及答疑环节	云课堂移动平台学习工艺微课、设备结构动画、仿真操作微课，并进行理论知识自测自查以及在线仿真训练，了解干燥工艺及其开停车操作	

续表 5 - 2

课中内化	任务引入 1 min	2. 旧知回顾 3. 引入任务 学院食堂的一批返潮小米引入干燥任务，要求学生从节能、环保、安全等实际生产需求进行干燥处理。确定本任务三环节工艺认知—仿真训练—现场实操。明确本课任务及其实施环节	创设情境： 引导学生回顾已学知识，并通过创设情境引入本课任务——小米干燥。 确定分组。 确定任务环节	结合课前自主学习和所学旧知考虑如何完成本课任务。 工艺有哪些疑问？ 仿真有哪些疑问？	PPT 实训设备
		环节一：工艺认知掌握干燥流程(5 min)			
		1. 微课回顾 	播放视频	认真观看视频，回想工艺问题	微课
		2. 工艺认知问题解答 	课堂展示学生工艺讨论区疑问，引导学生回答	结合所学知识，进行问题解答	PPT 云班课讨论区截图
		(1)设备选择问题： 	通过提问引导学生思考为什么选用流化干燥器？	自主作答，说明不选择气流和转筒干燥器的选择原因动画	
		(2)废气循环问题： 确保学生掌握干燥工艺流程	通过案例引导学生思考此工艺中为什么不对废气进行循环利用以降低能耗？	经老师引导，掌握废气循环的基本条件即循环价值，对生产成本低的影响。	PPT

续表 5 - 2

		环节二：仿真分析找出关键参数（14 min）			
课中内化	任务实施 39 min	1. 仿真成绩展示 	通过教师端仿真训练成绩截图，分析课前操作情况，并引出学生仿真操作质疑	通过成绩展示了解同学训练情况，思考自己操作中遇到的问题	在线仿真平台教师端成绩展示
		2. 仿真操作解疑 　1. 泵操作问题　2. 风机操作问题	课堂展示学生仿真讨论区质疑，引导学生回答	结合自己的仿真操作，思考问题答案	PPT 云班课讨论区截图
		（1）泵操作时阀门的开关顺序问题。 仿真中要求先开前后阀再开泵，而部分同学认为先开泵再开后阀以保护电机。 	展示学生对泵操作质疑，引导学生思考泵的正常操作。	经老师引导，学生确定此处应和泵的类型有关。	PPT
		（2）班课测试区此处泵可能的类型？ 	提问： 此处泵可能的类型？ （班课多选题） 教师揭晓正确答案并统计学生作答情况	学生班课作答	云班课测试； PPT
		风机操作时旁路放空阀的作用 仿真中要求先开旁边放空阀，再开风机，然后调节主路气量，有同学对旁路放空阀的作用有疑问。 确保学生掌握仿真操作流程	展示学生对风机旁路阀作用的质疑。 通过提问： 风机有调节频率吗？ 开大阀门，主风流量怎么变化？关小又怎样变化？ 引导学生思考旁路放空阀的作用，主要用于手动调节主风流量	经老师引导，确定旁路放空阀的作用	PPT

续表 5-2

环节二：仿真分析找出关键参数（14 min）			
3. 仿真操作展示	登陆在线仿真平台，邀请学生现场展示仿真操作，了解学生操作情况并进行操作评价和分析	一位同学展示，其他同学观看纠错，思考影响操作关键因素	在线仿真平台学生端
4. 找出关键参数 关键参数—干燥温度。 通过课前仿真错误操作的评分界面展示，分析干燥温度对干燥效果的影响。 	引导学生从仿真评分知道干燥温度对干燥效果的重要性。 给定 60℃、70℃、80℃、90℃四个温度供学生选择，稍后用实操验证	经老师引导学生确定关键参数—干燥温度，选择最合适的小米干燥温度，并说明理由	在线仿真平台学生端
（1）关键参数—风量 固体在气流中的状态是对干燥效果也有很大影响。 	引导学生思考影响干燥效果的又一关键因素是固体在气流中的状态，并邀请一位学生在仿真界面上展示不同风量下的流化效果。引导学生得出风量是操作关键参数之一的结论	经教师提问引导得知流化效果是影响干燥效果的重要因素。并通过一位同学的展示了解到风量对流化效果的影响，从而得出风量是操作关键参数之一	在线仿真平台学生端及软件流化状态演示
（2）关键参数—风压 流化原理分析得知影响流化效果的主要因素是由密度、粒径及风压决定。合适的粒径范围为 30 μm~6 mm。合适的风压范围通过受力分析初步确定。 	提问： 风量多少能正常流化？ 引导学生思考需从流化原理来分析。 动画展示流化状态 引导学生得最佳流化状态为沸腾流化。 提问：如何使固体沸腾流化呢？ 引导学生从受力分析来看流化，得知影响流化效果的主要因素。 提问：所有固体都能被流化吗？ 引导学生思考颗粒的上限和下限，分析合适的粒径范围	观看动画思考最佳流化状态。 通过问题引导从受力分析看流化状态，得知影响流化效果的主要因素。 通过引导分析得到合适的粒径范围，并通过受力分析确定合适的风压范围	动画 PPT

左侧栏合并单元格：课中内化 ｜ 任务实施 39 min

续表 5-2

课中内化	任务实施 39 min	**环节二：仿真分析找出关键参数（14 min）**			
		关键参数总结： 通过以上分析得出关键操作有影响流化的风量和风压、影响汽化速率的温度。 	归纳总结 找出干燥操作关键三因素风量、风压和温度	理解关键参数，并思考小米干燥合适的操作参数	PPT
		环节三：现场实操确定关键参数（20 min）			
		1. 确认岗位，明确职责 仿真中一人能完成所有任务，但现场则必须有一个团队完成，学生确定好主副操并贴牌，主操负责 DCS 控制与操作，副操负责现长操作与巡查。注意团队分工协作。有序进入现场，戴好安全帽，等待老师指令，现场由企业专家共同指导	引导学生讨论确定主、副操岗位。强调生产要求，明确各岗位职责。 指导学生有序入现场	讨论确定主、副操，并确定岗位职责	主、副操牌实训设备安全帽
		2. 熟悉现场，确定流程 认知设备及流程，可通过二维码扫描了解设备原理及工艺流程	下达熟悉现场指令，巡回指导，确保安全，解答现场疑问	有序进入现场	实训设备二维码
		3. 确认参数，现场开车 根据实操规范微课及教师制定参数实施现场开车，调试参数至正常	下达开车指令，四组分别设定操作温度为60℃、70℃、80℃、90℃，解答现场开车调试疑问	熟悉设备、流程及操作规程，可借助二维码扫描学习	实训设备
		4. 连续加料，调试参数 连续进料 0.5 kg，调试参数至正常流化状态，干燥10分钟	下达进料指令，巡回指导，确保安全，解答加料调试疑问。	主操分配副操岗位，下达操作指令，完成开车及调试操作	实训设备
		5. 停车采出，称重记录 干燥时间到，各小组停车采出，称重记录，整理现场后，回到上课去将数据书写于白板	下达停车指令，巡回指导，确保安全，指导称重记录数据。	主操下达进料指令，完成加料及调试操作	实训设备

续表 5 - 2

		环节三：现场实操确定关键参数(20 min)			
课中内化	任务实施 39 min	6.成果分析，操作评价 专家点评现场操作。 成果分析确定最佳操作参数。 教师现场操作点评。 学生课后进行组内评分。 	序号/项目	温度/℃	风量/m³/h	风压/KPa	产量/Kg
1	60			
2	70			
3	80			
4	90					引导学生通过比较实操数据得到最佳操作条件。并对各小组从操作规程、操作规范、团队协作、数据调节、安全意识、节能环保等方面进行考核评价	主操下达操作指令，完成停车出料操作，并称重记录。 比较实操数据得到最佳操作条件，并及时总结操作经验，为下一次实操任务做好准备	电子秤 白板 PPT
	任务拓展 4 min	 播放视频：流化干燥在药品干燥过程中的应用案例	通过播放视频引导学生了解流化干燥在药品干燥领域的应用，了解为满足不同物料流化干燥的各种类型的流化干燥器	通过观看视频了解不同物料不同流化设备的干燥过程	视频
	小结评价 1 min	课堂内容小结和学生课堂表现评价 	总结本次课教学内容，评价学生本次课表现，激励学生你追我赶，形成良性竞争，学好每一堂课	梳理本次课学习内容，总结经验	PPT
课后巩固		理论知识梳理，完成自测并讨论。 结合操作视频总结操作经验，完成实训报告并讨论，为下一步的轮岗操作训练做准备。 在线仿真平台反复练习干燥操作与控制，优化过程，讨论确定最优操作方案。 查阅资料，了解流化干燥新设备、新工艺等技术发展前沿，撰写新技术总结报告。 根据操作情况填写问卷调查一份，进一步改进教与学	教师端班课推送操作视频资料，实时了解学生自测、实操报告及流化技术总结报告完成情况并实时纠错解答或讨论。 教师端监控学生的操作情况，实时答疑并给予远程协助。 根据调查情况增补教学资源。	综合自测，理论巩固提升； 结合总结操作经验，找出操作问题，撰写报告，并通过在线仿真平台练习干燥操作与控制，优化操作，确定最优方案。填写问卷调查提出改进意见。查阅流化干燥技术相关资料，撰写总结报告	云班课 在线仿真 问卷调查 自测试卷 网络资源

续表 5 - 2

作业	(1)学生课后总结操作经验，完成干燥实操实训报告，为下一次的轮岗操作做好准备。 (2)在云班课自主完成干燥实操综合自测，强化巩固已学知识。 (3)查阅资料，了解流化干燥新设备、新工艺等技术发展前沿，撰写新技术总结报告。

形成性评价	

姓名	课前评价（10%）				课中评价（70%）						课后评价（20%）				综合性评价（100%）
	电脑评分		教师评分		电脑评分	教师评分	三方评分				电脑评分			教师评分	
	资源学习(2%)	仿真系统评分(6%)	工艺讨论(1%)	仿真讨论(1%)	课堂小测(5%)	课堂表现(20%)	现场实操			课后自测(4%)	仿真系统评分(5%)	问卷调查(1%)	实训报告(10%)	
							学生(5%)	专家(15%)	教师(25%)					
王慈青														
覃科														
金丰成														
张娟														
唐莹														
米静静														
何艳														
刘紫荟														
张倩														
蒋小斌														
石婕														
谢红梅														
唐康凌														
曾志伟														
习晨														
周易鑫														

学生：评价小组成员的学习、操作参与度。

专家：评价学生操作规范及职业素养。

教师：从操作规范、开停车方案、团队协作、参数调节、安全意识、节能环保、课堂表现、实操报告等多方面进行评价。

整合课前、课中、课后过程性评价、主观性评价、总结性评价得到每位学生综合性评价得分

教学小结	本次课利用云班课下发了学习单以及丰富的微课、动画等资源便于学生课前的自主学习，利用在线仿真软件便于学生随时随地的仿真训练；课前导学，课中内化，有效实现了课堂的翻转。 利用仿真结果及动画分析引导学生找出关键参数，利用实操数据确定参数范围，做中学、学中做，变抽象为直观，有力化解了教学重难点，提高了教学质量。 利用虚实结合的技能训练方式，虚拟世界反复训练，熟悉流程，优化方案；现场环节熟悉设备，掌握流程，动手实操，企业专业下课堂，辅助实训教学、强化操作规范，指出实训现场与企业现场的差别，零距离对接企业干燥岗位，有效提升了岗位操作的能力，培养了学生工程观念，强化了安全生产、节能环保，规范操作的职业素养。 运用云班课智能化管理课堂教学，实时评价教学过程，激励学生主动学习，实时反馈教学效果，及时调整教学进度，有效提高了教学效率。 不足之处：在线仿真软件的功能有待升级，实操设备有待进一步升级，云班课资源库内容有待细化更新。 改进措施：根据教学目标优化仿真软件功能，升级实训设备，基于行业企业新技术、新工艺、新设备等扩充信息化典型案例库

4.案例实施效果及评价

该教学设计紧紧围绕专业培养目标中的核心要求,以学习情境为载体,以工作任务为主线,借助微课、动画、在线仿真软件等信息化资源,实现了部分教学内容小组形式的课堂小翻转,同时在课堂依托云课堂平台、理实一体化教室,利用实操设备、仿真软件等资源实现了虚实结合的教学模式,小组讨论确定仿真操作的关键参数,小组协作完成小米干燥的最终任务。任务主线明确且贯穿适中,将干燥操作所必须掌握的知识、技能,形象直观、由浅入深地呈现在学生面前,通过讨论、探索、交流和实操等方式,克服了传统教学"知识内容抽象、操作过程复杂、效果难以监测"等诸多难点,整个教学环节包括课前、课中、课后小组表现及个人表现均被详细地记录于云课堂教学评价智能管理中,有效激发了学生的学习兴趣,提升了教学效果,有效达成了教学目标。

5.1.4　设计总结

目前,二维仿真软件已被广泛应用于职业教育的实践教学中,学生在"做中学、学中做",学习成就感提升,学习积极性提高,既不必担心操作的安全问题,也不必担忧教学的成本及管理问题,有效促进了职业院校学生操作技能与理论知识的提升,同时解决了一直困扰实践教学的难题。

本节主要针对基于大型仿真教学平台的信息化教学设计,以化工类专业传统教学经验丰富的周老师一堂《干燥操作与控制》课程为例,进行了教学环境分析和教学理论分析,并由此确定对该课程采用"线上虚拟仿真教学平台＋线下现场实训设备"虚实结合的信息化教学设计,包括教学分析、教学策略设计、教学资源设计、教学过程设计、教学评价设计,实现了该课堂由传统教学到信息化教学的华丽变身。

5.2　基于自制交互式仿真软件的教学设计

基于交互式仿真软件的虚拟仿真教学技术具有交互性、虚幻性、逼真性的特点,在以实验、实训和实习等实践性教学内容为主的教学过程中,既有益于教师的实训教学。又有利于学生的专业核心技能训练,为解决职业教育面临的实训难、实习难和就业难等问题开辟了一条新思路。本节以中职基础课程"化学"——乙醇教学为对象,以 2015 年全国信息化教学大赛中职组信息化教学设计比赛一等奖作品——宿迁经贸高等职业技术学校程利老师的《乙醇》教学设计为例,为大家介绍基于自制交互式仿真软件的教学设计的具体内容。

基于自制交互式仿真
软件的教学设计

5.2.1　设计基础

1.教学环境分析

(1)教学内容分析。

中职基础课程《化学》(国规教材)第八章《烃的衍生物》第一节"乙醇",大纲规定教学时数为 2 课时。乙醇是醇类的典型物质,是重要的烃的含氧衍生物,既是烃类知识的延续和发展,也为烃的衍生物学习奠定基础,在生活中的应用极为广泛。

（2）教学目标分析。

有机化学的教学中，物质结构、物理性质、化学性质和应用是教学的四个基本模块。学习基本规律是结构决定性质、性质决定用途。教学特点是分子结构抽象、化学反应复杂、微观机理无法观测、学生学习难度大。根据教学大纲，可以确定教学的三维目标和重难点如下。

知识目标：掌握乙醇分子结构和化学性质；能用乙醇相关知识解释生活中有关化学现象。

能力目标：通过实验探究学习，获得乙醇结构与性质之间的关系，知道学习和研究化学问题的一般方法和思维过程。

情感目标：初步知道乙醇与人类生命健康密切相关的知识。

教学重点：乙醇的分子结构和化学性质。

教学难点：乙醇催化氧化反应及其机理。

（3）学情分析。

教学对象为中职护理专业一年级学生。

学生的知识基础是：乙醇物理性质比较熟悉，对结构、化学性质不熟悉；心理特点是：喜操作，厌听乏味讲解，对信息化学习兴趣浓厚；能力特点是：抽象思维能力较弱，对微观结构、机理难以理解。

2. 教学方法选择

（1）虚拟仿真教学法。

对于乙醇的化学性质，如乙醇与钠的反应、乙醇的催化氧化反应等，通过仿真实验的方式，让学生了解实验目的、原理、操作步骤、注意事项，培养学生遵守操作规程、安全生产的工程观念，避免由于操作错漏、顺序颠倒等不规范操作问题引发的安全事故。同时，利用虚拟仿真手段，可以有效解决一名教师无法兼顾全班同学的难题。

（2）实验法。

学生在基于自制交互式仿真软件——分子模型教学软件和化学仿真实验室中，学生通过完成实验的仿真操作，熟悉了实验的操作流程和规范，形成了正确的安全意识和工程观念，在此基础上进入实验实操，往往能起到事半功倍的效果。

（3）任务驱动教学法。

在翻转课堂模式中，根据学生已有的知识结构，将部分学生通过自学就能掌握的知识点的讲授放到课前，将新知习得后的拓展学习活动放到课后，可以有效地提高学习效率。同时这种方式以学生的知识自我构建为主，能有效提高学习效果。

（4）案例教学法。

学习某些不常见或不常用的物质，首先要解决的问题是激发学生的学习兴趣，以案例引入或驱动的方式，能有效解决这一问题。乙醇是一种生活中应用广泛的物质，对于护理专业的学生来说，学习兴趣是浓厚的。但对于乙醇在某些应用中的原理分析，学生则容易分析不透彻、不清晰。如果引用生活实践中的常见案例，由浅入深，启发式的引导学生动脑筋，再辅以小组讨论的教学活动，能有效培养学生主动发现问题、分析问题进而解决问题的能力。

在实际的教学过程中，成功的教学不应该是某种教学方法的单一运用。通过研究分析参加各级信息化教学大赛的作品，不难发现，都是多种教学方法的有机整合与运用。根据不同教学方法的特点，针对不同的教学内容选用合适的教学方法，需要我们进行深入的研究。在程老师的《乙醇》教学案例中，就将以上四种教学方法进行了有机结合。

5.2.2　设计思路

教学策略，它是在教学目标确定后，根据已定的教学任务和学生特征，有针对性地选择与组合相关的教学内容、教学组织形式、教学手段和技术形成的具有效率意义的特定的教学方案。教学策略，它具有综合性、可操作性和灵活性等基本特征，没有任何单一的教学策略能够适用于所有的教学过程。以程利老师的《乙醇》教学设计为例，从设计要点、设计原则和设计注意事项三个方面对基于自制交互式仿真软件的教学策略设计进行解析。

1. 设计要点

(1)教学手段设计和选择。

教师以学生建立乙醇电子名片卡为任务主线，贯穿整个教学过程，建立了学生学习电子档案，记录了学生学习过程，通过分子模型教学软件有效化解分子结构抽象、反应机理难题，借助化学仿真实验解决了传统实验教学中教师难指导、学生难练习、操作不规范的困难。充分发挥信息化教学优势，突出重点、突破难点，以实现教学目标，达到教学效果。

①化学物质电子名片卡。

根据化学物质学习的基本规律——结构决定性质、性质决定用途，教师将化学物质的学习分解为"案例分析、分子结构、物理性质和化学性质"四个基本模块。其中，案例分析模块，联系工作生活实际选取典型案例，要求学生完成原理分析；分子结构模块，要求学生自主学习并完善乙醇分子式、结构简式、结构式、官能式等知识点；物理性质模块，要求学生完善乙醇颜色、气味、状态、溶解度、挥发性、熔沸点等知识点；化学性质模块，要求学生完善乙醇与钠、乙醇催化氧化的方程式、反应类型、反应机理、相关用途等知识点。四个模块的学习任务以自主开发的化学物质电子名片卡手机 APP 为载体，课前布置学习任务——完善乙醇的电子名片卡(图 5-4)。

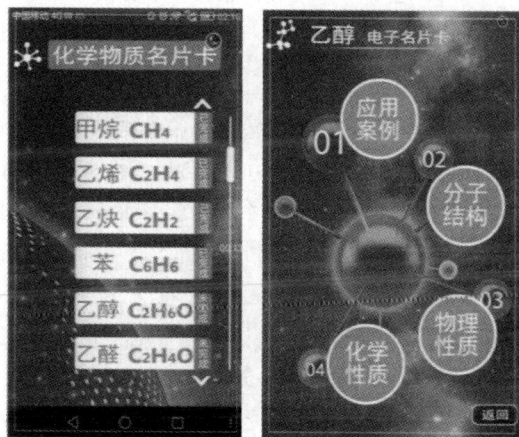

图 5-4　化学物质电子名片卡

②在线网络教学平台。

借助学校的在线网络教学平台，教师课前将本次课的微课视频、电子书等课程资源上传到平台(图5-5),布置学生的课前自主学习任务——分小组初步完成乙醇电子名片卡并完成课前测试。教师进行归纳、梳理,结合学生课前测试结果,掌握学生课前学习情况,并对教学映射做出针对性的调整。

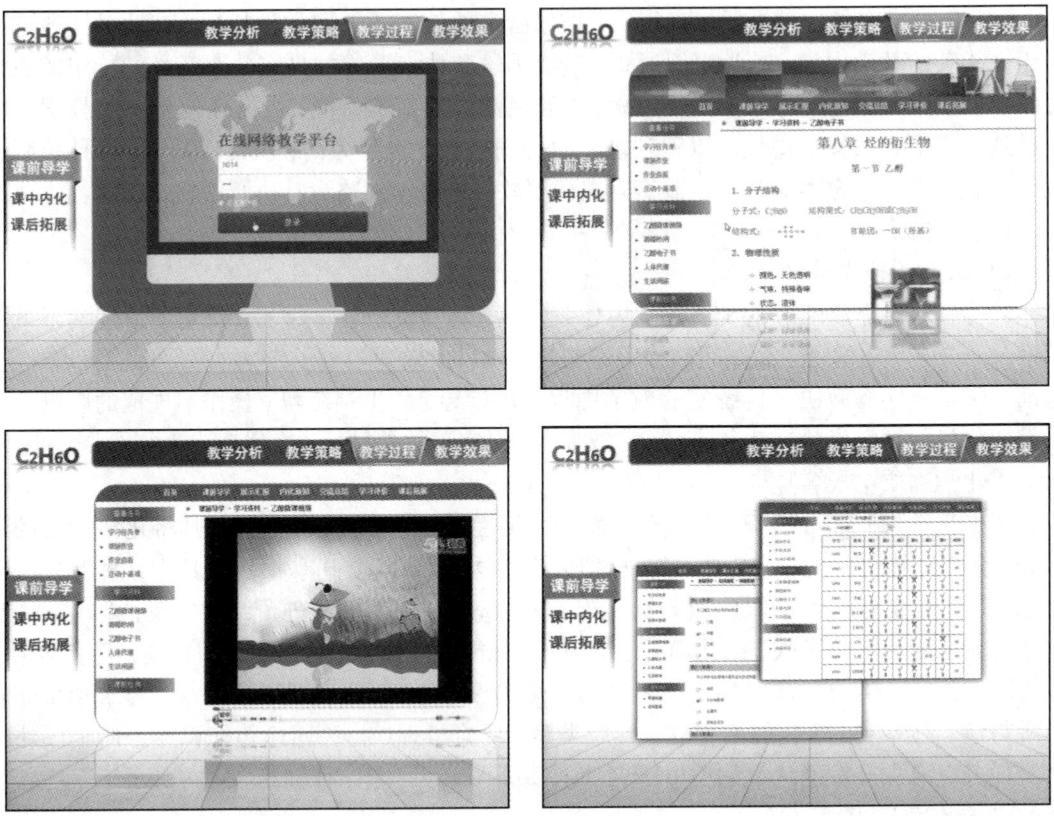

图5-5　在线网络教学平台

③分子模型教学软件。

基于教学过程中分子结构抽象、化学反应复杂、微观机理无法观测的教学难题,自主开发了交互式仿真软件——分子模型教学软件(图5-6)。该软件具备"搭建分子模型"和"模拟反应过程"两个模块。教师提出的案例2"75%酒精的消毒原理"分析过程,根据物质结构决定性质这一规律,学生要掌握酒精的消毒原理,就必须先探究乙醇的分子结构。借助分子模型教学软件,学生根据乙醇分子式选择对应的碳氢氧三个原子,根据原子的成键规律,学生自主搭建乙醇的分子模型。如选择正确,会自动产生化学键,反之会给出错误提示。教师提出的案例3"人过量饮酒后,为什么会醉呢?"分析过程,结合酒精在人体内代谢的动画,引导学生分析出主要原因是乙醇在肝脏中转化为乙醛,乙醛的毒性是乙醇的30倍。再次借助分子模型教学软件,学生根据实验步骤,选择反应物和反应条件,模拟乙醇在氧化铜催化下如何断键、重组、脱水形成碳氧双键进而转化为乙醛的微观过程;仿真系统会适时弹出提示以介绍对应的实验现象和方程式。借助信息化教学手段,有效化解传统教学分子结构抽象、反应机理无法观测的难题,轻松化解本课的教学难点。

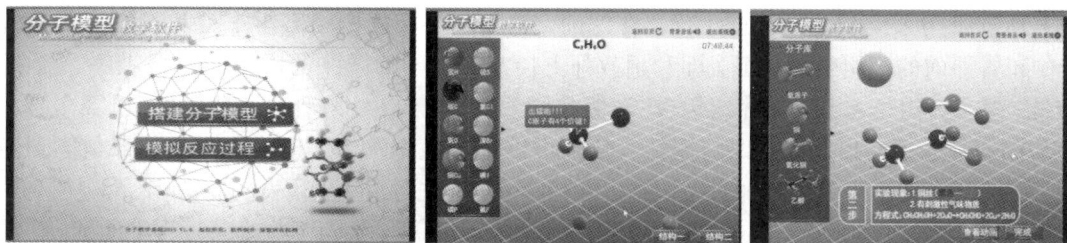

图 5 - 6　分子模型教学软件

④化学仿真实验。

学生根据分子模型教学软件能轻松搭建出具有相同分子式但结构不同的两种模型。此时，学生会迫切想知道到底哪个是乙醇的正确结构，教师可趁势引导学生设计对比实验来验证乙醇的结构。由于在学生实验中，易出现操作错漏、顺序颠倒的问题，同时一名教师也难以指导全班同学。因此，教师可组织学生先进入化学仿真实验室进行仿真操作(图 5 - 7)。根据实验步骤，学生规范的取出反应物无水乙醇和金属钠，按顺序加入试管中，当反应有明显现象时，系统会放大显示，若操作错漏，系统会马上提示并扣分。在软件代教下，学生规范地完成了乙醇与钠、水与钠的仿真操作。结束后，学生可查看个人得分以及错误操作原因。通过仿真考核后，学生再进入实验环节进行实操训练。学生根据结构决定性质、性质体现结构这一规律，推断出乙醇分子与水分子相似，含有羟基，从而确定乙醇的分子结构，并最终总结出"乙醇分子中的羟基与细菌蛋白中的水分子形成氢键，使得细菌蛋白脱水、变性、死亡，达到杀菌消毒的作用"。将传统教学和信息化教学紧密融合，能让学生在做中学、做中练。

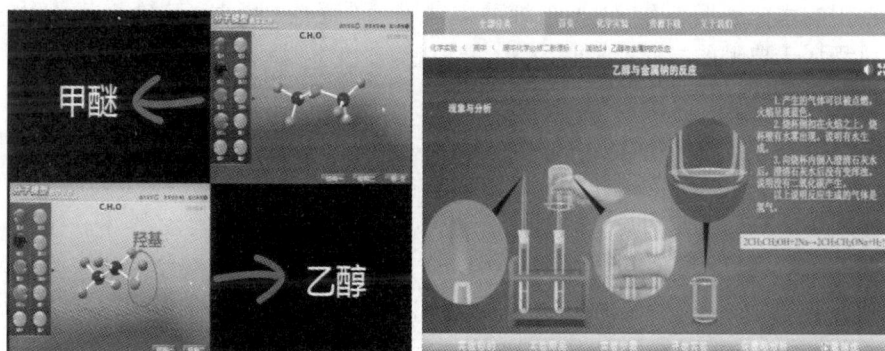

图 5 - 7　化学仿真实验室

(2)教学模式的选择。

在基于自制交互式仿真软件的教学过程中，单一的教学模式不可能满足所有教学内容的需要，一般需要多种教学模式配合应用的混合式教学模式。在"乙醇"的教学案例中，就应用了以下三种教学模式。

①翻转课堂模式。

在"乙醇"的教学案例中，为了达成教学目标，将 2 课时的内容设置为以下四个环节："环节一：汇报展示、引出问题；环节二：讨论交流、分析问题；环节三：内化新知、解决问题；环节四：展示名片、汇报总结"。在课前，教师利用在线网络教学平台和乙醇电子名片卡，布置课前的小组学习任务，即利用教师上传在平台中的微课视频、电子书、题库等数字资源，学生分组学习并自主完成包含"案例分析、分子结构、物理性质和化学性质"四个基本模块的乙醇电子名片卡以及课前测试。教师可以利用教学平台实时掌握学生的课前学习情况，并对课堂教学内容做出针对性调整。在环节一，首先各组学生代表汇报展示乙醇电子名片卡，师生共同对汇报的内容进行评论和质疑，从而引出问题。针对学生学习过程中的疑问，教师在课堂上组织相关教学活动，借助信息化教学手段引导学生由浅入深逐一解决问题。

整个教学过程，教师不再以传统讲授方式给学生灌输知识，完全以学生自主及合作学习的方式获得新知。学生在课外时间完成了乙醇的四个学习模块——应用案例、分子结构、物理性质和化学性质的自主学习，课堂转变为教师与学生之间互动的场所，主要用于解答疑惑、汇报讨论、主客观评价，同时能达到很好的教学效果，这是翻转课堂模式的典型教学思路。

②探究式教学。

探究式教学的基本程序是：问题→假设→推理→验证→总结提高。首先创设一定的问题情境提出问题，然后组织学生对问题进行猜想和做假设性的解释，再设计实验进行验证，最后总结规律。在"乙醇"的教学案例中，通过环节一引出问题，在环节二中教师组织学生分组讨论商讨解决问题的方法，在环节三中教师组织学生利用分子模型教学软件搭建出具有相同分子式但结构不同的两种模型（即乙醇和乙醚的分子结构）。教师抓住学生迫切想知道到底哪个是乙醇的正确结构的心理，趁势引导学生设计对比实验来验证乙醇的结构，并组织学生进入化学仿真实验室进行仿真实验操作。通过仿真考核后，学生最后进入实验环节进行实操训练。学生根据结构决定性质、性质体现结构这一规律，结合实验现象和总结，推断出乙醇分子与水分子相似，含有羟基，从而确定乙醇的分子结构，并最终总结出"乙醇分子中的羟基与细菌蛋白中的水分子形成氢键，使得细菌蛋白脱水、变性、死亡，达到杀菌消毒的作用"。这一教学过程属于典型的探究式教学模式。

③合作学习模式。

合作学习模式是一种通过小组形式组织学生进行学习的一种教学模式。在"乙醇"的教学案例中，课前学生在教师的安排下，分组完成乙醇的电子名片卡；课中的四个教学环节，学生仍以小组形式进行交流讨论，如：环节一中分组汇报乙醇的电子名片卡；环节二中分组分组讨论研究如何确定乙醇的分子结构；环节三中分组进行确定乙醇分子结构的对比实验以及乙醇催化氧化实验。在教学过程中，根据学习内容的特点，合作学习和独立仿真训练相结合，形式多样化，教学效果得到有效提高。

2. 设计原则

基于自制交互式仿真软件的教学设计应遵循以下四个原则。

（1）理论联系实际，对教学内容进行科学的重构和整合。

有机化学的教学中，物质的结构、物理性质、化学性质和应用是教学的四个基本模块。学习的基本规律是结构决定性质、性质决定用途。教学特点是，分子结构抽象，化学反应复杂，微观机理无法观测，学生学习难度大。"乙醇"教学设计中，教师根据教学大纲要求和学习对象特点，将乙醇的教学过程与工作、生活实际紧密结合，对教材内容进行科学合理的重构，确立了明确的教学目标，遴选了适宜的教学内容：掌握乙醇的分子结构和化学性质；能用乙醇相关知识解释生活中有关化学现象。

（2）以学生为主体，融入虚拟仿真教学方法，培养学生自主学习的兴趣和能力。

"乙醇"教学设计中，教师摒弃了传统的灌输式讲授法，有机整合了虚拟仿真教学、实验演示、案例教学、任务驱动等教学方法，以学生自主学习为主，教师在教学过程中担任引导者、质疑者、评价者的角色，帮助学生发现问题、分析问题、解决问题；学生通过协同合作、自主探究的方式主动构建知识体系，有利于学生学习能力的培养。

（3）设计合适的交互式仿真软件，合理运用多种教学模式，突破教学重难点。

"乙醇"教学设计中，教师充分利用化学物质电子名片卡、分子模型教学软件、化学仿真实验室、在线网络教学平台等信息化资源或手段，有效运用了翻转课堂、探究学习、合作学习等教学模式，对教学活动进行了科学的安排与组织。课堂以学生建立乙醇电子名片卡为任务主线，贯穿整个教学过程；建立了学生学习电子档案，记录了学生学习过程；通过分子模型教学软件有效化解分子结构抽象、反应机理难题，借助化学仿真实验解决了传统实验教学中教师难指导、学生难练习、操作不规范的困难；充分发挥了信息化教学优势，突出重点、突破难点，学生主体作用凸显，实现了教学目标，达到了教学效果。

（4）构建多元、客观的教学评价体系。

在"乙醇"教学的评价设计中，教师构建了多元评价体系，对学生的学习过程和学习结果进行了客观的评价。整个教学过程，教师结合乙醇电子名片卡、实验记录表，借助平台将课前测验、分子模型、实验仿真、课后检测等项目中的成绩按照不同的权重，计算出学习总评，以构建多元化的评价体系。尤其是在课后拓展环节，通过布置学生完成拓展案例——搜集酒精在护理工作中的案例分析，组织学生进行互评投票，将优秀作品推送至全校的微信平台，供全校师生进行学习，养成学生的学习成就感，有效激发了学生学习原动力，形成了良性的自主学习循环。

3.设计注意事项

（1）精细设计教学情境，合理组织与安排教学活动。

合理地组织与安排学习活动是保证按时完成教学任务，并优质达成学习目标的关键。精心设计教学情境是吸引学生学习兴趣的重头戏。为了有效地开展教学，教师需要根据实际情况，对整个学习内容及其进度做出圆满的规划和设计。

在"乙醇"的教学案例中，教师以乙醇电子名片卡为任务载体及教学主线，依托网络学习平台，开发并利用了交互式仿真软件——分子模型教学软件、化学仿真实验室等信息化资源，着力化解本次课的教学难点。为达成教学目标，教师将教学过程设置为课前、课中和课后三个模块，即课前导学、初识名片—课中内化、完善名片—课后拓展、完成名片。其中课中2课时的教学内容又安排四个教学环节，即环节一：汇报展示、引出问题；环节二：讨论交流、分析问题；环节三：内化新知、解决问题；环节四：展示名片、汇报总结（图5-8）。

（2）有效运用信息化教学中的过程性和结果性数据，科学设计教学评价方案。

伴随着信息化学习过程产生的大量"过程性"信息和"结果性"内容，都应该是学习评价的范围。因此，需要对学生进行学习过程和学习结果的评价。对于过程性评价，主要考核学生的探究能力、协作能力、学习能力等。对于结果性评价，主要考核学生作品完成的质量或随堂测验的成绩。在"乙醇"的教学案例中，课前借助学校的在线网络教学平台，教师布置学生的自主学习任务——分小组初步完成乙醇电子名片卡并完成课前测试；课中教师在教学过程的各个环节，如电子名片汇报展示、分子模型教学实验、化学仿真实验中，以教师点评和

图 5-8　教学活动组织与安排

学生互评的方式，记录过程性评价结果；课后学生登陆平台完成考试，检查和巩固本次课的学习效果；布置学生完成乙醇电子名片卡中的拓展案例——搜集酒精在护理工作中的案例分析，组织学生进行互评投票，并将优秀作品推送至全校的微信平台，供全校师生进行学习，养成学生学习的成就感。整个教学过程，教师结合乙醇电子名片卡、实验记录表，借助平台将课前测验、分子模型、实验仿真、课后检测等项目中的成绩按照不同的权重，计算出学习总评，以构建多元化的评价体系(图 5-9)。

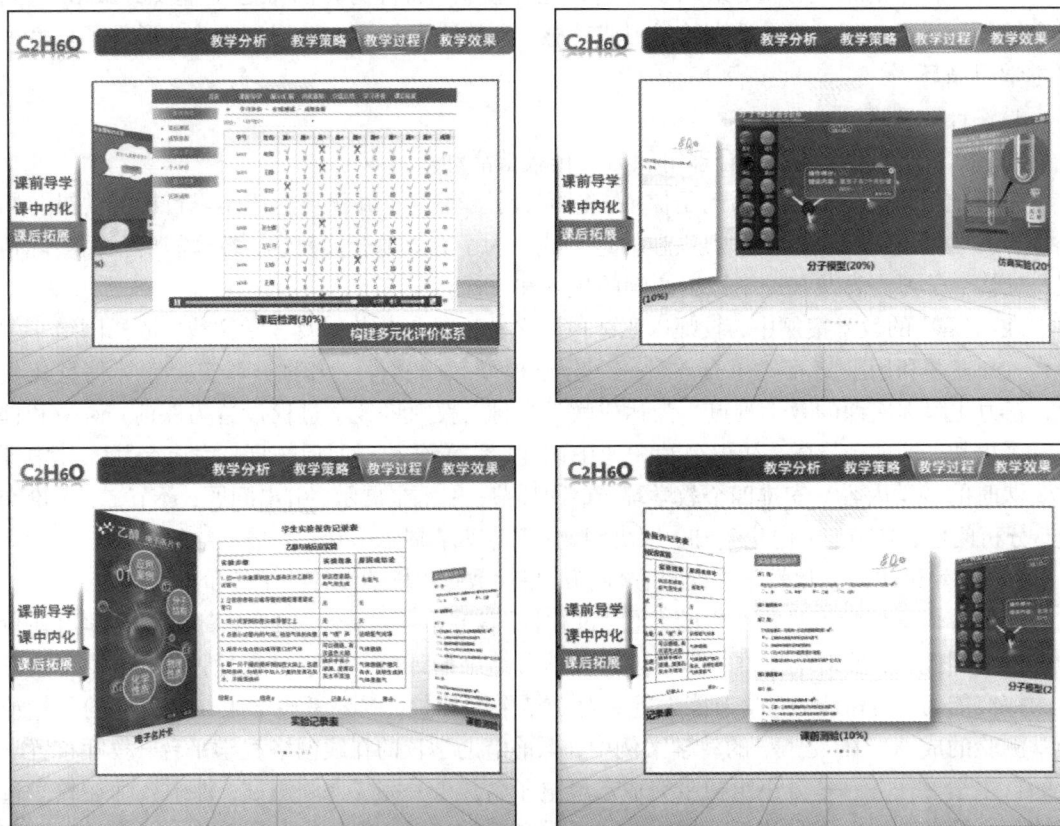

图 5 - 9　多元化评价体系

5.2.3　设计案例

1. 案例引入

中职基础课程"化学"是典型的理实课，物质的结构、物理性质、化学性质和应用是教学的基本内容，学习的基本规律是结构决定性质、性质决定用途。在传统教学中，如何突破教学中过程中"分子结构抽象，化学反应复杂，微观机理无法观测，学生学习难度大"的难点，是所有教师共同面临的困惑。下面是一份传统的中职"乙醇"教学设计方案（表 5 - 3）。

表 5 - 3　"乙醇"传统教学设计方案

课程名称	化学	专业	医药卫生类
教学内容	第八章　烃的衍生物 第一节　乙醇	教学时数	2

续表 5 - 3

教学目标	知识目标	掌握乙醇的分子结构和化学性质； 能用乙醇相关知识解释生活中有关化学现象	
	能力目标	通过实验探究学习，获得乙醇结构与性质之间的关系；知道学习和研究化学问题的一般方法和思维过程	
	情感目标	初步知道乙醇与人类生命健康密切相关的知识	
教学重点 难点	重点：乙醇的分子结构和化学性质； 难点：乙醇催化氧化反应及其机理		
教学媒体	《化学》(基础版)，主编刘尧，中等职业教育国家规划教材，高等教育出版社； 《化学》(医药卫生类)，总主编刘斌，主编刘景晖，高等教育出版社； 《化学学习指导与练习》(医药卫生类)，主编刘景晖，高等教育出版社； 《化学实验与实践活动》(医药卫生类)，主编刘景晖，高等教育出版社； 《化学教学参考书》(医药卫生类)配套电子演示文稿，主编唐智宁，高等教育出版社		
教学方法	讲授、实验演示、案例驱动		
教学评估	课前：在线测试； 课堂：课堂讨论、提问、练习； 课后：作业完成情况		

教学过程					
教学环节	教学内容	教师活动	学生活动	教学方法和资源	设计意图
课前准备	熟悉教材和PPT课件：第八章烃的衍生物 第一节乙醇； 准备相关资料、素材	教师登陆在线网络教学平台，上传课程相关的微课视频、电子书、在线测试题库等课程资源； 教师结合学生课前在线测试结果，掌握学生课前学习情况，并对教学实施做出针对性的调整	学生登陆在线网络教学平台，学习教师上传到平台中的微课视频、电子书等课程资源进行自主学习，完成在线测试	方法：课前在线自学与反馈； 资源：在线网络教学平台，微课视频，电子书，在线测试题库	师生分别完成课前教学准备； 针对上次课与本次课的内容进行温故知新
新课引入	案例引入： 案例1：汽车也是大酒鬼——乙醇汽油； 案例2：75%酒精消毒原理； 案例3：人过量饮酒后，为什么会醉呢？	PPT电子课件展示学习要求； 引入三个案例启发学生思考	观看PPT电子课件，明确学习要求； 倾听并参与讨论，产生学好本章内容的动机	方法：讲授法，案例驱动； 资源：多媒体课件	通过引入三个社会生活中与乙醇相关的三个案例，激发学生学习乙醇相关知识的兴趣，针对学生的讨论和质疑，引入新课学习

续表5-3

教学过程					
教学环节	教学内容	教师活动	学生活动	教学方法和资源	设计意图
新课学习	一、乙醇 1.结构 结构式，羟基； 2.物理性质 3.化学性质 (1)与金属钠反应演示； (2)催化氧化反应演示； (3)应用； 4.案例分析与讨论	PPT电子课件展示讲解乙醇的结构、物理性质、化学性质和应用；展示乙醇分子模型、酒、普通酒精、消毒酒精等实物（或图片）；播放"乙醇和钠反应"的实验视频；播放乙醇催化氧化反应等动画；进行乙醇化学性质演示实验，组织观察与讨论；组织学生进行案例分析与讨论	观看PPT课件倾听老师讲解参与观察与讨论堂练习；完成学习笔记达到明确乙醇结构特点、主要物理性质、重要化学性质及应用的学习要求	方法：多媒体演示，讲授法，小组讨论 资源：多媒体课件，实验演示，动画和视频	通过教、学双边活动，了解乙醇的结构、分类和命名，理解乙醇的化学性质及用途；通过实验视频和实验演示，培养学生尊重实验事实的科学态度；通过结构和性质进行内因与外因关系的辩证教育；将醇的应用联系医学进行职业素养的培养
课堂小结	学习评估：本章第一节课后习题内容小结：重、难点点评复习指导	捕捉学生反馈信息，强化课堂教学效果；布置作业、答疑	通过本节内容的课后习题和内容小结，巩固课堂学习成果	方法：多媒体演示，讲授法；资源：多媒体课件	通过课堂小结，检查教学效果，查漏补缺，为学生课后复习及教师改进教学提供信息
课后学习	课后作业、布置下次课学习任务	进行课后反思提升，准备并丰富下次课"酚""醚""乙醛"的有关资料	完成作业、复习巩固、总结反思，预习"苯酚""乙醛和丙酮"等内容		教师通过自查，记录下教学心得，为改进和提高教学方法积累经验；学生温故知新

2.案例分析

从表5-3这份传统的《乙醇》教学设计方案，可以简要分析其优缺点如下。

优点：

(1)教师根据教学大纲和教材，对教学目标和教学重难点把握得非常准确；

(2)教师利用了在线网络平台、微课视频、电子书、在线题库、视频、多媒体课件等信息化手段，有一定的新意，对教学效率有较好提高；

(3)在新课引入环节，以案例驱动的方式，有效地激发了学生的求知欲；

(4)在课堂上，能有效利用视频、多媒体课件，组织学生分组讨论，对教学效果大有益处。

缺点：

（1）综观整个教学设计的信息化手段运用，属于典型的"信息化"的教学设计，而非"信息化教学"的设计。课堂上的教学双边活动中，以教师讲授、学生倾听为主，采用灌输式的传统教学模式，学生的学习兴趣难以保持；

（2）视频和动画的使用虽然形象地表达了乙醇化学性质这一教学难点，但学生参与度低，无法有效解决分子结构抽象、化学反应复杂、微观机理无法观测等难题，学生只能是不求甚解，学生对案例的分析也无法有高度和深度；

（3）课堂上的实验演示，学生直接操作容易产生操作错漏、顺序颠倒的问题，对于乙醇与钠这一剧烈的化学反应，容易产生安全事故。同时一名教师的巡回指导也难以有效覆盖全班同学，更加加剧了事故的不可控性；

（4）教学评价上，以学生自测、课堂考核及课后作业的方式，评价方式较单一且缺乏客观性。

针对这份传统教学设计方案，如何进行优化呢？

3.案例实现

立足于职业院校是以培养学生的技术技能为目标的根本，坚持贯彻理论与实践相结合的基本原则，运用虚拟仿真技术，可以有效解决以实验实训性教学内容为主的理实课堂中原理抽象、过程难监控、教学无法全覆盖等难点。

综合前述教学设计分析，我们来欣赏程老师设计的基于自制交互式仿真软件的《乙醇》教学设计方案（见表5-4）。

表5-4　基于自制交互式仿真软件的《乙醇》教学设计方案

课程名称		化学	专业	医药卫生类
教学内容		第八章　烃的衍生物 第一节　乙醇	教学时数	2
教学目标	知识目标	掌握乙醇的分子结构和化学性质； 能用乙醇相关知识解释生活中有关化学现象		
	能力目标	通过实验探究学习，获得乙醇结构与性质之间的关系；知道学习和研究化学问题的一般方法和思维过程		
	情感目标	初步知道乙醇与人类生命健康密切相关的知识		
教学重点难点		重点：乙醇的分子结构和化学性质； 难点：乙醇催化氧化反应及其机理		
教学媒体		《化学》（基础版），主编刘尧，中等职业教育国家规划教材，高等教育出版社； 《化学》（医药卫生类），总主编刘斌，主编刘景晖，高等教育出版社； 《化学学习指导与练习》（医药卫生类），主编刘景晖，高等教育出版社； 《化学实验与实践活动》（医药卫生类），主编刘景晖，高等教育出版社； 《化学教学参考书》（医药卫生类）配套电子演示文稿，主编唐智宁，高等教育出版社		

续表 5 – 4

教学方法	交互式仿真教学法、实验演示法、案例教学法、讨论法、任务驱动法				
教学评估	课前：课前在线测试，电子名片卡； 课堂：分子模型，仿真实验，实验记录表； 课后：课后在线检测，拓展任务				
教学过程					
教学环节	教学内容	教师活动	学生活动	教学方法和资源	设计意图
课前准备	熟悉本次课教材和课程自学资源：第八章烃的衍生物 第一节乙醇； 准备相关乙醇电子名片卡、网络平台课程资源； 四个学习小组任务布置：完善以"案例分析、分子结构、物理性质、化学性质"四个模块为任务的乙醇电子名片卡； 案例分析：分析"案例 1 汽车也是大酒鬼——乙醇汽油；案例 2 75% 酒精消毒原理；案例 3 人过量饮酒后，为什么会醉呢？" 原理： 分子结构：完善乙醇分子式、结构简式、结构式、官能式等知识点； 物理性质：完善乙醇颜色、气味、状态、溶解度、挥发性、熔沸点等知识点； 化学性质：完善乙醇与钠、乙醇催化氧化的方程式、反应类型、反应机理、相关用途等知识点	教师登陆在线网络教学平台，上传课程相关的微课视频、电子书、在线测试题库等课程资源； 布置四个学习小组的"完善乙醇电子名片卡"的学习任务； 教师结合学生课前在线测试结果和各小组完成的乙醇电子名片卡，掌握学生课前学习情况，并对教学实施做出针对性的调整	学生登陆在线网络教学平台，学习教师上传到平台中的微课视频、电子书等课程资源； 复习乙烯电子名片卡； 自主学习并完善本小组的乙醇电子名片卡； 完成在线测试	方法：课前在线自学与反馈，小组讨论完成学习任务； 资源：电子名片卡，在线网络教学平台，微课视频，电子书，在线测试题库	师生分别完成课前教学准备； 针对上次课与本次课的内容进行温故知新，强化学生学习化学物质所包含的四个基本模块（案例应用、分子结构、物理性质、化学性质）； 通过翻转课堂，以学生自主探究学习为主，激发学习的学习兴趣，提高学习效率； 教师根据学生课前的任务学习情况，及时调整教学实施过程，提高教学效果

续表 5 - 4

教学过程					
教学环节	教学内容	教师活动	学生活动	教学方法和资源	设计意图
教学过程	环节一：汇报展示、引出问题	组织四个学习小组代表展示学习结果——乙醇电子名片卡；教师进行总结和引导；引出"75%酒精消毒原理""人过量饮酒后，为什么会醉呢?"两个问题	四个学习小组分别展示各自完成的乙醇电子名片卡，学生之间互相点评，提出质疑	方法：自主探究，翻转课堂；资源：电子名片卡	以学习自主探究学习为主，小组分任务进行学习汇报并相互点评，自行发现问题，建立学生知识自主构建的能力，符合学生知识习得规律；教师在课堂中进行总结和引导，体现了以学生为中心的教学理念
	环节二：讨论交流、分析问题	对案例2和案例3以问题的形式在课堂上提出，组织各组同学展开交流和讨论，共同探讨解决问题的方案；根据结构决定性质、性质体现结构的规律，引出确定乙醇分子结构这一教学重点	根据教师提出的两个案例，各组同学进行课堂讨论与分析，提出对乙醇分子结构特点的总结	方法：案例驱动、小组讨论；资源：多媒体课件	教师根据学生自己提出的问题，开展课堂头脑风暴，强化学生学习主动性，有利于激发学生对知识的探究欲望

续表 5 - 4

			教学过程		
教学环节	教学内容	教师活动	学生活动	教学方法和资源	设计意图
教学过程	环节三：内化新知、解决问题	以交互式仿真软件——分子模型教学软件之搭建分子模型模块，组织学生自主构建乙醇分子结构式；引导学生设置对比实验验证乙醇分子结构；在化学仿真实验室，学生自主训练乙醇与钠和水与钠的对比实验；学生分组完成课堂演示实验；播放乙醇杀菌的动画，引导学生根据实验现象及动画，分析乙醇的正确结构式及75%乙醇消毒的原理；再次利用交互式仿真软件——分子模型教学软件模拟反应过程，引导学生完成乙醇催化氧化实验；播放乙醇在人体内的代谢动画，引导学生根据实验现象及动画，分析乙醇催化氧化的机理及人过量饮酒后会醉酒的原理	学生在教师的引导下，利用交互式仿真软件——分子模型教学软件中的搭建分子模型和模拟反应过程两个模块，自主完成乙醇分子结构式的搭建与乙醇催化氧化实验；学生在仿真教学实验室训练乙醇与钠和水与钠的对比实验，得出乙醇的正确分子式；学生分组完成乙醇分子式验证对比演示实验和乙醇催化氧化演示实验；学生观看75%酒精杀菌和乙醇在人体内代谢的动画，得出"75%酒精消毒原理""人过量饮酒后，为什么会醉呢？"两个问题的原理	方法：交互式仿真教学、实验演示、探究学习、小组讨论；资源：交互式仿真软件——分子模型教学软件，化学仿真实验室，演示实验，动画	采用交互式仿真软件——分子模型教学软件，学生能快乐轻松的理解抽象的乙醇分子结构和乙醇催化氧化反应机理，化解了教学难点；利用化学仿真实验室，既可以解决在真实实验中易出现操作错漏、顺序颠倒的问题，又能化解一名教师难以指导全班同学的教学难题

续表 5 - 4

教学过程					
教学环节	教学内容	教师活动	学生活动	教学方法和资源	设计意图
教学过程	环节四：展示名片、汇报总结	组织继续完善乙醇电子名片卡，对知识点进行归纳总结；组织小组代表围绕乙醇的四个学习模块——案例分析、分子结构、物理性质和化学性质进行性全面的汇报，师生共同评议并投票选出最佳电子名片卡并完成主观互评	学生根据乙醇分子结构和催化氧化实验的探究及验证，完善各组的电子名片卡；小组代表围绕乙醇的四个学习模块——案例分析、分子结构、物理性质和化学性质进行性全面的汇报；师生共同评议并投票选出最佳电子名片卡并完成主观互评	方法：小组讨论；资源：电子名片卡	通过教、学双边活动，了解乙醇的结构，理解乙醇的化学性质及用途；通过结构和性质进行内因与外因关系的辩证教育
课后拓展及评价	课后在线检测；完成乙醇电子名片卡中的拓展案例——搜集酒精在护理工作中的案例分析	老师结合乙醇电子名片卡、实验记录表，借助平台将课前测验（10%）、分子模型（20%）、实验仿真（20%）、课后检测（30%）、课后拓展等项目中的成绩按照不同的权重，计算出学习总评，以构建多元化的评价体系；根据各组学生完成的乙醇电子名片卡拓展案例，组织学生进行互评投票，评出优秀作品；将优秀作品推送至我校微信平台，供全校师生进行学习	学生登陆平台完成考试，检查和巩固本次课的学习效果；学生完成乙醇电子名片卡中的拓展案例——搜集酒精在护理工作中的案例分析	方法：探究学习、小组讨论；资源：乙醇电子名片卡	将乙醇的应用联系医学进行职业素养的培养；以学生建立乙醇电子名片卡为任务主线，贯穿整个教学过程，建立学生学习电子档案，记录学生学习过程，通过分子模型教学软件有效化解分子结构抽象、反应机理难题；借助化学仿真实验解决传统实验教学中教师难指导、学生难练习、操作不规范的困难。充分发挥信息化教学优势，突出重点、突破难点，实现了教学目标，达到了教学效果；构建多元化评价体系，客观评价学生

4. 拓展案例

在《乙醇》教学设计中，教师运用了分子模型教学软件和化学仿真实验室两种自制的交互式仿真软件，有效化解了分子结构抽象、反应机理难观测以及传统实验教学中教师难指导、学生难练习、操作不规范的难题。不难发现，这两种仿真软件的开发需要消耗较多的人力和财力。根据教师自身能力和精力，结合各自学校的特点，还可以开发许多简易的交互式仿真软件。如湖南化工职业技术学院刘小忠老师自主设计的交互式仿真软件在高职《有机化学实验》"乙酸异戊酯的制备"实训中运用。

扫描表 5 – 5 中教案链接模块的二维码或访问网址可以查看刘老师在世界大学城空间的教案；在资讯模块，扫描二维码或访问网址可以查看刘老师在世界大学城空间的自制简易交互式仿真软件。

表 5 – 5　"乙酸异戊酯的制备"实训教学设计教案

授课班级	化工、分析相关专业			
授课地点	化工楼有机化学实训室		教学方法	行动导向教学
课业内容	制备乙酸异戊酯		课型	实训
教学目标	知识目标		技能目标	态度目标
	①熟悉酯化反应原理； ②掌握乙酸异戊酯的制备方法； ③理解分水器的工作原理和过程； ④初步了解催化剂对制备有机化合物的影响。		①学会安装和使用回流装置； ②学会使用分液漏斗； ③学会使用干燥剂； ④学会萃取和蒸馏精制有机化合物； ⑤掌握产品质量的鉴别方法。	严肃、认真、仔细、实事求是的操作和记录数据
教学重点	组装与使用反应、蒸馏装置；分离与提纯乙酸异戊酯		教学难点	分水器的使用；蒸馏提纯乙酸异戊酯温度与加热量的控制
教学资源	《有机化学实验》教材；多媒体课件；教学视频			
教学进程与资源				
资讯	乙酸异戊酯制备仿真 http：//www. worlduc. com/blog2012. aspx？ bid = 14750815 已研制并使用制备乙酸异戊酯的催化剂 实训选用催化剂：浓 H_2SO_4、$FeCl_3 \cdot 6H_2O$ 和 $NH_4Fe(SO_4)_2 \cdot 12H_2O$。		乙酸异戊酯制备仿真	

续表 5 – 5

决策	决策内容	
	学习实训新知识	分解和完成实训任务
计划安排	①课前，学生根据学习任务查阅相关学习资料；②课中，老师讲授本实训任务的新知识，学生完成实训任务；③课后，学生查询乙酸正丁酯的工业生产方法及工业用途等相关资料。	按"决策"先分大、小组，然后由小组长组织本组成员分解实训任务，如加入原料、组装和拆除反应装置、粗产物的洗涤、组装和拆除蒸馏装置、粗产物的干燥、产品的鉴定等，以团队合作完成任务
组织实施	制备原理；催化剂对制备乙酸异戊酯的影响；仪器与药品；合成装置；蒸馏装置；洗涤装置；注意事项；生产工艺流程	
学生训练	训练步骤与方法	
	学生自检	老师检验
产品检验	①看：产品的外观是无色透明，如有颜色，必含杂质。②量：计量产品的体积，并计算理论产量及产品的产率。	老师除用学生的方法检验产品的质量，还要检验产品中是否含水。如果在样品中加入高锰酸钾，同时样品又变成红色，那么产品肯定含有水分。

	讨论方式	讨论内容	点评及提问
讨论分析	两个大组长先收集本组各小组实训数据，并整理和统计，再组织本组成员讨论，最后将讨论结果通报全班，并由全班同学讨论	①三种催化剂中哪一种的催化能力最强？合成乙酸异戊酯的产率各是多少？②反应后，三种催化剂都能回收吗？如果不能回收，该怎么处理？哪一种最环保？③反应时，三种催化剂的反应现象怎么样？对后续的洗涤、蒸馏等操作有影响吗？哪一种的反应现象最好？	①浓硫酸的催化能力最强；十二水合硫酸铁铵的反应现象最好、最环保。②工业生产和实训教学中，你们会选择哪一种催化剂，为什么？③如果反应时间和催化剂用量改变，乙酸异戊酯的产率还是这样吗？估计会发生什么样的变化？

考核方案	过程与结果相结合	
知识回顾	制备乙酸异戊酯原理、带分水器的合成装置、蒸馏装置装置、分液漏斗的使用、分水器的使用、催化剂对制备产品产率的影响因素	
作业布置	①小组讨论，协作完成实训报告；② 课后查询合成乙酸异戊酯催化剂的相关资料，进一步了解催化剂在工业生产和教学中的应用。	
	考勤记录	课后小结
教学日志	某某班有迟到现象，其他班级很好	经过实训，得出最终结果是浓硫酸的催化效果明显，但是污染比较大，三氯化铁的催化效果不如浓硫酸明显，也存在污染大的缺点，硫酸铁铵的催化效果位于中间，但催化剂可以回收，相对来说是一种比较好的催化剂

续表 5 – 5

交流反馈	2011 级《有机化学实验》群组
知识拓展	实训考试题库与答案；山西省运城学院《有机化学实验》精品课程
教案链接	http：//www. worlduc. com/blog2012. aspx？ bid = 4345994

5.2.4　设计总结

虚拟仿真技术的应用，可以有效解决职业院校传统实践教学环节中由于实训条件受限而造成的教师难指导、学生难练习、操作不规范等难题。基于交互式仿真软件的虚拟仿真教学技术，依据其交互性、虚幻性、逼真性的特点，可以实现培养学生技术技能的目标、贯彻理论与实践相结合的根本原则，既有益于教师的实训教学又有利于学生的专业核心技能训练，为解决职业教育面临的实训难、实习难和就业难等问题开辟了一条新思路。从本节基于交互式仿真软件的教学设计案例分析中，可以总结出以下三点经验。

1. 在信息化教学的设计中，平台和资源建设是关键

在信息时代、智能时代，传统课堂必须进行大刀阔斧的改革。职业教学机构和教师必须更新观念、跟上时代步伐，加大信息化教学平台和资源的建设力度。在信息化教学应用中，信息化的课程资源建设是关键中的关键；在实训实习类课程的信息化教学中，虚拟仿真平台和技术的开发具有无可替代的优势。

2. 在信息化教学过程中，教师的教学能力发展是核心

无论是传统的教学设计还是信息化教学设计，教师在教学双边活动中的核心地位是不会变的。信息化教学改革，改革的是教学理念、教学方式以及理念和方式的教学运用。一堂精彩的课、一份优秀的教学设计，离不开教师的优质资源建设，离不开教师的合理教学手段运用，也离不开教师科学的教学组织与评价。教师唯有加强学习，认真分析教学内容和对象，摆正自身在教学活动中的地位，才能避免在信息化浪潮中迷失。

3. 在信息化教学环境中，优质资源的开放共享是必经之路

在当前国家大力发展职业教育的背景下，优质信息化平台与资源的建设成为职业教育教学内涵建设的当务之急。然而，应清楚认识到优质资源的开发成本很高。如何高效率的开发与运用信息化资源，如何最大化发挥信息化资源的作用，让教师和学生切身享受信息化教学的成果，不是信息化教学大赛和培训能实现的。因此，优质资源的高度开放与共享是未来教育事业的主流趋势。

5.3　基于沉浸体验式虚拟仿真软件的教学设计

虚拟现实技术（virtual reality，VR）是融合了计算机信息技术、多媒体技术、网络技术等多个技术，利用计算机系统创造一种包括视觉生成、立体显示、三维图形、传感感知等的模

拟环境。用户通过传感设备体验该模拟环境，可以进行自然交互，是一种通过计算机系统创建的虚拟现实。目前已被广泛应用于各个领域，包括航空航天、工业生产、教育教学等。

基于沉浸式虚拟仿真环境的教学设计

在教育教学中，将虚拟现实技术应用于实践教学，相较于二维仿真技术教学，能产生更好的人机交互体验，更具真实感、体验感，改变了传统二维教学中平面、单一甚至是枯燥的教学场景，让学生在立体、形象、逼真的实践环境中提高知识应用和技能水平。目前高职院校的专业大部分实现了虚拟仿真教学，通过虚拟仿真教学软件的运用，可以让学生快速掌握技能。有效解决了职业教育中学生因实训、实习难导致的操作技能水平不高的问题，为学生高质量的就业奠定了基础。

基于沉浸体验式虚拟仿真软件的教学设计是指在教学实施过程中，学习者利用虚拟仿真软件在逼真的模拟场景中进行实操训练，教师通过虚拟场景情境变化引导学生通过观察、分析等方法确定操作步骤，加深理论知识的理解，完成虚拟场景模拟工艺的生产操作，提高学生的操作技能，是促进学习者全面发展的一种教学方式。

如何利用沉浸体验式虚拟仿真软件进行教学设计？我们以一位老师的传统二维仿真教学到三维虚拟仿真教学的转变为例，详解基于沉浸体验式虚拟仿真软件的教学设计理念、实施与效果。

5.3.1　设计基础

1. 教学环境分析

该类教学设计主要面临的是大型生产现场的虚拟环境，它利用虚拟现实技术创建一个生产车间的虚拟世界，或制造一种实际生产的虚拟环境，运用一些奇特的输入输出设备，使用者不单可以和虚拟环境中的对象进行交互，而且可以实时体验和移动存在于虚拟世界中的各种奇幻物体，通过眼睛视觉，手的触觉和耳朵的听觉取得真实的感受，身临其境一般。按照用户体验虚拟现实形式的不同和沉浸程度不同可以分为四类。

（1）桌面式虚拟现实。

桌面式虚拟现实是应用最为方便，灵活的一种虚拟现实系统，它使用计算机屏幕作为使用者察看的窗口，充分运用交互技术和高逼真的 3D 技术产生一个交互虚拟情境，使用包括键盘、鼠标这些基本的计算机输入设备操控虚拟世界，实现与虚拟世界交互。桌面式虚拟现实实现的成本较低，应用方便灵活，对硬件设备要求较低，在使用的过程中，还可以借助立体投影仪，增大显示屏幕，以达到沉浸感和多人观看。该教学过程中利用的就是这种桌面推演类型的虚拟现实软件（见图 5 - 10）。

（2）沉浸式虚拟现实系统。

沉浸式虚拟现实系统不同于桌面式虚拟现实，它提供了一个完全沉浸的虚拟感知，这种虚拟仿真环境是由计算机技术创造的一个即时的 3D 虚拟世界。在这个虚拟世界中用户可以进行操作和探索，产生像在真实世界一样的感觉。设备方面需要头盔式显示器还有三维鼠标，数据手套等，所以成本较高，但沉浸效果较好。

（3）增强式虚拟现实系统。

增强式虚拟现实不仅能仿真现实世界，而且能够增强现实中无法获得的体验。操作者通过叠加在真实环境上的图形信息以及文字信息，能更好地操作、维护、修理设备，而不需要

图 5 - 10　仿真操作界面

查阅维修手册。例如汽车的知名厂商宝马汽车公司在 2014 年开发出一款新智能眼镜，这款智能眼镜的独特之处是当修理工戴着增强现实眼镜注视宝马汽车的发动机时，一个彩色 3D 显示屏就会覆盖在原始发动机画面上方，它提供了处理维修车辆故障的具体操作步骤，具体到可以显示出该拧哪一个螺丝。

（4）分布式虚拟现实系统。

分布式虚拟现实系统是在虚拟现实技术的基础上叠加网络技术的产物，它可以通过网络把很多的用户即使在不同区域联结到这个虚拟世界中来，每个用户可以同时出现到同一个虚拟空间中，用户间进行交互，合作完成任务，感知虚拟经历。

虚拟现实技术应用于教育领域，可以在内容呈现和场景呈现两个方面实现突破。通过构建逼真的三维教学环境，很多复杂的、日常生活难以体验的知识和概念将更容易被学习者理解和接受，进而提高知识的传递和内化效率。VR 教学将传统的单向教育转化为认知交互和沉浸式体验模式，学生被带入宏观和微观的虚拟世界中，身临其境地观察、探究，学生的兴趣和好奇心被激活，学习的主动性更强。

2. 教学模式选择

如何将沉浸式虚拟仿真软件有效的应用于专业教学中呢？为此，一线教师也积极地进行了这方面教学改革的探索，并取得了一定成效。目前正被广泛采用的是"线上＋线下"混合式闯关教学新模式，它能结合"线上"反复训练和"线下"重点突破的优点，最大程度地发挥沉浸式虚拟仿真环境下场景逼真、体验感强、游戏感强的作用，有效激发学习积极性，提升教学效率。以下是该模式下常用的教学策略和教学方法简介。

（1）教学策略的选取。

"线上＋线下"混合式闯关教学新模式是通过线上反复多次的训练熟悉流程、熟悉操作，通过线下面对面交流，突破学习的重难点，将知识内化，促进学习能力及职业技能的提升。

该模式一般采用课堂翻转的教学策略。翻转课堂指教师不占用课堂时间来讲授信息，而是通过学生在课前通过观看视频讲座、收听播客、阅读功能增强的电子书、网络讨论等完成自主学习；课上则使学生更专注于主动的基于项目的学习，从而获得更深层次的能力提升。翻转教学将学习流程分为两个阶段，即"知识传递"过程与"知识内化"过程。按布鲁姆的教育目标分类理论，认知领域的教育目标分为知道、理解、应用、分析、评价和创造六个层次。这六个层次是从简单到复杂，难度不断加深的过程。"知识传递"（知道、理解）过程解决的是"是什么"的问题，"知识内化"（应用、分析、评价、应用）过程解决的是"为什么"的问题。总体上对于"是什么"的问题解决相对容易。但对于学习而言，停留于"是什么"是远远不够的，因为知识是材料，是工具，是可以量化的"知道"，只有让知识进入人的认知本体，渗透到人的生活与行为，才能转化为素养。比知道知识"是什么"更重要的是知识的发生、知识的发展、知识的应用、知识与知识之间的相互联系等，即"为什么"的问题。学习是认知结构的组织和重新组织，是把有内在逻辑联系结构的教材与学生原有认知结构关联起来，新旧知识发生相互作用，使新材料在学生头脑中获得新的意义为结果。明白"为什么"的第二个阶段往往比第一个阶段更难，这是因为一些学生满足于浅尝辄止、一知半解，更多的学生在内化感悟中由于自身掌握的知识量偏少，或者找不到自身所掌握的零碎知识中哪个部分来与新知识进行"关联"，因而形成挫败感，也因此丧失了学习动机与成就感。这时最需要的就是教师的点拨和同伴的协作讨论。

传统的教学结构一般是教师白天在教室上课传授知识，学生课后做作业感悟巩固，将难度最大的学习环节（内化知识、高级思维学习，极其需要教师的点拨和同伴的协作讨论）错误地安排在最不利于解决最大困难的环境（课外环境、得不到交流、得不到支援、得不到启发）中，将适合自由、自主学习的环节（传授知识、初级思维学习）安排在一切由教师掌控的课堂中。翻转课堂，正好相反，拨乱反正，它的最大魅力在于自主学习与互动学习的有机结合，在于给不同的学习阶段匹配了最合适的学习环境。接受知识，能灵活掌握时间和方式；知识内化，互动交流，教师点拨。由于安排得当，学习的内部驱动器得到激发，学习的全过程是一次主动、愉快的"探究之旅"。在该项目教学中，可将事故现象、原因分析、事故处理的相关学习资料在课前以学习任务单的形式下发给学生，并要求学生课前在在线仿真平台练习泄露着火事故处理操作，实现了学生课前的自主学习和师生课前的在线互动交流。课中，学生带着问题积极主动的完成项目的探索学习，将工艺流程、事故现象、事故原因分析、事故应急处理、工艺稳定操作与控制等知识或技能有效内化，满足了不同层次学生个性化学习的要求，强化了学生自主学习能力。

（2）教学方法的选择。

课堂翻转的教学策略是课前学习、课中解疑，与传统教学的方式正好相反。课堂上减少讲授性知识的学习，转而更加有针对性地解决了学生学习的难点，正如医学中所说的"对症下药"，有效提高了课堂教学的效率，也满足学生学习的个性化需求。而对于沉浸体验式的教学环境，多为多人协作的工作场所，学员既要责任明确、各司其职，又要共同协作、相互配合。故这类教学中多采用角色扮演、小组协作等教学方法，在此重点介绍角色扮演法。

角色扮演教学模式的理论是从美国社会学家范尼·谢夫特和乔治·谢夫特的《关于社会价值的角色扮演》中演绎过来的。它是以社会经验为基础的一种教学模式，具有一定的社会性、实用性。角色扮演模式的学习属于情境学习，学生站在所扮演角色的角度来体验、思考，从而构建起新的理解和知识并培养生活必备的能力。它是一种以发展学生为本，把创新精神的培养置于最重要地位的学习方式，整个教学过程始终渗透着师与生、生与生之间的交流合作，体现教师的主导，学生的主体地位。它要求教师创设亲密无间的师生关系、和谐的教学气氛，把教师对学生的满腔热情渗透到课堂教学的控制与设计中，以充分发挥主导的作用，有助于自主学习能力和探究创新能力的提高。有这样一句英语格言："只是告诉我，我会忘记；要是演示给我，我就会记住；如果还让我参与其中，我就会明白"，"角色扮演"的作用显而易见。该项目任务是常减压蒸馏泄露着火事故处理，需设定值班长、内操员、外操员、安全员等多个角色才能完成该事故的应急处理及恢复正常运行操作，要求学生按照角色分配严格执行岗位职责和操作任务，小组协作共同完成该次着火事故的判断分析和应急处理。

5.3.2 设计思路

基于沉浸体验式虚拟仿真软件进行的教学设计应以"学生为主体"为原则，遵循教学设计的基本流程，首先对教学目标、学习者特征及教学内容进行分析，确定教学目标及教学重难点；然后充分利用"线上 + 线下"沉浸体验式虚拟环境教学条件选择合适的教学模式、教学策略、教学方法，并进行相应教学资源的开发或重构；再次根据确定的教学策略及方法进行教学组织与实施的过程设计，确定具体的教学实施步骤及教学考评模式；最后对教学实施效果进行评价总结及教学反思，进一步优化教学设计。

1. 设计要点

针对于此类教学环境的教学过程，其教学设计的要点在于教学策略的选取、考评方式的选择及教学过程的组织实施，即采用何种方式、何种方法、何种手段、何种考评最大化利用"线上 + 线下"沉浸体验式虚拟仿真的优质教学条件，激发学生学习兴趣，提高教学效率，促使高效达成三维教学目标。以下是对设计要点的具体介绍：

(1)学生中心、任务驱动。

应设定难度适中的学习任务，任务既要有一定挑战性，同时又要使学生有完成任务的成就感。任务无难度，学习则无成就感；任务难度太大，则导致学生直接放弃学习，因此难度适中尤为重要。任务设定最好设定相应的子任务，并提供一定的任务完成思路及资源，引导学生自主学习、逐步完成任务，而在完成任务中遇到的困难和问题则作为课内重要解决的问题。此模式的教学过程开展要充分调动学生，学生要自主学、自主问、自主探究，而教师则应在课前及时了解学生任务完成的难点，调整教学计划，引导学生自己解决问题，完成任务，最终实现知识的内化和能力的提升。

(2)角色扮演、游戏闯关。

沉浸体验式虚拟仿真的特点是场景犹如游戏竞技场，设定了多个角色，且每个角色都有自己的职责、任务和技能。故此类教学环境多采用角色扮演法进行教学。角色扮演可让学生在愉悦的类游戏场景的教学环境中，充分体验职场氛围及岗位操作，教学气氛轻松活跃。角色扮演要注意设定合适的考评方式，需要达到一定的要求才能进行下一步的操作，或者是更换角色，就犹如游戏闯关，要让学生有成功闯关的成就感，让学习停不下来，从而实现真正的快乐学习。

(3)小组协作、岗位轮训。

一般的生产如一个简单化工生产流程，通常需要由值班长、内操员、外操员、安全员等多名成员组成的生产班组来实施生产。因此在教学过程中小组协作的教学是必要的。教师应按专业基础进行分组，确认岗位，并严格按岗有序操作、分工协作。任务训练应严格按岗位职责考评，不容串岗，以使学生更加明白团队协作需要分工明确。为提升学生岗位迁移能力，还应在一轮训练后进行岗位轮训，直至每位同学所有岗位轮训一遍。

2. 设计原则

在此类教学环境的设计过程中，因教学内容多涉及职业岗位实践动手能力的培养，故需坚持以下几点基本原则。

（1）学生主体原则。

设定难度适中的任务，充分体现"学生学"的主体原则，提供合适的学习、训练资源，引导学生探究性地逐步完成任务。

（2）小组协作原则。

教学中采用小组协作模式教学，分组探究实施任务：并展开组间评比，强化团队合作意识；展开组内评比，以良性竞争的形式促进学生自身技能提升。

（3）多方多元评价原则。

此类环境的教学考核应坚持多方多元评价的原则，多方指师－生、生－生以及企业专家、社会人士等的评价，多元指课堂表现、课堂小测、期末笔试、实操、方案撰写等过程性评价和终结性评价。通过此种方式可以全面、客观地组织学生考核，从而避免传统考核有失偏颇的弊端。

3. 注意事项

（1）设定任务切忌过大，最好是设定相应的子任务，引导学生逐步完成任务。任务过大会导致学生无从下手从而失去学习积极性。

（2）注意课前交流的时效性，及时了解学习情况，调整教学预设。

（3）注意小组成员的合理搭配，一定要注意按岗职业进行考核，杜绝串岗行为。

（4）实操过程考核或者方案设计考核切忌教师单独评价，最好是结合学生自评、学生互评、教师评价及企业专家、社会人士评价综合总评。

5.3.3　设计案例

1. 案例引入

某职业院校黄老师从教数十年，一直担任化工类专业"石油加工生产技术"课程的教学工作。"石油加工生产技术"是石油化工类专业必修的核心课程，包括原油性质、原油评价、原油加工方案、原油常减压蒸馏、催化裂化、加氢裂化、催化重整等11个项目。为此，学院配备了相应的仿真软件以及相应工艺实训设备供教学使用，表5－6为黄老师就"原油常减压蒸馏操作事故分析及处理"的教学设计。

表5－6　"原油常减压蒸馏操作事故分析及处理"的教学设计表

原油常减压蒸馏操作泄露着火事故分析及处理					
地点	机房	教学方法		提问法、讨论法、归纳法	
课业内容	原油常减压蒸馏泄露事故原因分析及事故处理			课型	
				理实课	

续表 5－6

教学目标	知识： 熟知常减压工艺流程； 掌握工艺操作与控制基本要点		技能： 能够对事故进行应急处理、查找原因、并回复至正常控制		态度： 培养学生工程技术观念；培养学生应用所学知识解决工程实际问题的能力
教学重点	常减压蒸馏事故处理		教学难点		常减压事故分析

教学步骤	教学设计	学生活动	时间分配/分钟
常减压开停车操作复习	1. 教师提问 简述工艺流程。 简述开车总流程。 关键控制指标有哪些？ 2. 总结学生问题回答情况，引入本次课主题事故分析及处理。	1. 回答问题 要求掌握工艺流程，操作流程及关键控制指标； 2. 探讨发生紧急事故时该如何应对。	10
视频引入确定任务	通过炼油厂常减压蒸馏泄露着火事故视频引入本次课任务	观看视频，熟悉事故现场，了解事故发生现象	10
事故分析措施讲解	引导学生根据事故现象判断事故原因，并通过仿真软件演示事故应急处理及恢复正常操作	熟悉开车流程，了解操作要点操作参数控制	35
事故处理反复练习	巡回指导，总结学生操作方案； 发现学生操作问题并进行相应处理	练习事故处理操作； 总结操作方案及操作问题	25
操作总结拓展提升	针对学生操作问题，进行操作要点强化；组织学生讨论事故处理方案，优化操作	强化现场分析，正确判断事故，分析操作问题，进一步明确操作要点	10

　　该教学内容为石油炼制龙头工艺，称原油一次加工，其后续二次加工装置的原料及产品都是由该工艺提供。常减压蒸馏主要是通过精馏过程，在常压和减压的条件下，根据各组分相对挥发度的不同，在塔盘上汽液两相进行逆向接触、传质传热，经过多次汽化和多次冷凝，将原油中的汽、煤、柴馏分切割出来，生产合格的汽油、煤油、柴油及蜡油、渣油等，其对应的石化产业在国民经济中地位重要。但因其理论知识抽象、工艺流程复杂、设备内部结构不可视，导致学生学习难度较大，教学效果一直不佳。且因其工程性强不易操作，实操机会甚少，更增加了理论及实操教学的难度。虽然现代教学已经广泛地采用了图片、动画、视频来展示设备结构及工艺流程，也利用了二维仿真技术进行仿真工艺实操，但学生对现场环境、生产场景、实际操作依然感觉很陌生。因此，亟待开发一款模拟现实可视、立体、感官的仿真软件来解决这一教学难题。目前，东方仿真软件技术有限公司开发的常减压 3D 仿真软件正好满足了这一需求。利用该虚拟软件进行实操教学有效避开了现场教学环境嘈杂、安全性差、不好管理，以及二维仿真教学设备抽象、现象抽象，没有真实感等问题，将复杂的现场工艺装进了电脑，把现场实训基地搬进了机房以及互联网平台，学生沉浸在基于石化生产真实场景的模拟环境中，得以尽情地体验生产场景、现场操作等，有效激发了学生的学习兴趣，

教学效果显著提高。基于沉浸体验式虚拟仿真软件的教学该如何设计与有效的实施呢?

2. 案例分析

(1)教学内容分析。

本课《石油加工生产技术》选定教材为高职高专"十二五"规划教材《石油加工生产技术》,是石油化工技术专业五大核心课程之一,主要内容是原油加工工艺相关知识,包括原油及油品性质、原油加工方案、常减压蒸馏、催化裂化、催化重整、加氢裂化等,直接对接石油化工类企业相关流程及相关岗位,工程性、实践性、技术性非常强。该课堂的教学内容为常减压蒸馏泄露着火事故处理,利用虚拟仿真软件采用课堂翻转模式教学,所需课时为90分钟。

(2)学生学情分析。

授课的对象为石油化工技术专业大二学生,通过前期学习,学生对常减压流程、常减压工艺参数调试、常减压工艺操作与控制等较为熟悉;喜好实践动手操作,具备一定的自主学习能力;但对抽象的工艺理论学习兴趣不高。

(3)教学目标分析。

在化工行业及职业岗位群的需求调研基础上,结合企业专家意见,依据专业人才培养方案、课程标准确定了本次课的知识、技能、态度三维教学目标。知识目标为熟知常减压工艺流程,掌握工艺操作与控制基本要点。技能目标为能够对事故进行应急处理、查找原因、并回复至正常控制。态度目标为培养工程技术观念;增强节能、环保意识和严格按操作规程实施安全生产的职业操守。

(4)教学重难点分析。

教学主要内容为常减压蒸馏泄露着火事故处理,教学重点则为泄露着火事故处理操作。因事故发生时现场状态较为复杂,即同样的现象可能是事故一,也有可能是事故二,故需对现场仔细观察,多种异常状况举证确认事故;要求学生对事故现象、可能产生事故的原因、工艺操作现场非常熟悉,学生掌握难度相对较大,故教学难点为常减压泄露着火事故分析。

(5)教学策略分析与设计。

①自主学习策略。

学生通过自己独立思考常减压蒸馏事故现象与工艺流程、工艺操作的关系,判断事故发生地点、原因,启动事故处理应急预案,并使工艺生产恢复至正常,促进学生对工艺事故分析及处理更深层次的思考,提高课堂参与度。

②游戏激发策略。

学生虚拟三维模型仿真软件操作像是置身游戏竞技场地,有效点燃了学生学习的积极性和旺盛的求知欲。尽管工艺流程复杂、事故较难判断、工艺操作与控制及事故应对处理难度大,但在愉悦的类游戏场景的教学环境中,教学气氛宽松活跃,学生真正实现了快乐的专业学习,提高了教学效率。

③角色扮演策略。

该项目任务是常减压蒸馏泄露着火事故处理,需设定值班长、内操员、外操员、安全员等多个角色才能完成该事故的应急处理及恢复正常运行,各岗位职责明确,要求学生必须严格按照角色分配执行岗位职责和操作任务,小组协作共同完成该次着火事故的判断分析和应急处理。可进行小组间岗位轮换,以确保学生所有岗位的体验训练,使学生零距离对接企业岗位操作，体验真实职场环境，提高学习兴趣。

④小组协作策略。

该项目事故模拟按照真实生产场景来设，因此需由一个完整的生产班组来对该事故进行规范的处理操作。生产班组包括值班长、内操员、外操员、安全员等多名成员。整个任务包括事故报告、事故判断、应急预案启动、现场调试、现场操作与控制等，均由班组严格按岗有序操作、分工协作，其岗位职责明确，不容串岗。小组协作使学生更加明白了团队协作需要分工明确，只有这样才能有效提高任务完成的效率。

⑤课堂翻转策略。

课前，教师将事故现象、原因分析、事故处理的相关学习资料以学习任务单的形式下发给学生，要求学生课前在在线仿真平台练习泄露着火事故处理操作，实现学生课前的自主学习和师生间课前的在线互动交流。课中，教师引导学生带着问题积极主动的完成项目的探索学习，将工艺流程、事故现象、事故原因分析、事故应急处理、工艺稳定操作与控制等知识或技能有效内化，有效实现课堂翻转，满足不同层次学生个性化学习的要求，强化学生自主学习能力。

综合以上分析，该项目确定采用自主学习、游戏激发、角色扮演、小组协作、课堂翻转等策略，以事故现象确定、事故原因分析、事故应对处理为任务主线，依托化工仿真实训平台、云课堂平台，利用微课、视频、三维虚拟仿真软件等资源进行教学，变抽象为直观，使学生置身游戏画面场景，突破教学重点，化解教学难点。

(6)教学资源分析与设计。

①微课视频资源。

微课是指以视频为主要载体，记录教师在课堂内外教育教学过程中围绕某个知识点或教学环节而开展的精彩教与学活动全过程，时间一般为 5～15 分钟。微课具有教学时间短，学生注意力集中；教学内容少，学生容易记住等特点。该任务教学中，可将事故现场以真实的生产事故视频微课给学生了解真实的事故现场，可将事故原因分析(该知识点为教学难点，抽象难解)录成简短的微课供学生反复学习，可将事故处理操作通过录屏制成简短的操作指南供学生操作时实时学习。微课在课堂上的应用有效提高了课堂教学效率，满足了学生学习的差异化需求，也满足翻转课堂教学的需求。

②在线仿真实训平台。

http：//www.worlduc.com/SpaceShow/Index.aspx？uid=183768

该平台集资料(动画、视频、课件等)下载、在线交流、考试、在线仿真实训等众多功能于一体，便于学生的主动学习，满足了学生的个性化学习需求。学生点击链接进入化工仿真实训学生端，登录进入常减压蒸馏 3D 虚拟仿真项目，即可通过"质量评分系统"的提示进行项目开车、停车、事故处理等操作，并且可实时查看操作成绩。教师则在教师端实时查看学生项目实施进度及效果，必要时进行适当的远程协助，并记录评分。

③云课堂。

及时推送学习任务及资讯、技术前沿、专业就业信息等，资源度高共享，能课前、课中、课后全过程学习的实时智能管理，加强了学习学习过程的考核，学习任务犹如游戏闯关，完成可得积分，最后的总评分则由平时的课堂考核成绩和期末考试成绩按一定比例综合而得，即过程性评价和终结性评价，一般根据课程性质调整其分配比例，一般过程性评价占到 40%

至80%不等，理实课、实践课略高一些，本课程所占比例为50%。

（7）教学活动与组织设计。

①课前导学 下发任务。

课前，教师通过云课堂平台进行导学，下发任务单、学习单给学生，上传相应的学习资料，提供相应的仿真平台链接地址。学生则通过平台完成资料的学习，完成相应的自测考核和仿真事故的训练操作，并将学习疑问留言至课前学习讨论区，与老师、同学实时交流互动。教师则通过学生学习情况、考核情况、仿真操作情况及讨论区在线交流情况，及时了解学生单完成情况，掌握学生存在的问题和困难，有针对性地对教学预设做出调整。

②课中释惑、完成任务

A.任务案例引入。

对已学相关知识进行梳理，自然过渡至新课内容，常减压蒸馏泄漏事故处理任务，要求学生从安全、节能、环保等生产需求，严格按照岗位职责小组协作完成此事故的任务，确定教学环节为明确事故现象、分析事故原因、事故处理及恢复至正常生产。

B.任务组织实施。

环节一：明确事故现象。

通过事故现场视频使学生了解事故现场的主要现象，引导学生对事故现场信息进行搜集整理，帮助学生有效判断判断可能的事故发生源，培养学生现场搜证以及快速判断事故源的能力。

环节二：分析事故原因。

通过微课使学生了解可能引起该事故发生的原因，并根据其对应的事故现象进行逐一排查，最终确定引起事故发生的根本原因，由此确定将工艺调整至正常运行状态的操作方案，培养学生自主探究、分析现场的能力。

环节三：事故处理及恢复至正常生产。

根据上一环节事故原因确定处理方案，并利用虚拟现实仿真软件，通过组间协作方式完成事故处理且调至正常，教师引导组内讨论优化处理方案，实行岗位轮换制以保证每位同学每个岗位的训练，同时也通过反复多次的训练—优化—再训练—再优化……使事故处理方案得到进一步的完善。

C.任务总结。

归纳小结课堂教学内容，一为现场视频明确事故现象；二为仿微课视频分析事故原因；三为虚拟现实软件处理事故现场并将工艺恢复至正常生产。通过云平台评价各小组任务完成情况，进行小组评分和个人评分，激励每位同学积极参与课堂教学，激发学生学习主观能动性，强调过程评价的重要性。

D.任务强化拓展。

课后，学生总结事故现象、事故原因分析、事故处理等经验，利用在线化工仿真实训平台反复练习该泄露着火事故处理，强化操作，并对其他事故按照确定现象、原因分析、事故处理的步骤进行工艺调试使其恢复至正常运行状态。完成常减压操作与事故处理思考题，强化巩固已学知识。

（8）教学评价分析与设计。

教学评价是以要达到的教学目标为根本，使用客观或者主观评判标准和技术手段，对教学活动过程以及效果进行判定。教学评价能判断出教学问题，给出反馈信息，教师得以及时调控教学方向，鼓励学生学习热情，检验学习效果。在该次常减压泄露着火事故处理的教学中，利用了云课堂平台对学生课前、课中、课后的学习、自测、课堂讨论、课前仿真、课堂仿真、课后仿真、课后思考题等多环节全过程评价学生学习效果，引导学生质疑探究，积极实践，促进学生主动学习。

3. 案例实现

以下是通过案例分析最终设计得出的教学方案，详细的教学过程、时间分配及相关的教学资源、评价方案见表 5-7。

表 5-7　原油常减压蒸馏泄露着火事故处理教案

教学课题	原油常减压蒸馏泄露着火事故处理		
所属课程	石油加工生产技术	采用教材	高职高专"十二五"规划教材《石油加工生产技术》
授课学时	2 学时	授课对象	石油化工专业 大二学生

一、课业内容与教学目标

1. 课业内容

常减压蒸馏为油炼制龙头工艺，称原油一次加工，其后续二次加工装置的原料及产品都是由该工艺提供，主要产品有汽油、煤油、柴油及蜡油、渣油等，在国民经济中地位重要。本次课该教学内容为常减压蒸馏泄露着火事故处理，任务实施主要教学环节为明确事故现象、分析事故原因、事故处理及恢复至正常生产

2. 教学目标

知识目标：
(1) 熟练掌握常减压工艺流程；
(2) 熟练掌握工艺操作与控制基本要点，了解事故现象、原因及处理措施。

技能目标：
(1) 能实施常减压蒸馏过程的工艺操作；
(2) 能够对事故进行应急处理、查找原因、并恢复至正常控制。

素质目标：
(1) 培养工程技术观念；
(2) 增强节能、环保意识和严格按操作规程实施安全生产的职业操守。

二、学习者特征分析

优势：通过前期学习，学生对常减压流程、常减压工艺参数调试、常减压工艺操作与控制等较为熟悉；喜好形象生动的信息化课堂和实践动手操作，具备一定的自主学习能力。

不足：抽象思维能力较弱，对抽象的枯燥理论学习兴趣不高

续表 5 – 7

三、教学重难点	

教学重点：常减压蒸馏泄露着火事故处理操作；
教学难点：常减压蒸馏泄露着火事故原因分析

四、教学方法和设计依据

教学方法：采用自主学习、游戏激发、角色扮演、小组协作、课堂翻转等策略，以事故现象确定、事故原因分析、事故应对处理为任务主线，依托化工仿真实训平台、云课堂平台，利用微课、视频、三维虚拟仿真软件等资源进行教学，变抽象为直观，使学生置身游戏画面场景，突破教学重点，化解教学难点。
设计依据：教学目标、学情分析、教学环境和资源配备

五、教学环境与资源准备

1.学习环境
（1）化工仿真教学平台；
（2）网络覆盖。

2.学习资源
（1）教材、课件、实训指导书；（2）化工仿真教学平台；（3）微课资源；（4）云课堂平台。

3.学习资源内容简要说明
（1）使用教材：高职高专"十二五"规划教材《石油加工生产技术》《化工操作仿真实训》；
（2）参考资料：《化工单元操作》《燃料油生产技术》；
（3）微课资源：以视频为主要载体，记录教师在课堂内外教育教学过程中围绕某个知识点或教学环节而开展的精彩教与学活动全过程，时间一般为5~15分钟。具有教学时间短，学生注意力集中；教学内容少，学生容易记住等特点。
本次课有三个微课资源，一为生产事故视频微课，供学生了解真实的事故现场；二为事故原因分析微课，该知识点为教学难点，抽象难解，可供学生反复学习；三为事故处理操作指南微课供学生操作时同步学习，满足了学生学习的差异化需求，也满足翻转课堂教学的需求，提高了课堂教学效率。
（4）云课堂平台：及时推送学习任务及资讯、技术前沿、专业就业信息等，资源高度共享

六、教学过程

教学步骤	教学设计 （含内容、方法、手段、活动、任务、资料、教具、评价等）	时间分配
课前导学 任务下发	下发任务单、学习单； 教师通过云课堂平台进行导学，下发任务单、学习单，上传相应的学习资料，提供相应的仿真平台链接地址； 学生学习及师生交流； 学生通过平台完成资料的学习，完成相应的自测考核和仿真事故的训练操作，并将学习疑问留言至课前学习讨论区，与老师、同学实时交流互动； 反馈交流调整教学预设； 教师通过学生学习情况、考核情况、仿真操作情况及讨论区在线交流情况，及时了解学生单完成情况，掌握学生存在的问题和困难，有针对性地对教学预设做出调整。	—

续表 5 -7

教学步骤		教学设计 （含内容、方法、手段、活动、任务、资料、教具、评价等）	时间分配
课中 释惑 完成 任务	任务 引入	对已学相关知识进行梳理，自然过渡至新课内容，常减压蒸馏泄漏事故处理任务，要求学生从安全、节能、环保等生产需求，严格按照岗位职责小组协作完成此事故的任务，确定教学环节为明确事故现象、分析事故原因、事故处理及恢复至正常生产	5 分钟
	任务 实施	环节一：明确事故现象 通过事故现场视频使学生了解事故现场的主要现象，引导学生对事故现场信息进行搜集整理，帮助学生有效判断判断可能的事故发生源，培养学生现场搜证以及快速判断事故源的能力	15 分钟
		环节二：分析事故原因 通过微课使学生了解可能引起该事故发生的原因，并根据其对应的事故现象进行逐一排查，最终确定引起事故发生的根本原因，由此确定将工艺调整至正常运行状态的操作方案，培养学生自主探究、分析现场的能力	25 分钟
		环节三：事故处理及调试至工艺正常运行 根据上一环节事故原因确定处理方案利用虚拟现实仿真软件通过组间协作方式完成事故处理且调至正常，教师引导组内讨论优化处理方案，且实行岗位轮换制既保证每位同学每个岗位的训练，同时也通过反复多次的训练—优化—再训练—再优化……使事故处理方案得到进一步的完善	40 分钟
	任务 总结	归纳小结课堂教学内容，一为现场视频明确事故现象；二为仿微课视频分析事故原因；三为虚拟现实软件处理事故现场并将工艺恢复至正常生产。通过云平台评价各小组任务完成情况，进行小组评分和个人评分，激励每位同学积极参与课堂教学，激发学生学习主观能动性，强调过程评价的重要性	5 分钟
课后强化 拓展任务		学生总结事故现象、事故原因分析、事故处理等经验，利用在线化工仿真实训平台反复练习该泄露着火事故处理，强化操作，并对其他事故按照确定现象、原因分析、事故处理的步骤进行工艺调试使其恢复至正常运行状态。完成常减压操作与事故处理思考题，强化巩固已学知识	
评价总结		利用了云课堂平台对学生课前、课中、课后的学习、自测、课堂讨论、课前仿真、课堂仿真、课后仿真、课后思考题等多环节全过程评价学生学习效果，引导学生质疑探究，积极实践，促进学生主动学习	

七、作业

1. 常减压操作与事故处理思考题
2. 在线化工仿真实训泄露着火事故处理考核，其他事故处理预习

八、教学反思

特色创新：利用了在线化工仿真实训平台及云平台进行教学，在线化工仿真实训平台实现了人人皆学、时时可学、处处能学的化工仿真实训，打破了化工实训时间和空间的限制。云平台实现了课堂教学过程的智能化管理

不足之处：在线仿真软件的功能有待升级，信息化资源库内容有待细化更新。

改进措施：根据教学目标优化仿真软件功能，基于行企业新技术、新工艺、新设备等扩充信息化典型案例库

4. 案例实施效果及评价

该教学设计紧紧围绕专业培养目标中的核心要求，以学习情境为载体，以工作任务为主线，依托云课堂教学智能管理平台，借助微课、视频、三维虚拟仿真软件等信息化资源，采用游戏激发、角色扮演、小组协作等方法，实现了该教学过程的课堂翻转。学生学习犹如游戏闯关，在真实模拟的环境中轻松完成整个事故处理的全过程，学生的自主探究学习能力、小组协作任务完成能力得到了较大提升。该教学过程任务主线明确且贯穿始终，明事故现象、析事故原因、做事故处理，将常减压蒸馏开车、正常运行、停车、事故处理所须掌握的知识、技能，通过场景模拟形象直观、由浅入深地呈现在学生面前，通过讨论、探索、交流和协作方式，克服了传统教学"知识内容抽象、操作过程复杂、效果难以监测"等诸多难点，整个教学环节包括课前、课中、课后小组表现及个人表现均被详细地记录于云课堂教学评价智能管理中，有效激发了学生的学习兴趣，突破了教学重点，化解了教学难点，提升了教学效果，有效达成了教学目标。

5.3.4　设计总结

本节主要针对基于沉浸体验式虚拟仿真软件的信息化教学设计，以石化专业传统教学经验丰富的周老师的"常减压蒸馏泄露着火事故处理"课程为例，进行了教学环境分析和教学理论分析，并由此确定对该课程采用虚拟现实仿真软件进行课堂的信息化教学设计，包括教学分析、教学策略设计、教学资源设计、教学过程设计、教学评价设计，实现了该课堂由传统教学到信息化教学的华丽变身。

【思考与探索】

1. 基于虚拟仿真的教学适合于哪些内容的教学实施？
2. 如何更好地利用游戏闯关式教学有效激发学习兴趣？请结合闯关设计的难度、趣味性等方面谈一谈你的观点。

【本章小结】

虚拟仿真技术在职业教育教学中应用非常广泛，它能结合行业特色及岗位需求创设适合于专业学习的工作情景教学环境，使学生体验仿真度极高的虚拟职场环境，动手实操虚拟真实工作场景的操作与控制，系统完整地

基于虚拟仿真环境
的教学设计概述

实施职场认知、岗位体验及操作与控制，充分利用实操动手学习的极富挑战性和实时成就感，极大提高学习者的学习兴趣，促进学生抽象理论的理解掌握及职业操作技能的提升。

根据虚拟仿真环境的不同，其教学设计目前又分为基于大型系统仿真教学平台、自制交互式仿真软件、沉浸体验式虚拟仿真软件的三类。

基于大型系统仿真教学平台的教学设计是以传统机房二维仿真软件教学为原型，将信息联网技术应用于教学的一种在线教学过程，采用"线上虚拟仿真＋线下实操训练"虚实结合的教学模式，结合虚拟仿真反复多次训练和真实场景亲自动手体验的优点，可最大程度地发挥仿真和实操装置的优势，达到教学事半功倍的效果。

基于自制交互式仿真软件的教学设计是利用自制交互软件灵活、简便、形象、生动、交互性及可操作性强等特点，实现了课堂教学理论、实践一体，既有利于学生抽象理论知识的

理解，又有利于技能操作水平的提升，教学效果明显提升。

　　基于沉浸体验式虚拟仿真软件的教学设计是利用 3D 沉浸式仿真软件的立体场景体验感，使学生身处职场及岗位环境，认知设备及流程，独立或合作完成工作任务，既实现了技能训练的全员参与，又提升了实践操作的安全性，更重要的是实践训练的教学管理及教学效果得到了有利的监控，尤其适合于场景复杂、安全管控要求高的专业实践教学。

　　本章主要针对以上三种虚拟仿真环境，以部分工科类专业课程，由教学经验丰富的专业教师主讲的某一堂课程为例，进行了教学环境分析和教学理论分析，并由此确定对该课程采用虚拟仿真软件进行课堂的信息化教学设计，包括教学分析、教学策略设计、教学资源设计、教学过程设计、教学评价设计，实现该课堂由传统教学到信息化教学的华丽变身。并从优秀的设计案例中归纳出该环境下教学设计的思路、要点、原则和注意事项；最后则通过案例实证分析具体讲解设计的思路及过程，从教学效果评价反思教学设计，进一步优化教学设计。

　　教师可根据自身专业特点、任教课程的内容特点选择适合的虚拟教学环境，设定合适的任务、采取合适的教学策略，进行教学设计的优化，提升学生学习积极性和主动性，更进一步提高教学目标达成效率。

附　录

2019年湖南省职业院校技能大赛教师职业能力竞赛课堂教学赛项案解读

　　职业院校教学能力竞赛是面向中、高等职业院校教师展开的教学竞赛活动，通过设置教学设计、课堂教学、实训教学等比赛项目，考察教师的教学设计、课堂组织、专业技能、考核评价和资源建设与应用等方面的职业水平，旨在以赛促建、以赛促改、以赛促研、以赛促教、以赛促学，引导和促进教师教学能力全面提升，确保人才培养质量提高。"教学能力竞赛"概念外延应包含说课(程)、信息化教学、专业技能比武等各种形式、各种类别的教师教学类比武活动，而本文解读方案仅指对接全国职业院校技能大赛教学能力竞赛(2018年以前为教师信息化教学大赛)的2019年湖南省级竞赛方案。

一、2014—2018年湖南省职业院校教学能力竞赛组织情况概述

　　通过认真收集近年来省赛和国赛相关数据，从以下三个方面回顾教学能力竞赛组织情况。

(一)全国职业院校教学能力竞赛发展变化

　　全国职业院校教学能力竞赛始于全国职业院校信息化教学大赛，2010、2011年，只面向中等职业院校教师组赛，第一届赛项为多媒体教学软件比赛、信息化教学设计，分别设语文组、数学组、土木水利类专业组、加工制造类专业组、信息技术类专业组，限定每个参赛单位10名教师参赛；参赛前完成教学设计，比赛时参赛教师讲解教学设计10分钟，答辩5分钟；2011年增设计算机网络技术信息化教学比赛；并明确各参赛单位分赛项的参赛名额；2012年，增设高职组比赛，赛项保留了第一届两个赛项，中职组将上一度的计算机网络技术信息化教学比赛改为信息化实训教学比赛，高职组则为网络课程比赛；2014年，多媒体教学软件赛项均改为信息化课堂教学赛项；2015年，高职组的网络课程比赛改为实训教学比赛，于是形成了中高职组赛项均相同，信息化教学设计赛项面向涉及专业三年全覆盖，课堂教学赛项与信息化教学设计赛项涉及专业则在当年度内错位选择，竞赛组织方式也在逐步完善，不断掀起了职业教育信息化教学热潮，形成了"学生有技能大赛，教师有信息化教学大赛"的良好机制；2018年，全国职业院校信息化教学大赛更名为教学能力竞赛，大赛观察侧重点转向教师教学整体能力展现。

（二）全省参加国赛基本情况

湖南省历年来认真组织参加全国竞赛，分析五年来参赛及获奖数据，从 2014 年至 2018 年，获奖总数增加 1 倍，参赛作品获奖率从 30.77% 增长到 88.89%，增长将近 1 培，获一等奖数增长 5 倍；这说明，湖南省教师教学能力特别是信息化教学水平在连续增长中，尤其是高等职业院校呈现稳步上升态势（见表 1）。再看湖南省与兄弟省及直辖市比较，从 2014 年至 2017 年，获奖总数连续增长 3 年的省（直辖市）21 个，其中，按获奖总数排序，湖南省位处第 7 位（如图 1 所示，数据来源全国职业院校技能大赛教学能力竞赛官网 http：//www.nvic.com.cn/FrontEnd/ZZBMDS/index.aspx），2018 年获奖情况分析，获奖率和一等奖数有了明显提升，但获奖总数排名并没有提升，说明还有较大努力空间。

表 1　2014—2018 年湖南省参加全国职业院校教学能力竞赛（信息化教学大赛）获奖情况统计表

项目年度	总获奖数				中职校获奖数				高职校获奖数			
	获奖率	总数	一等奖	二等奖	三等奖	总数	一等奖	二等奖	三等奖	总数	一等奖	二等奖	三等奖
2014 年	30.77%	16	1	8	7	6	0	3	3	10	1	5	4
2015 年	32.69%	17	3	3	11	6	1	0	5	11	1	3	6
2016 年	44.23%	23	1	11	11	8	0	3	5	15	1	8	6
2017 年	65.38%	34	5	9	20	15	1	3	11	19	4	6	9
2018 年	88.89%	32	6	14	12	16	1	8	7	16	5	6	5
合计		122	16	45	61	51	3	17	31	71	12	28	30

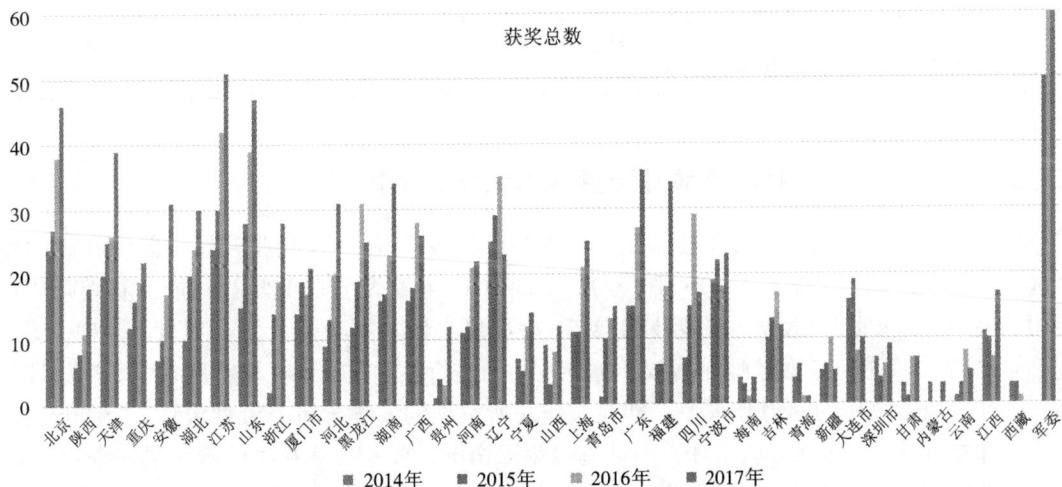

图 1　2013—2017 年全国各省参加国赛获奖情况变化统计柱状图

(三)省赛组织基本情况

对接全国大赛要求,湖南省举办省级比赛至今已有八届。从 2014 年至 2018 年,赛项设置和比赛方式基本对接国赛要求进行。2014 年来自 13 个市州的 180 名中职选手和 40 所高职学院的 239 名选手分别参加了 11 个组项的比赛;2018 年自 14 个市州的 356 个中职院校教师作品和 67 所高职学院的 698 个作品参赛,参赛教师达 3000 人(每个作品有 2~3 名团队成员共同完成)参加了 8 个赛项比赛。5 年来,参赛覆盖面在逐年扩大,中职市州于 2016 年始每年全覆盖,高职高专院校参赛面从 2014 年的 65.5%增加至 2018 年 95.7%(只有 4 所民办高职院校未派选手参赛);大赛获奖比例除 2017 年设置达 70%,其他控制在从 40%至 60%之间,基本与国赛设置获奖比例同,各参赛代表队获奖分布情况也在变化,如获一等奖覆盖范围增大,从 2014 年的 11 所高职院校到 2018 年的 27 所(见表 2),由此可见,竞赛组织辐射面和带动作用在不断增长。

表 2　2014—2018 年湖南省职业院校教学能力竞赛(信息化教学大赛)参赛与获奖作品统计

项目 年度	参赛作品总数	获奖总数	评奖比例	市州代表队				高职学校代表队			
				参赛作品数	参赛市州数	一等奖数	一等奖覆盖市州数	参赛作品数	参赛学校数	一等奖数	一等奖覆盖学校数
2014 年	419	165	39%	180	13	16	8	239	40	18	11
2015 年	292	118	40%	161	12	12	8	131	42	15	12
2016 年	520	312	60%	293	14	30	11	227	46	46	16
2017 年	911	602	66%	453	14	50	13	458	50	51	26
2018 年	1054	548	52%	356	14	35	9	698	67	75	27
合计	2968	1763	59%	1215	14	161		1753		205	

二、2019 年湖南省职业院校教师课堂教学比赛方案概述

2019 年 3 月,湖南省教育厅公布了《关于举办 2019 年湖南省职业院校技能竞赛教师职业能力比赛的通知》(湘教通〔2019〕78 号),明确 2019 年湖南省职业院校技能竞赛教师职业能力比赛设课堂(实训)教学、专业技能操作、中职班主任基本功三个比赛项目。其中,课堂(实训)教学赛项重点考察教师依据教学标准及学情进行教学设计、组织实施教学、达成教学目标、开展教学科研的能力和水平。即通过作品所呈现的教学分析与策划设计、资源开发与运用、课堂教学组织实施、教学评价与课堂效果等情况,来考察参赛团队教师的专业(学科)功底、课堂教学驾驶能力、教研教改经验、语言表达与教态教风,与 2018 年比较,竞赛设置、竞赛内容和组织方式等方面都有较大调整,主要体现在以下几个方面。

（一）竞赛内容要求

1. 参赛内容范围

按文件中明确要求，所选择参赛内容（即进行教学设计的教学内容）教学安排课时数不少于 8 课时，且必须含 1 个完整的教学模块、项目或教学单元。即选取的教学模块、项目或教学单元实际教学课时数不足 8 课时，应该再选取另外的教学模块、项目或教学单元中合适内容来达到教学时量方面的要求；若选取某个教学模块、项目或教学单元教学安排课时超过了 8 课时，其参赛内容必须包含此完整的教学模块、项目或教学单元。课堂教学视频（35～45 分钟）必为所选取参赛内容中的一次完整的课堂教学实录。

2. 参赛内容选择

竞赛是竞技交流展现的平台，势必选择日常教学中最有优势和特色的内容或主题参赛。因此，参赛内容要合理选取。第一，选择参赛课程是专业人才培养中必修课，专业课程最好是专业核心课程；选择的教学单元或模块或项目也应是课程学习中的重要内容为最佳；第二，参赛团队应选择平时有教改实践的教学单元内容参赛，才更具有作品完善提升的基础；第三，团队教师对参赛内容理解分析深刻，能驾驭把控到位；第四，参赛内容必须紧密对接新技术、新要求，具有时效性和时代感。

（二）参赛团队要求

1. 团队组建

从今年始，国赛、省赛均确定为团队赛，省赛要求团队成员不超过 3 人，并设团队负责人 1 人。参赛团队成员均应对课程教学有探究、有实践，能把握准课程教学与改革定位，能较好地组织课堂教学实施，能充分了解比赛要求，形成优势互补、强强联手的课程教学团队。

2. 团队分工

参赛作品设计与制作过程中，要以团队负责人为核心，充分发挥好团队成员相互磋商研讨的作用，调动每个成员的智慧与力量，根据参赛要求，既要明确每个成员负责主要工作，又要统一思想、步调一致，相互配合。单元教学设计稿解说和课堂教学视频及决赛现场教学展示没有明确一定要为同一成员或团队负责人主讲，因此可以发挥团队成员优势，各取所长，集中精力打造好每份材料。

3. 团队作用呈现

因为团队赛项，除在现场答辩环节外，教学设计解说 PPT 中呈现教学实施情况时，可多采用团队成员在日常课堂教学实施照片、视频等，充分展现团队在课程教学中实力和合力。

（三）竞赛方式要求

1. 竞赛层级组织

为充分发挥竞赛在课程教学改革和团队建设中的引导和带动效应，本届比赛仍然采取自下而上的方式，分初赛、预赛和决赛三个阶段。中职类初赛由各学校自行组织，复赛由市州教育（体）局组织；高职高专院校初赛与复赛均由各学院自行组织，方案由各市州教育（体）局和高职高专院校自行拟定。决赛由省教育厅组织，凡是推荐参加省赛的选手团队均应通过初赛、复赛产生。

2. 现场决赛变化

现场决赛增加了现场教学展示环节，随机抽取所提交教学设计内容中任何一个知识点、技能点，团队成员备课 30 分钟，现场教学展示 15 分钟，答辩 5 分钟。主要充分考察教学团队教学基本功、专业能力、教学风采和团队配合水平。

（四）竞赛材料要求

1. 参赛材料种类

参赛作品包含视频和教学材料两类。参赛作品视频包含教学设计讲解视频和 1 次课的课堂教学实录视频；教学材料是除参赛作品视频以外的其他必备材料，包括教学设计解说稿、教案（与教学设计呼应）、学期授课计划、课程标准（大纲）和相关专业人才培养方案。所有材料不能泄露市州、学校和参赛者信息。

2. 视频材料要求

教学设计讲解视频不需要主讲人出镜，教学课件录屏配教学设计解说即可，时长控制 10 分钟以内，采用 MP4 格式封装，文件大小不超过 100M；课堂实录视频为单机位连续拍摄，不能剪辑，反映课堂教学真实性，视频时长 35～45 分钟，采用 MP4 格式封装，文件大小不超过 500M。

3. 教学材料要求

教学设计稿即为教学设计的解说稿（与教学设解说视频相对应）；教案为教学设计所包含教学内容对应的所有教学方案，提交教案完整，要符合日常教学实际，且清晰列出知识与技能点清单；学期授课计划为参赛内容所属课程当学期的教学实施计划；课程标准（大纲）是参赛课程标准（大纲）；专业人才培养方案是参赛课程所属专业的学校人才培养方案。要注意材料间相互呼应，最上位的为专业人才培养方案，然后是课程标准（大纲）、学期授课计划。所有材料均以 PDF 格式提交，且多个教案要合并为一份文档提交。

三、2019 年湖南省职业院校教师课堂教学比赛评分标准解读

评分标准中评价指标包含教学设计、教学实施、教学效果、信息技术应用、特色与创新、教师基本素养六个部分，见表 3 所示，评分标准截图。评审专家根据各团队提交包含单元教学设计解说视频、课堂教学视频、教案、单元教学设计解说稿、授课计划、课程标准和人才培养方案作品材料从以上六个部分评价作品。

（一）教学设计评价指标等级评定

依据评价要素要求，教学设计评价获得 A 等（21～25 分），应满足下述情况：单元教学目标符标度高，目标描述具体、可评测，重难点把握到位，依据清晰；学情分析针对本单元学习，从学习者对知识点、技能点学习基础、难点及兴趣等方面分析描述有依据、具体，能为后续教学策略选定等提供有力支撑；单元教学内容对接新规范、融入新技术、新工艺、新要求好，教学环节和学时安排清晰、合理，教学内容饱满，课程思政有效融入、自然；教材选用符规，授课计划、课程标准、人才培养方案规范完整且相互呼应；教案要素齐全、完整、规范、可实施，体现了科学的教学设计理念。

表3 湖南省职业院校教师职业能力竞赛课堂教学比赛评分标准

评价指标	分值	评价要素	指标分解
教学设计	25分	1.教学目标适应新时代对技术技能人才培养的新要求，符合国家和本省教学标准、学校专业人才培养方案有关要求，表述具体、明确，可评测，重点设定和难点判断准确、有据。 2.学情分析准确，针对性强。 3.教学内容科学、严谨，结构清晰完整，结合实际有机融入思想政治教育，体现文化育人、实践育人，反映相关领域产业升级的新技术、新工艺、新规范，教学容量适中，内容安排合理、有序，有效支撑教学目标的实现。 4.教材选用符合规定，授课计划和课程标准(大纲)完整、规范。 5.教案完整，符合日常教学实际，且清晰列出知识与技能点清单。	A等 21~25分 B等 17~20分 C等 12~16分 D等 8~11分
教学实施	30分	1.按照提交的教案实施课堂教学，体现"以学习者为中心"，突出学生主体地位，因材施教；实践性教学内容源于真实工作任务、项目或工作流程、过程等。 2.教学手段与方法恰当，系统优化教学过程，专业教学落实"工学结合、知行合一"；实践教学符合职业规范与科学严谨要求，结合实际有机融入思想政治教育，体现文化育人、实践育人，注重工匠精神培育。 3.教学活动与环境创设合理、规范，学生参与面广，强调"做中学、做中教"，教学互动流畅、深入，能针对学习反馈及时调整教学。 4.教学考核评价科学多元、方式多样有效。	A等 27~30分 B等 22~26分 C等 17~21分 D等 12~16分
教学效果	15分	1.有效达成教学目标，教学效果明显。 2.有效激发学生学习兴趣，切实提高学生学习能力。	A等 14~15分 B等 11~13分 C等 8~10分 D等 6~7分
信息技术应用	10分	1.合理、有效运用云计算、大数据、物联网、虚拟/增强现实、人工智能等信息技术，拓展教学时空，改进传统教学。 2.恰当运用优质数字资源、信息化教学设施开展教学。 3.能够采集、分析和应用教与学全过程行为数据。 4.注重促进师生信息素养的提高。	A等 10分 B等 8~9分 C等 6~7分 D等 4~5分

续表 3

评价指标	分值	评价要素	指标分解
特色与创新	5 分	1. 理念先进，立意新颖，方法独特； 2. 发挥技术优势，创新教学模式； 3. 具有较高的思想性、科学性与艺术性，有较大的借鉴和推广价值。	A 等 5 分 B 等 4 分 C 等 3 分 D 等 1~2 分
教师基本素养	15 分	1. 主讲教师仪表端庄、语言规范、讲解有激情、亲和力强； 2. 课堂组织严谨规范，展现出良好的师德师风、扎实的理论和实践功底，专业教师展现出良好的"双师"素质； 3. 回答问题聚集主题、科学准确、思路清晰、逻辑严谨、表达流畅，充分发挥教学团队优势。	A 等 14~15 分 B 等 12~13 分 C 等 8~10 分 D 等 6~7 分

备注：每位评委独特评分，所有评委总分的平均值为选手最后得分。竞赛名次原则上按照选手得分高低排序。按获奖总数不突破预定计划的原则，总分相同时，依次按照教师基本素养、教学设计、教学实施、教学效果、信息技术应用、特色与创新得分高低排序。

　　如果出现以下情况中任何 1 项可评为 B(17~20 分)：单元教学目标符标，目标描述具体、但可测性不强；从学习者对知识点、技能点学习基础、难点及兴趣等方面的学情分析描述较具体，但与本单元学习针对性不够；教学内容容量适中，单元教学环节和学时安排清晰、合理，教学内容对接新规范、融入新技术、新工艺、新要求不够，融入课程思政，但不自然；教材选用符规，授课计划、课程标准、人才培养方案不够规范；教案要素齐全、完整、规范、详细、可实施性待加强。

　　如果出现以下情况中任何 1 项应评为 C(12~16 分)：单元教学目标符标，目标描述较笼统、且不具可测性；学情分析描述较具体，但不具针对性；教学内容容量适中，课程、单元教学内容地位交待不够清晰，教学环节和学时安排交待不清，教学内容对接新规范、融入新技术、新工艺、课程思政不够或不突出，时效性不强；教材选用符规，授课计划、课程标准、人才培养方案材料齐全但有不完全匹配情况；教案欠规范，详细、可实施性待加强。

　　如果满足以下情况中任何一项，应评价为 D 等(8~11 分)，即单元教学目标确立不明确；学情分析泛而不具针对性；单元教学内容遴选不够合理；课程、单元教学内容地位交待不清晰或教学环节与学时安排交待不清；教学内容没有较好地对接新规范和融入新技术、新工艺、课程思政，欠时效性；教材选用不规范，授课计划、课程标准、人才培养方案材料齐全但不规范；教案简单、要素有缺失。

(二)教学实施评价指标等级评定

依据评价标准中明确评价要素,教学实施满足以下情况评可为 A 等(27～30 分):教学任务与活动面向全体学生,学习者主体作用明显,教学项目或任务选择切合或源于真实工作情境或流程;教学手段与方法精心设计,适应中、高职学生学情和所授教学内容,课程教学育人思想明晰,课程思政融入自然,强化到位;专业课程教学"教、学、做、评"结合,通过课堂呈现及学习者完成教学活动、作业等,反映学习者参与面广、课堂投入积极主动;单元学习评价标准对准教学目标且全面覆盖,学习过程考核评价定位准、方式可行,评价结果可记载可追溯。

如果出现以下情况中任何 1 项应评为 B(22～26 分):教学项目或任务选择较合理,学习者主体作用不够突出;课程思政融入较自然,教学手段与方法应用系统性、适应性待加强;单元学习评价标准有,课堂教学中呈现学习气氛中等,学习过程考核考评有记录,但没有形成基于课程学习平台可追溯的课程学习数据及分析。

如果出现以下情况中任何 1 项应评为 C(17～21 分):教学项目或任务选择可进一步优化;有教改意识,但学习者主体作用调动还不足;课程思政融入较生硬,教学手段与方法应用系统性不强;单元学习评价标准待完善,课堂教学中呈现学习气氛中等,学习过程考核考评关注不够,方式方法单一。

如果出现以下情况中任何 1 项应评为 D(12～16 分):课堂教学设计较传统,教师讲解为主,学习主体性调动有欠缺;教学项目或任务选择可进一步优化;课程思政没有体现;教学手段与方法应用系统性不强;课堂教学中呈现学习气氛欠活跃;没有单元学习评价标准,或学习过程考核考评关注不够,方式方法单一。

(三)教学效果评价指标等级评定

依据评价标准中明确的教学效果评价要素,满足以下情况可认定为 A 等(14～15 分):教学设计解说稿陈述学习效果清晰、可信;课堂教学呈现学生学习积极性高、课程教学资源课前课后学习充分、使用率好,学习活动完成顺畅、目标达成度高,课堂测试效果好。出现以下情况中任何 1 项应认定为 D 等(6～7 分):教学设计解说稿无学习效果陈述;课堂教学呈现学生学习积极性不高,学习活动未完成或目标达成度不高;课堂无过程考核或测试检验等。

(四)信息技术应用评价指标等级评定

依据信息技术应用评价指标中评价要素分析,符合下列情况可评定为 A 等(10 分):合理、有效应用先进信息技术手段和教学环境与设施;拥有丰富的、自主开发与引用结合的、能支撑教学活动资源;课程学习数据有记载并形成学习行为分析;教学过程中注重信息素养提高。如果出现以下情况应评价为 B 等(8～9 分):信息技术手段和教学环境与设施应用较合理、有效;拥有一定的自主开发与引用结合的教学资源;课程学习数据有记载但形成行为分析不足。如果出现以下情况应评价为 C 等(6～7 分):应用信息技术手段和教学环境与设施情况一般;支撑教学活动资源一般,自主开发资源较单一;课程学习行为数据记载不全面;教学过程中师生信息素养有待提高。如果出现以下情况应评价为 D 等(4～5 分):信息技术手段和教学环境与设施应用较传统；没有的自主开发的数字化教学资源；无课程学习数据记载。

(五)特色与创新评价指标等级评定

关于特色与创新评价指标等级评定，可依据以下情况：总结到位、突出，有实际成效支撑，与提供作品材料相吻合，可评定为 A 等(5 分)。总结提炼特色与创新点较突出，且与提供作品材料相吻合，评定为 B 等(4 分)。特色与创新总结、提炼一般，有特色但不明显、突出，为 C 等(3 分)。未较好总结特色与创新，且作品反映无明显特色优势，为 D 等(1～2 分)。

(六)教师基本素养评价指标等级评定

依据评价要素要求，根据各作品提交的课堂教学视频和教学设计讲解视频呈现的日常教学情况图片、音像材料及教案等教学材料规范性等，评判主讲教师和教学团队的基本素养，先评定等级，再根据特色与亮点评定具体分值。

四、参赛作品设计与修改完善的策略

(一)参赛教师理念要更新

1.牢固树立"以学习者为中心"理念，"教"服务于"学"

站在学习者角度进行教学设计最为关键，所以，教学活动策划基于学习者对知识点、技能点的认知—学会—熟练—提升与拓展的规律，让学习者在思考、研讨辨析、练习和反思中学(从提交作品的课堂教学视频和教案中能考察)，要让学生在学习中建立或理清所学知识与技能逻辑性，建构逻辑思维。

2.牢记全程育人理念，要将课程思政意识在教学中自然融入

课程思政不是在课堂上讲思政课的授课内容，而是在结合教学内容，适时将思想品德、行为习惯、标准规范、职业素养、科学思维、工匠精神、奋发向上等教育恰当融入，不能生硬，不能因课程思政而弱化主体教学内容，让学生在学习中成长。

3.建立开放性的新课程理念

新课程注重教与学的开放性，一是教学内容上要跟上新技术、新思想要求，及时更新；二是教学资源方面要丰富要多元；三是教学组织上，课前课中课后，线上线下结合，课堂教学活动多元；四是教学方法上，讨论、探究、分析、辩论、纠错、实践等。

4.强化现代化的课堂教学理念

在"互联网＋教育"的新时代，没有教学方法现代化肯定不可能解决传统教学中现实问题，也不会受学习者欢迎，信息技术和教学先进手段、工具应用是根本。且现代化课堂是可评测的。要避免两种倾向，一是作品设计与制作主旨还停留在原信息化教学大赛要求的初级阶段，而在当今的教学能力竞赛中，信息技术应用能力只是考察教师教学能力之一，不是主体；二是教学虽然应用了 PPT 和注意了教、学、做结合，但还是以讲授为主，教学方法传统，没有体现学习者的主导地位。

（二）把握单元教学设计解说的核心要素

1. 内容组成部分

单元教学设计解说稿应包含总体设计（教学内容分析、学情分析、教学目标、教学策略）、组织实施或教学实施、特色与创新、教学反思。

2. 说总体设计要素

基于教学分析，明确教学目标，确定教学策略均属总体设计范畴。教学内容分析要依据专业人才培养方案和课程标准，说清课程性质和在专业人才培养中地位、总教学课时，选用主教材或参考教材等，所选择教学单元或模块或项目在课程中的地位及课时数与分配方案，以及教学内容遴选依据及如何对接新时代新技术发展需求等；学情分析要针对本教学单元学习基础分析，要具体、有依据，能为教学策略选择和教学实施做好铺垫；教学目标是明确所选择的整个教学单元的目标，描述要规范、具体，且设立的目标在教学中能评测；教学策略是基于教学分析，围绕确立的教学目标，针对教学内容，明确教学重难点和把握准教学关键问题，针对教学关键问题，阐述所选取的教学方法和手段（注意方法与手段的先进性、现代化），所开发和应用的教学资源与平台，要充分体现出选择的依据与合理性，有深度和高度。

3. 说组织实施或教学实施的要素

既要说清所选教学单元内容的教学组织安排，又要能清晰呈现平时课堂教学实施过程。可以先概述，然后，以一次课为载体陈述课堂教学中"课前—课中—课后"三个环节组织实施，且，要注意课堂教学过程考核与学习评测要贯穿全程。

4. 特色与创新

基于参赛作品总结提炼，可从教学内容遴选安排、教学组织实施、教学方法与手段应用、教学资源等方面去寻找与他人不一样，并有突出效果的点，不要面面俱到，要高度总结，要能展现思想和理念。

5. 教学反思

教学反思是教师推进课程教学改革、提升教学实施能力重要途径，教学设计解说和教案中均应包含此内容，在教案中也有称为教学小结。单元教学设计解说中教学反思包含说教学效果及教学不足与诊改两部分。特别注意是针对所选 8 课时以上教学单元或模块或项目进行教学反思小结，陈述诊改思路和举措要针对存在问题展开，相当于撰写教学设计实施报告最关键部分，属于教学能力竞赛注重考察参赛团队教研能力的重要观察点之一。

（三）掌握参赛视频材料准备技巧

1. 单元教学设计解说视频

教学设计解说 PPT 制作是解说视频录屏的最重要基础工作，选择安装合适录屏软件，且，注意讲解与录屏同步，录屏要清晰流畅，讲解语速适中，解说人录屏解说时要进入情境。

2. 课堂教学实录视频

实录必须展现课堂的真实性，日常教学可实施性。首先，课程教学设计和组织实施是最关键最重要，最能展现教师的教学基本功和对课程的把控能力；其次，课堂教学视频拍摄前必须注意教学环境的布置，专业课最好选择理实教学环境，要有职业、专业文化，全程全方位育人理念时刻牢记；第三，实录视频拍摄不要追求"艺术创作"，只要保证视频画面不晃动、明亮干净，声音清晰。采取单机位连续拍摄不剪辑。

（四）注重参赛教案等文本材料规范性

1. 基本信息要明确且规范表达

教案基本信息包含课题名称、授课时间、地点、专业及班级，教学目标，学情分析，教学资源（含主教材、参考教材和立体化教学资源），教学重难点，教学实施过程（含学习评价、教学方法与手段说明），教学小结等方面；还可以在"教学目标"前增加"教学内容简介"，在"教学实施过程"前增加"教学思路与策略说明"，总之，信息表达要规范、精准。

2. 教案内容撰写要精细

教案是教学实施方案，相对于施工蓝图，比赛提交教案必须是详案，既要符合教学实际又要比日常教学更精细，教案中的"教学实施过程"的设计中一定要有实际教学内容呈现，要达到其他教师可依据此教案实施的效果，评审专家通过此教案完全能了解参赛教师教学理念与思路及教学实施可行性。

参考文献

［1］中华人民共和国教育行业标准.交互式电子白板 教学功能.JY/T 0614—2017.

［2］中华人民共和国教育行业标准.交互式电子白板 教学资源通用文件格式.JY/T 0615—2017.

［3］陈丽.远程教学中交互规律的研究现状述评［J］.中国远程教育,2004(1):13－20.

［4］鲍贤清.交互式电子白板的教学策略设计探索［J］.中国电化教育,2009(5):84－87.

［5］高申春.人性辉煌之路——班杜拉的社会学习理论［M］.武汉:湖北教育出版社,1999.

后记

　　为全面提升职业院校教师信息化教学水平，湖南教育厅在职业院校教师素质提升计划中，专门设置了职业院校教师信息化教学能力提升培训项目，目前已连续实施 5 年，取得了良好的效果。为了进一步规范系统化培训内容，并为广大职业院校教师持续学习提供学习资源支撑，湖南省教育科学研究院组织开发了信息化教学能力提升培训配套的"职业院校教师信息化教学能力提升培训丛书"。《信息化教学设计》是其中之一。

　　本书的开发，历经需求分析、框架确定、样章编写、意见征询、初稿试用、讨论修改、论证定稿等阶段，2016 年在深入分析当前职业院校教师信息化教学现状和存在主要问题的基础上，经反复研讨，确定了编写基本框架，2017 年形成教程初稿，并在 2018 年、2019 年职业院校教师素质提升计划中试用，根据试用情况优化教程内容，形成定稿。全书基于信息化教学设计方法逻辑设置编写内容，第 1 章介绍信息化教学设计的基本概念及流程，第 2 章至第 5 章介绍在不同的教学环境下如何进行信息化教学设计。通过剖析一系列的教学案例，深入浅出介绍如何在多媒体教学环境、互联网教学环境、现场实践教学环境及虚拟仿真教学环境进行信息化教学设计。

　　本书由湖南省教育科学研究院职业教育与成人教育研究所组织编写。湖南化工职业技术学院隆平、湖南省教育科学研究院舒底清拟定了写作提纲，并负责全书统稿和详细修改。各章节分工如下：湖南铁道职业技术学院刘志成、颜珍平、潘玫玫编写第 1 章；湖南化工职业技术学院邓滢、刘艳艳编写第 2 章，李菡、冯馨编写第 3 章，刘小忠编写第 4 章，佘媛媛、廖红光编写第 5 章。冏中美与曹红玲负责部分资料的收集、全书校对等工作。全书由吴振峰主审。本书为湖南省职业院校教育教学改革研究重点项目"职业院校'双师型'教学团队建设研究"（项目编号 ZJZD2019002）的阶段研究成果。

　　本书在编写过程中得到了湖南省教育厅有关领导和湖南省教育厅职业教育与成人教育处的指导和帮助，得到了湖南化工职业技术学院、湖南信息职业技术学院、湖南铁路科技职业技术学院、湖南铁道职业技术学院等单位的大力支持，在此一并表示感谢。

　　由于时间仓促，书中难免有疏忽和不恰当的地方，恳请读者批评指正。

编者

2020 年 3 月